大学物理实验

（第二版）

主编

秦先明　谭仁兵

副主编

杨达晓　程文德

王全武　孙宝光

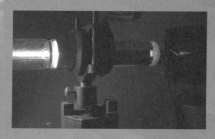

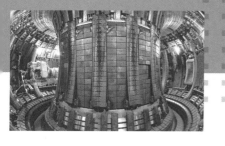

中国教育出版传媒集团

高等教育出版社·北京

DAXUE WULI SHIYAN

内容简介

本书是根据教育部高等学校物理学与天文学教学指导委员会编制的《理工科类大学物理实验课程教学基本要求》(2010 年版),在第一版的基础上修订而成的。

全书共分 8 个部分。绪论主要阐明物理实验课程的目的是培养学生的创新意识、创新精神和创新能力;第 1 章介绍测量误差、不确定度、有效数字以及主要的数据处理方法;第 2 章介绍常用的物理实验仪器;第 3 章介绍物理实验基本方法;第 4 章是基础性实验,涵盖了力学、热学、电磁学、光学以及近代物理学实验;第 5 章是综合性实验,目的在于巩固学生在基础性实验阶段的学习成果,开阔眼界及思路,提高学生对实验方法和技术的综合运用能力;第 6 章是设计性实验,目的在于进一步提高学生的综合实验能力;第 7 章是计算机在大学物理实验中的应用。全书共 35 个实验项目。

本书可作为高等学校理工科各专业大学物理实验课程的教材,也可作为实验技术人员或相关课程教师的参考书。

图书在版编目(CIP)数据

大学物理实验 / 秦先明,谭仁兵主编;杨达晓等副主编. -- 2 版. -- 北京:高等教育出版社,2023.11

ISBN 978-7-04-061166-3

Ⅰ. ①大… Ⅱ. ①秦… ②谭… ③杨… Ⅲ. ①物理学-实验-高等学校-教材 Ⅳ. ①O4-33

中国国家版本馆 CIP 数据核字(2023)第 172891 号

策划编辑	王 硕	责任编辑	王 硕	封面设计	李小璐	版式设计	张 杰
责任绘图	于 博	责任校对	王 雨	责任印制	赵 振		

出版发行	高等教育出版社	网 址	http:// www.hep.edu.cn
社 址	北京市西城区德外大街 4 号		http:// www.hep.com.cn
邮政编码	100120	网上订购	http:// www.hepmall.com.cn
印 刷	青岛新华印刷有限公司		http:// www.hepmall.com
开 本	787 mm×1092 mm 1/16		http:// www.hepmall.cn
印 张	18.25	版 次	2016 年 2 月第 1 版
			2023 年 11 月第 2 版
字 数	390 千字		
购书热线	010-58581118	印 次	2023 年 11 月第 1 次印刷
咨询电话	400-810-0598	定 价	36.80 元

○ 前　言

　　大学物理实验课程是高等学校理工科学生必修的一门重要基础课。物理规律的发现和物理理论的产生及发展依赖于实验，并接受实验的检验，而现代工程技术更离不开实验。物理实验和物理理论的发展，支撑着高新技术的产生和发展。物理实验是新兴科学技术的生长点，在推进科学技术的进步和国民经济的发展中起着重要的作用。

　　进入 21 世纪以来，大学物理实验课程发生了很大变化，概括起来就是本课程必须担负起培养学生创新精神、创新意识和创新能力的任务。这就要求大学物理实验课程必须与时俱进，对教学体系、教学内容、教学方法和教学手段进行深入的改革。自 2007 年以来，在重新审视以往教学模式的基础上，重庆科技学院大学物理实验中心对大学物理实验课程教学体系进行了重大改革，对原有实验项目进行了整合，并对相应实验仪器进行了更新换代。

　　本书是依照《理工科类大学物理实验课程教学基本要求》(2010 年版)，以重庆科技学院 2016 年在高等教育出版社出版的《大学物理实验》为基础，吸取目前高校物理实验的一些新实验、新思想，结合本校物理实验教学改革的实际情况修订而成的。

　　本书共分 8 个部分。绪论主要介绍物理实验课程的目的和任务，以及本课程应注意的教学环节；第 1 章介绍测量误差、不确定度、有效数字以及主要的数据处理方法，这些内容是本课程的重点和难点，学生必须掌握；第 2 章介绍常用的物理实验仪器，由学生自己阅读；第 3 章介绍物理实验基本方法；第 4 章是基础性实验，共 17 个实验项目，涵盖了力学、热学、电磁学、光学以及近代物理学实验，学生应做完本章实验项目的 40%~60%；第 5 章是综合性实验，共 13 个实验项目，每个实验均涉及两个领域以上的技术，实验目的是巩固学生在基础性实验阶段的学习成果，开阔眼界及思路，提高学生对实验方法和技术的综合运用能力；第 6 章是设计性实验，共 5 个实验项目，要求学生自己设计实验方案并基本独立完成实验的全过程，目的在于进一步提高学生的综合实验能力与科学研究素质；第 7 章是计算机在大学物理实验中的应用。

　　本书是重庆科技学院大学物理实验中心教师多年来教学改革成果的结晶。参加本书编写的教师有秦先明、谭仁兵、孙宝光、杨达晓、程文德、王全武、唐海燕、方旺、杨文艳、刘春兰、阳廷义、陈学文、刘丰奎、樊玉琴、姚雪、陈恒杰、胡凯燕、杨耀辉、向洵、邓起宏、陈震亚、张家伟、杨晓卫，本书最后由秦先明教授统稿，张启义教授审稿。在这里，我们还要感谢刘业厚、赵同燕、江鸣、郑安节、兰云飞、董晓龙等同志的辛勤劳动，他们为本书提供了不少素材并提出了很多有益的建议。

由于编者水平有限，本书中难免存在疏漏和不妥之处，望读者和各位同仁不吝赐教！

编　者

2022 年 9 月

○ 目　录

绪论

　　物理学是研究物质的基本结构、基本运动形式和物质相互作用基本规律的科学．它的基本理论渗透在自然科学的各个领域，应用于生产技术的许多部门，在科学和人类思想发展过程中起着非常重要的作用．物理学研究方法通常是在观察和实验的基础上，对物理现象进行分析、抽象和概括，建立物理模型，探索物理规律，进而形成物理理论．因此，物理规律是实验事实的总结，物理理论正确与否需要实验来验证．

　　物理学从本质上说是一门以实验为基础的科学．历史表明，在物理学的形成和发展过程中，物理实验一直起着不可代替的作用，并且在今后探索和开拓新的科技领域时，物理实验仍是强有力的工具，如激光、半导体、大规模集成电路、电子学、真空等技术，无一不与物理实验有着直接或间接的联系．在高等学校教学中，物理实验是理工科学生进入大学后接受系统实验方法和实验技能训练的开端，是理工科类专业后续实验课的重要基础，是学生进行科学实验的起步．因此，教育部把物理实验课程列为高等学校理工科学生进行科学实验基本训练的一门独立的、重要的必修课程．所以，学好物理实验课程对高等学校理工科学生来说是十分必要的．

　　1．物理实验课程的目的

　　物理实验课程既是对学生进行科学实验基本训练的一门独立的必修实验基础课程，又是能使学生进入大学学习后受到系统实验方法和实验技能训练的第一门实验课程，它使学生为学习后续课程的实验和进行工程实验打下必要的基础．

　　2．物理实验课程的任务

　　（1）使学生通过对实验现象的观察、分析和对物理量的测量，学习并掌握物理实验的基本知识、基本方法和基本技能．

　　（2）使学生学会常用物理仪器的调整及正确的使用方法．

　　（3）使学生初步具备处理数据、分析结果和撰写实验报告的能力．

　　（4）培养学生对待科学实验一丝不苟的严谨态度和实事求是的工作作风．

　　3．物理实验的主要环节

　　（1）实验预习

　　实验前应认真阅读教材和有关资料．对实验原理和所用的实验基本方法，特别是做好实验的关键环节，应做到心中有数，并简练地写在预习报告上，预习报告中要自行设计数据记录表格．预习报告合格者方可开始实验．

　　（2）实验操作

　　学生进入实验室后，首先要仔细阅读本实验室的有关规则和本实验的有关注意事项，做到有的放矢．实验时，实验仪器先粗调后细调，其中粗调是极其重要的一步. 必须在粗调好后才能进行细调.

实验时观察是基础,测量是第二位的. 必须在观察到的现象正确时才能进行测量,否则测量就毫无意义.

不要用铅笔做记录和画图,也不要养成先随便做记录,再准备誊写的不良习惯. 记录数据时不得拼凑、涂改或事后追记数据,记错数据应该用钢笔或圆珠笔在错的数据上规整地轻轻划上一道,在旁边写上正确数据,以使正、误数据都能看清楚,记录时应注意有效数字,不能伪造数据,伪造数据者实验记零分.

实验时要爱护仪器,严格遵守实验室规则和仪器操作规程,损坏仪器者应照章赔偿.

实验结束后,将原始数据交指导教师签字才可拆卸仪器,整理好桌凳,做好清洁,经同意后方可离开实验室.

(3) 撰写一份简洁、清楚、工整和富有见解的实验报告

① 班级、学号、姓名、指导教师、日期等应完整、清楚.

② 实验原理应简单明了,不要照抄教材,以实验实际情况为准.

③ 数据记录和处理是报告的核心,要认真计算和处理.

④ 回答思考题.

⑤ 小结. 对实验中感到最深刻、最有收获的地方,可以作一小结,也可对误差进行分析.

原始记录随同实验报告一起在指定时间内上交.

4. 物理实验守则

(1) 学生应在指定时间上交预习报告,预习不合格者不能进入实验环节.

(2) 学生应按指定实验桌对号入座,认真实验.

(3) 严格遵守实验室有关规定,无特殊原因不要擅自动用其他实验桌上的仪器.

(4) 不要随意离开自己的实验桌,不要大声喧哗影响他人.

(5) 不要伪造数据,一经发现,以零分计,并写检查.

(6) 爱护实验设备,如有坏仪器,应及时报告老师,凡因不遵守操作规程致使仪器损坏者,需照章赔偿.

(7) 实验后,数据交老师签字,所用物品要整理好,值日生做好值日.

(8) 认真完成实验报告,按时上交.

第1章
测量误差与数据处理

一切物理量的测量都不可能是完全准确的, 这是因为在科学技术发展和水平提高过程中, 人们的认识能力和测量仪器的制造精度都受到相应限制, 测量误差的存在是一种不以人们意志为转移的客观事实. 当今误差理论及其应用已发展成为一门专门的学科. 作为对学生进行科学实验基本训练的物理实验课程, 必须使学生掌握最基本的误差理论知识. 本章主要介绍测量误差和不确定度等基本概念, 在此基础上, 介绍有效数字及数据处理方法. 考虑到本课程的特点, 我们对不确定度在一定程度上进行了简化处理, 使其具有较强的操作性.

§1.1 测量误差的基本知识

1.1.1 测量

测量是人们定量认识客观物理量的唯一手段, 是人类从事科学研究活动的基础, 没有测量就没有科学. 我们在进行物理实验时, 不仅要对实验现象进行定性的观察, 还要对物理量进行定量的研究, 这就需要针对不同物理量进行测量活动. 测量就是把作为标准的仪器或量具同 "被测量对象" 加以比较的过程, 加以比较后, 就会得到一些数据, 即测量值. 大多数情况下, 得到的不仅是一些测量值, 还有很多其他信息, 如测量使用的方法、仪器本身的等级, 等等. 测量具有四要素, 即测量对象、测量单位、测量方法和测量准确度.

"被测量对象" 被称为**被测量**(或测量量、待测量), 由测量确定的被测量的估计值被称为**测量结果**(或测量值), 被测量的客观实际值被称为被测量的**真值**. 测量的过程可以用下面这个例子来说明.

要测量一个如图 1.1 所示的圆柱的体积 V, 在数学上, 已知 $V = \frac{1}{4}\pi d^2 h$, 其中 d 为圆柱体的直径, h 为圆柱体的高. 利用长度测量工具例如游标卡尺、螺旋测微器测得 d 和 h 后, 可以算出 V. 在上述的体积测量过程中, d 和 h 是利用测量工具直接测量得到的, 而体积 V 则是利用 d、h 和计算公式通过计算得到的, 具体的操作方式虽然不同, 但目的和性质却是相同的, 都是测量.

通过上面这个例子我们还可以看到, 虽然都是测量, 但

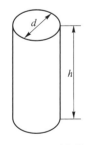

图 1.1 圆柱体
的测量

物理量 d、h 和 V 的获取方法和过程是不相同的，通常根据待测物理量最终测量结果的获取过程把测量分为两大类，即**直接测量**和**间接测量**.

直接测量就是把待测量直接与标准量（量具）进行比较，直接读数得到数据. 例如用米尺测量长度，用钟表测量时间，用电流计测量电流，用温度计测量温度，等等. 在一切实验中，直接测量是基础.

有些物理量无法直接与标准量进行比较，不能直接把结果测出来. 但能找到这些量与某些可以直接测量的量的函数关系，测出可直接测量的量以后，通过函数关系可以获得被测量的大小，这种测量称为间接测量. 例如，矩形的面积就不能用单位面积与之比较，必须测出长和宽，然后算出面积. 还有一种情况，不是待测量不可直接测量，而是不便直接测量或直接测量效果不好，此种情况也应采用间接测量. 例如，测量圆的半径，直接测量非常麻烦，有时甚至不可能，但直径很容易测量，由直径算出半径很简单，所以实验中不去直接测量半径. 在实际实验中，需要间接测量的量，远远多于可直接测量的量. 所谓实验技术、实验技巧，主要是指间接测量中的内容.

不言而喻，在上例中，体积 V 的测量属间接测量，则 V 这个量就是间接测量量，而 d 与 h 则是直接测量量.

1.1.2　误差的概念

任何一个待测物理量的真值都是客观存在的，测量的本意就是要尽可能地得到这个真值. 但由于客观世界和测量过程本身的不完善性，从理论上讲，这种不完善性永远不可能完全排除，因此测量值和真值之间必然存在差异，这种差异就是误差，即**误差 = 测量值 - 真值**.

如果用 Δy 表示被测量 Y 的测量误差，用 Y_0 表示被测量的真值，用 y 表示测量结果，则有 $\Delta y = y - Y_0$.

由于每次测量都存在误差，因而通过测量永远得不到真值. 那么，什么样的测量值是最理想的或者是最接近真值的呢？如何评价测量结果的可信程度呢？这就有必要对测量误差进行研究和讨论，用误差分析的思想方法来指导实验的全过程.

误差分析的指导作用主要包含两个方面：

（1）如果要从测量中正确认识客观规律，就必须分析误差的原因和性质，正确地处理所测得的实验数据，尽量减小误差，确定误差范围，以便能在一定条件下得到接近真值的最佳结果，并作出精度评价.

（2）在设计一项实验时，可根据对测量结果的精度要求，利用误差分析合理地选择测量方法、测量仪器和实验条件，以便在最有利的条件下，获得恰到好处的预期结果.

1.1.3　误差的分类

误差的产生有多方面的原因. 误差从性质和来源上可分为随机误差和系统误

差两大类.

一、系统误差

系统误差是由仪器不完善，或测量方法不恰当，或环境变化等引起，具有确定的规律性，或多次测量时误差始终不变，或随测量条件的变化而有规律地变化，总之是有规律可循的，是可定误差. 比如某一块表，每天都比标准时间慢1 s，这就是系统误差. 又如金属米尺受热膨胀，天平不等臂，分光计偏心等，这些都是系统误差.

系统误差的来源：

（1）仪器误差，由仪器的结构和标准不完善引起，表现形式有三种：

① 机构误差，产生原因如螺旋测微器有空行程、量块的不平行，多由制造工艺不良所引起.

② 调整误差，仪表量具没调到所要求的程度，如不垂直、不水平、偏心与定向不准等因素所引起的误差.

③ 量值误差，由刻度不准、示值与实际值不符，或刻度值所代表的实际值随时间变化等引起的误差.

（2）方法误差，也叫理论误差，它是测量依据的理论公式本身带有近似性，或实验方法、实验条件不符合要求等引起的，如单摆周期公式 $T = 2\pi\sqrt{\dfrac{l}{g}}$，它成立的条件是 $\theta \to 0$，摆球体积 $V \to 0$. 条件得不到满足时产生的误差是方法误差. 用伏安法测量电阻时，采用不同的连接方法，表头内阻也将引起方法误差.

（3）环境误差，由环境因素（如温度、压强等）的变化而引起的误差.

（4）人员误差，由观测人员心理或生理特点所造成的误差. 如感觉器官不完善（色盲、色弱），记时间总是超前或滞后，反应速度或固有习惯，瞄准目标始终偏左或偏右，估计读数始终偏大或偏小等.

由于系统误差在测量条件不变时有确定的大小和正负号，因此在同一测量条件下多次测量求平均并不能减小它或消除它.

一般情况下，系统误差在测量中占比重较大. 由于系统误差是可定的，因此可以用公式改正或用适当的测量组合加以消除. 一般来讲，实验结果是不允许有系统误差存在的，因而在实验中从原理设计、仪器选择、测法组合到每一测量步骤，甚至每一细节，都必须仔细地考虑系统误差的存在，并且采取校正它的措施. 为此，在测量前和测量过程中，都要时刻注意检查可造成较大系统误差的原因，并尽量加以消除或修正. 比如，在条件许可的情况下，尽可能采用精确度比较高的测量工具或仪器；实验方法、实验所依据的理论要更合理、更科学；养成良好的测试和操作习惯，从而使系统误差减小到最低程度. 当不可忽略的系统误差无法避免时，应尽可能地找出其大小、正负或规律，并进行必要的修正.

每个实验中的"误差分析"几乎都是讨论系统误差及其校正方法. 但因为它是可定的误差，经过努力可以减小或完全校正.

二、随机误差

系统误差被消除之后（这是个理想条件），在相同条件下多次测量同一被测量时，误差的符号和大小没有确定的规律，时大时小，时正时负，这类误差就是随机误差（又称偶然误差）.它的最大特点是具有随机性.

产生随机误差的原因大体有两种：

（1）随机的和不确定的因素的影响，或环境条件微小的波动.

（2）实验操作者的感官分辨本领有限.通常，任一次测量产生的随机误差或大或小，或正或负，毫无规律.但对同一被测量进行测量，次数 n 足够大时，将会发现它们的分布服从某种规律.实践和理论都证明，大部分测量的随机误差服从统计规律，其误差分布（或测量值的分布）呈正态分布（又称高斯分布），如图 1.2 所示.横坐标表示测量误差 $\Delta_i = x_i - X_0$（x_i 表示只含有随机误差的第 i 次测量值，X_0 为被测量的真值），纵坐标为一个与误差出现的概率有关的概率密度分布函数 $f(\Delta_i)$，应用概率论的数学方法可以得到

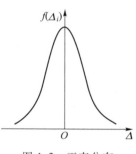

图 1.2　正态分布

$$f(\Delta_i) = \frac{1}{\sigma\sqrt{2\pi}} \mathrm{e}^{-\frac{\Delta_i^2}{2\sigma^2}} \qquad (1.1.1)$$

式中，特征量 $\sigma = \sqrt{\dfrac{\sum \Delta_i^2}{n}}$（$n \to \infty$），称为测量值的标准误差.测量值的标准误差具有一个十分明确的意义：在一组次数 n 足够大的测量中，任何一次的测量值落在 $(X_0 \pm \sigma)$ 区间内的概率（可能性）为 68.3%.

随机误差具有以下特征：

（1）绝对值相等的正、负误差出现的概率大体相同（对称性）；

（2）绝对值较小的误差出现的概率大，绝对值较大的误差出现的概率小（单峰性）；

（3）在一定测量条件下，误差的绝对值超过一定限度的概率近似为零（有界性）；

（4）当测量次数 $n \to \infty$ 时，随机误差的代数和趋于零（抵偿性）.

根据随机误差的特征，不难看出，增加测量次数可以减小随机误差.

应该指出的是，由观察者的粗心或抄写马虎所造成的错误数据称为坏值，不能参与运算，应予删除.

1.1.4　测量的最佳值——算术平均值

根据随机误差的统计特征判断，可以得到实验结果的最佳估计值（简称为最佳值或近真值）.设在相同条件下，对某一物理量 X 进行了 n 次测量，所得到的

一系列测量值分别为 X_1，X_2，$\cdots$，X_i，$\cdots$，X_n（又称为测量列），则其算术平均值 $\overline{X}$ 为

$$\overline{X} = \frac{1}{n} \sum_{i=1}^{n} X_i \qquad (1.1.2)$$

由随机误差的统计特征可以证明，当测量次数 n 足够多，且仅含随机误差时，其算术平均值 $\overline{X}$ 就是最接近真值的最佳值，可称其为约定真值或近真值. 算术平均值与某一次测量值之差叫偏差（有时也被称为残差），即

$$\delta_i = X_i - \overline{X}$$

显然，误差和偏差是两个不同的概念，但在实际应用中也没有必要将两者严格区别开来，也可以将偏差叫做误差.

1.1.5　随机误差的估算

在实际测量中，测量次数 n 总是有限的，根据数理统计理论，利用贝塞尔公式，可得 n 个等精度测量列 X_1，X_2，$\cdots$，X_i，$\cdots$，X_n 的标准差

$$S(X) = \sqrt{\frac{\sum_{i=1}^{n} (X_i - \overline{X})^2}{n-1}} \qquad (1.1.3)$$

它表征对同一被测量作有限次（n 次）测量时，其结果的分散程度. 测量列的标准误差 $S(X)$ 一般称为"实验标准差"或"样本标准差"，它也具有十分明确的意义：$S(X)$ 是任何一次的测量值 X_i 的标准差，在一组次数 n 足够大的测量中，任何一次的测量值 X_i 落在 $[\overline{X} \pm S(X)]$ 区间内的概率为 68.3%；如果测量中只含有随机误差，那么当测量次数 $n \to \infty$ 时，$S_X \to \sigma$.

实验结果的最佳值是其测量列的算术平均值 $\overline{X}$，人们往往更加关心它的标准差大小. 根据数理统计理论，算术平均值 $\overline{X}$ 的标准差（简称平均值标准差）为

$$S(\overline{X}) = \frac{S(X)}{\sqrt{n}} = \sqrt{\frac{\sum_{i=1}^{n} (X_i - \overline{X})^2}{n(n-1)}} \qquad (1.1.4)$$

它同样具有十分明确的意义：在一组次数 n 足够大的测量中，真值 X_0 落在 $[\overline{X} \pm S(\overline{X})]$ 区间内（该区间可称为"置信区间"）的概率为 68.3%；如果测量中只含有随机误差，当测量次数 $n \to \infty$ 时，真值 X_0 落在 $[\overline{X} \pm S(\overline{X})]$ 区间内的概率为 68.3%.

理论分析表明，若将置信区间变为 $[\overline{X} \pm 2S(\overline{X})]$，则置信概率为 95%，若将置信区间放大到 $[\overline{X} \pm 3S(\overline{X})]$，则置信概率变为 99.7%. 通俗地讲，把 $S(\overline{X})$ 乘以一个不同的用以确定置信区间大小的"覆盖因子" k_P（也称为"包含因子"，下标 P 为置信概率）就可以得到不同的置信概率 P.

　　然而，在实际测量中，测量次数 n 是有限的. 因而，测量值 X_i 将偏离正态分布而服从 t 分布（又称为学生分布）. 测量结果在已确定的置信概率下，"覆盖因子"的大小与测量次数 n 密切相关. 根据表 1.1.1 给出的 t 分布表，可以了解到置信概率 P、测量次数 n 及 t 分布因子即 $t_P(n)$ 因子["覆盖因子"$k_P = t_P(n)$ 在不会引起误解时，$t_P(n)$ 也可以简写成 t_P] 的关系.

　　例如：测量次数 $n = 5$，要求置信概率 $P = 0.95$，则 $t_P = 2.78$，测量中只含随机误差时，X 的真值落在 $[\overline{X} \pm t_P(n) S(\overline{X})] = [\overline{X} \pm 2.78 S(\overline{X})]$ 之间的置信概率 P 为 95%.

表 1.1.1　t 分布 $[t_P(n)]$

n / P	2	3	4	5	6	7	8	9	10	15	20	∞
0.997	235.8	19.21	9.22	6.62	5.51	4.90	4.53	4.28	4.09	3.64	3.45	3.00
0.950	12.70	4.30	3.18	2.78	2.57	2.45	2.36	2.31	2.26	2.14	2.09	1.96
0.900	6.31	2.92	2.35	2.13	2.02	1.94	1.90	1.86	1.83	1.76	1.72	1.65
0.683	1.84	1.32	1.20	1.14	1.11	1.09	1.08	1.07	1.06	1.04	1.03	1.00
0.500	1.00	0.82	0.76	0.74	0.73	0.72	0.71	0.71	0.70	0.69	0.69	0.67

　　应该指出，t_P 随着测量次数 n 的增加而减小，$n > 10$ 以后 t_P 下降很慢，因而一般测量中 n 很少大于 10.

　　长期以来，在一般测量中，我们使用扣除已知系统误差的最佳估计值表示测量结果的大小，采用平均值的标准差表示测量误差. 这样一来，无法用统计方法处理的那些误差分量在测量结果中便无法表现了，显然这种处理方法具有相当大的局限性. 随着误差理论研究的深入及科学技术的发展，人们认识到，用"测量不确定度（uncertainty of measurement）"的概念，能对测量结果作出更为合理的评价.

§1.2　测量不确定度及其评定

　　1981 年，国际计量委员会（CIPM）批准发布了关于测量不确定度的正式文件——《国际计量局实验不确定度的规定建议书 INC-1(1980)》（后简称《INC-1(1980)》），我国国家技术监督局也于 1991 年 8 月 5 日批准颁布了 JJG 1027—1991《测量误差及数据处理（试行）》计量技术规范. 该规范规定，在报告最后测量结果的表示形式中使用总不确定度.《INC-1(1980)》只是一份十分简单的纲要性文件，不便实施，所以国际标准化组织（ISO）在国际计量局（BIPM）等七个国际组织的支持下，于 1993 年制定了《测量不确定度表示指南 ISO 1993 (E)》(Guide to the Expression of Uncertainty in Measurement ISO 1993 (E)，简称 GUM93)，并于 1995 年作了不大的修改（修改后的简称 GUM95），为了保持与国际标准同步，我国又颁布了新的国家计量技术规范 JJF 1059—1999《测量不确定度评定与表示》用以取代 JJG 1027—1991 中的测量误差部分. 目前最新的国家标准为《测量不确定度评定和表示》（GB/T 27418—2017）. 在新的国际标准和新的国家计量技术规范中，"总不确定度"被改称为"扩展不确定度".

1.2.1 测量不确定度的含义与分类

一、测量不确定度的含义

测量不确定度是与测量结果相关、表示被测量的量值分散性的参量. 通俗地讲，测量不确定度表示由于测量误差的存在，被测量值不能确定的程度. 从这个意义上讲，测量不确定度是评定被测量的真值所处范围的一个参量. 用不确定度来评定实验结果，可以反映各种来源不同的误差对结果的影响，而它们的计算又反映了这些误差所服从的分布规律.

二、不确定度的分类

测量结果的不确定度一般包含几个分量，按其数值的评定方法，这些分量可归入两大类，即 A 类分量(或称为 A 类评定)和 B 类分量(或称为 B 类评定).

（1）A 类不确定度——多次重复测量时，可以用统计方法处理得到的分量.

（2）B 类不确定度——不能用统计方法处理，而需要用其他方法处理的分量.

1.2.2 测量不确定度的评定

评定测量不确定度的方法不是唯一的，按国际计量局的建议，测量不确定度可以用算术平均值的标准差 $S(\overline{X})$、标准差 σ 和自由度 ν 等来表达. 为便于操作，我们作了简化处理，省略了有关自由度的计算.

一、直接测量的测量不确定度的评定

1. 多次直接测量的 A 类标准不确定度 $u_{\mathrm{A}}(x)$ 的评定

"A 类标准不确定度的评定"也称为"标准不确定度的 A 类评定"，是标准不确定度中可以用平均值 $\overline{X}$ 的标准误差 $S(\overline{X})$ 表示的分量，即

$$u_{\mathrm{A}}(x) = S(\overline{X}) = \sqrt{\frac{\sum_{i=1}^{n}(X_i - \overline{X})^2}{n(n-1)}} \qquad (1.2.1)$$

2. 直接测量量的 B 类标准不确定度 $u_{\mathrm{B}}(x)$ 的评定

B 类标准不确定度可以用不能用统计方法处理的等价标准差 σ 表征，即

$$u_{\mathrm{B}}(x) = \sigma \qquad (1.2.2)$$

式中，σ 是用极限差 a 表征的标准差，与这些极限差所服从的分布有关，如

表 1.2.1 所示.

在物理实验中,极限差 a 一般为仪器误差 $\Delta_\text{仪}$ 或通过其他方法得到的非统计误差的估计值. $\Delta_\text{仪}$ 通常取仪器的示值误差、基本误差或允差. 需要时可查阅国家有关标准、仪器出厂说明书、仪器铭牌等,有时也可由准确度等级计算得到,必要时还可取仪器最小分度的一半代替之.

下面列出一些常用仪器的仪器误差:

三角板、钢板尺、直尺:0.5 mm;

游标卡尺(50 分度):0.02 mm;

螺旋测微器:0.004 mm;

钢卷尺:在固定的仪器上时(如光具座、气垫导轨上)为 1 mm,其他一般取 3 mm;

物理天平:感量即仪器误差,如 20 mg;

电表:量程×等级%;

其他仪器的仪器误差可参照仪器说明或简单取其最小分度的一半.

表 1.2.1　几种常见分布的标准差

分布类型	均匀分布	三角分布	反正弦分布
分布图像			
分布函数	$p(x)=\dfrac{1}{2a},\ \ \lvert x\rvert\le a$	$p(x)=\dfrac{a-\lvert x\rvert}{a^2},\ \ \lvert x\rvert\le a$	$p(x)=\dfrac{1}{\pi\sqrt{a^2-x^2}},\ \ \lvert x\rvert<a$
标准差 σ	$\dfrac{a}{\sqrt{3}}$	$\dfrac{a}{\sqrt{6}}$	$\dfrac{a}{\sqrt{2}}$

在物理实验中 $\Delta_\text{仪}$ 一般服从均匀分布,因而 B 类标准不确定度 $u_\text{B}(x)$ 为

$$u_\text{B}(x)=\frac{a}{\sqrt{3}}=\frac{\Delta_\text{仪}}{\sqrt{3}} \tag{1.2.3}$$

3. 多次直接测量量的合成标准不确定度 $u(x)$

利用目前广泛采用的"方和根"法,可求得合成标准不确定度 $u(x)$ 为

$$u(x)=\sqrt{[u_\text{A}(x)]^2+[u_\text{B}(x)]^2} \tag{1.2.4}$$

4. 单次测量量不确定度的评定

在物理实验中实行单次测量的两个主要理由(原因或条件)是:

(1) 多次测量时,A 类不确定度远小于 B 类不确定度;

(2) 物理过程不能重复,无法进行多次测量.

在这种情况下简单地取:

$$u(x) = u_{\mathrm{B}}(x) \qquad (1.2.5)$$

即可. 但对于后一种情况, 确定 $u_{\mathrm{B}}(x)$ 时除考虑 $\Delta_{仪}$ 因素外, 还要兼顾实验条件等带来的附加不确定度. 在物理实验中, 通常由实验室以"允差"的形式给出.

5. 直接测量量的标准相对不确定度

直接测量量的标准相对不确定度为

$$\frac{u(x)}{\overline{X}} \times 100\% \qquad (1.2.6)$$

二、间接测量量的不确定度——不确定度的传递

我们已经指出, 在物理实验中, 一些物理量的测量不能直接进行, 而是通过它与直接测量量的某种函数关系计算出来的. 由于每一个直接测量量都有误差, 则这种误差必然通过函数关系传递给间接测量量, 使间接测量量有误差. 与此同时, 间接测量量也就有了自己的不确定度.

1. 间接测量量的近真值

设被测量 Y 和各直接测量量 x_1, x_2, $\cdots$, x_i, $\cdots$, x_n 有下列函数关系:

$$Y = f(x_1, x_2, \cdots, x_i, \cdots, x_n) = f(x_i) \qquad (1.2.7)$$

则该物理量的近真值 $\overline{Y}$ 为

$$\overline{Y} = f(\overline{X}_1, \overline{X}_2, \cdots, \overline{X}_i, \cdots, \overline{X}_n) \qquad (1.2.8)$$

式中: $\overline{X}_i$ 是决定被测量 Y(间接测量量)大小的第 i 个输入量(第 i 个直接测量量) x_i 的算术平均值(最佳估计值) $\overline{X}_i = \dfrac{1}{m_i} \sum\limits_{j=1}^{m_i} X_{ij}$; X_{ij} 是这些直接测量量 x_i 的测量列, $j = 1$, 2, $\cdots$, m_i, 即第 i 个直接测量量的独立测量次数为 m_i.

2. 间接测量量的标准不确定度

对反映间接测量量 Y 的函数关系式 $Y = f(x_i)$ 求全微分, 得

$$\mathrm{d}Y = \frac{\partial f}{\partial x_1}\mathrm{d}x_1 + \frac{\partial f}{\partial x_2}\mathrm{d}x_2 + \cdots + \frac{\partial f}{\partial x_n}\mathrm{d}x_n = \sum_{i=1}^{n} \frac{\partial f}{\partial x_i}\mathrm{d}x_i \qquad (1.2.9)$$

上式表明, 当 x_1, x_2, $\cdots$, x_i, $\cdots$, x_n 有微小改变 $\mathrm{d}x_1$, $\mathrm{d}x_2$, $\cdots$, $\mathrm{d}x_i$, $\cdots$, $\mathrm{d}x_n$ (简写为 $\mathrm{d}x_i$)时, Y 也将改变 $\mathrm{d}Y$. 通常误差远小于测量值, 故可以把 $\mathrm{d}x_i$ 和 $\mathrm{d}Y$ 看成误差, 这就是误差传递公式. 通过该式, 我们求得了各直接测量量 x_i 的合成标准不确定度 $u(x_i)$, 间接测量量 Y 的合成标准不确定度和相对标准不确定度也可以求得. 根据方差合成定理, 间接测量量 Y 的合成标准不确定度 $u_c(y)$ 为

$$u_c(y) = \sqrt{\left[\frac{\partial f(x_i)}{\partial x_1}u(x_1)\right]^2 + \left[\frac{\partial f(x_i)}{\partial x_2}u(x_2)\right]^2 + \cdots + \left[\frac{\partial f(x_i)}{\partial x_n}u(x_n)\right]^2}$$
$$\qquad (1.2.10)$$
$$= \sqrt{\sum_{i=1}^{n}\left[\frac{\partial f(x_i)}{\partial x_i}u(x_i)\right]^2}$$

间接测量量 Y 的相对标准不确定度为

$$\frac{u_c(y)}{\overline{Y}} = \sqrt{\sum_{i=1}^{n} \left[\frac{\partial \ln f(x_i)}{\partial x_i} u(x_i) \right]^2} \tag{1.2.11}$$

上面两个公式就是不确定度传递的基本公式. 对于和差形式的函数, 用 (1.2.10)式比较方便; 而对于积商和乘方、开方形式的函数, 则用(1.2.11)式比较方便. 实际计算时, 传递系数 $\frac{\partial f}{\partial x}$ 以及 $\frac{\partial \ln f}{\partial x}$ 等均以平均值代入. 用上面两式推出的某些常用函数的不确定度传递公式如表 1.2.2 所示.

表 1.2.2　常用函数的不确定度传递公式

函数形式	不确定度传递公式
$Y = x_1 \pm x_2$	$u_c(y) = \sqrt{u^2(x_1) + u^2(x_2)}$
$Y = x_1 \cdot x_2$ 或 $Y = \dfrac{x_1}{x_2}$	$\dfrac{u_c(y)}{\overline{Y}} = \sqrt{\left[\dfrac{u(x_1)}{\overline{X}_1}\right]^2 + \left[\dfrac{u(x_2)}{\overline{X}_2}\right]^2}$
$Y = Kx$ (K 为常量)	$u_c(y) = Ku(x)$ 或 $\dfrac{u_c(y)}{\overline{Y}} = \dfrac{u(x)}{\overline{X}}$
$Y = \dfrac{x_1^l x_2^m}{x_3^n}$	$\dfrac{u_c(y)}{\overline{Y}} = \sqrt{l^2\left[\dfrac{u(x_1)}{\overline{X}_1}\right]^2 + m^2\left[\dfrac{u(x_2)}{\overline{X}_2}\right]^2 + n^2\left[\dfrac{u(x_3)}{\overline{X}_3}\right]^2}$
$Y = \ln x$	$u_c(y) = \dfrac{u(x)}{\overline{X}}$

3. 扩展不确定度 U_P 的评定

将间接测量量的合成标准不确定度 $u_c(y)$ 乘以一个与所要求的置信概率 P 相关的覆盖因子 k_P, 便构成相应的扩展不确定度 U_P, 即

$$U_P = k_P u_c(y) \tag{1.2.12}$$

应该指出的是, 直接测量量的合成标准不确定度 $u(x)$ 乘以一个与置信概率 P 相关的覆盖因子 k_P, 也可以构成相应的扩展不确定度. 但是, 由于在报告最后测量结果时只需报告间接测量量的扩展不确定度, 直接测量量的扩展不确定度便没有计算的必要了. 另外, 如果测量结果直接由直接测量量构成, 实际上这是间接测量的特例, 即确定被测量 Y 的函数关系为 $Y = x$, 被测量 Y 的合成标准不确定度与直接测量量的合成标准不确定度 $u(x)$ 相同.

覆盖因子(包含因子) k_P 的大小不仅与置信概率 P 有关, 还与需要进行扩展的标准不确定度所服从的分布类型及自由度有关, 当确定间接测量量的合成标准不确定度的输入参量较多, 且自由度非常高时, 可按正态分布处理. 而实际测量中, 自由度的大小通常是有限的, 所以 k_P 需要根据 t 分布来确定. 由于 B 类不确定度 "等效自由度" 的确定和合成标准不确定度 "有效自由度" 的计算过于复

杂，所以在物理实验中，为了简化计算，约定置信概率为 $P = 0.95$，近似取 $k_{0.95} = 2$，即

$$U_{0.95} = 2u_c(y) \qquad (1.2.13)$$

4. 测量结果的扩展相对不确定度的计算

测量结果的扩展相对不确定度为 $\dfrac{U_P}{\overline{Y}} \times 100\%$，在约定置信概率 $P = 0.95$ 的情况下：

$$\frac{U_P}{\overline{Y}} \times 100\% = \frac{U_{0.95}}{\overline{Y}} \times 100\% = \frac{2u_c(y)}{\overline{Y}} \times 100\% \qquad (1.2.14)$$

5. 测量结果的表示

测量结果表示为 $Y = (\overline{Y} \pm U_P)$（单位）$(P = \quad)$，在约定置信概率 $P = 0.95$ 的情况下：

$$Y = \left[\overline{Y} \pm 2u(x) \right] （单位） \quad (P = 95\%) \qquad (1.2.15)$$

§1.3　有效数字

物理实验离不开物理量的测量，直接测量需要记录数据，间接测量不仅需要记录数据，而且要进行数据的计算. 由于任何测量都存在误差，测量不可能得到被测量的真实值，只能是近似值，所以直接测量的数据记录和间接测量的计算结果反映了近似值的大小，并且在某种程度上表明了误差. 因而，反映实验测量结果的数字应当是有意义的数字，而不允许无意义的数字存在. 具体地讲，在直接测量被测量数值时应取几位数字？在按函数关系计算间接测量量数值时又要保留几位数字呢？这是实验数据处理中的一个重要问题. 为此，我们引入了有效数字的概念.

1.3.1　有效数字的概念

为了形象地说明有效数字的概念，可以参考一个测量实例，如图 1.3 所示.

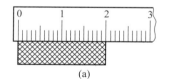 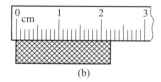

图 1.3　长度的测量

在本例中，我们用最小刻度为毫米的米尺来测量某物体的长度，可以看出图 1.3(a) 中物体的长度在 2.0 cm 到 2.1 cm 之间. 虽然米尺上没有小于毫米的刻度，但可以估计到 $\dfrac{1}{10}$ mm（最小刻度的 $\dfrac{1}{10}$），因而可以读出物体的长度为 2.01 cm、

2.02 cm 或 2.03 cm. 前两位数字可以从尺上直接读出，是准确可靠的数字，而第三位数字是观测者估读出来的. 估读的结果可能会因观测者或环境条件的不同而有所差异，因此这一位数字是有疑问的欠准确数字，含有误差，通常称为**存疑数字**. 由于第三位数字已是可疑的，所以在它后面的各位数字的估计就没有必要了，继续估读下去就是多余的，没有任何意义. 而这三位数字都是有意义的，缺少任何一位都不能正确表示这个物体长度的测量值.

通常人们把测量结果中可靠的几位数字加上最后一位存疑数字统称为测量结果的有效数字，或者说，从发生误差的这一位算起，包括这一位及前面的数字都是有效数字. 有效数字的最后一位虽然是可疑的，但它在一定程度上反映了客观实际，因此它也是有效的. 所以，本例中的测量值是三位有效数字.

对图 1.3(b)，物体的末端正好与某刻度线对齐，估读位是"0"，所以这个"0"也是有效数字，必须记录. 此时读出物体的长度应为 2.20 cm，是三位有效数字. 如果写成 2.2 cm 就不能如实反映测量的精度，同学们在实验中读数时，请勿忘记数字"0"的记录.

应该指出的是，在表示间接测量结果大小的有效数字中，有时也可以保留 2 位存疑数字，具体应该保留几位，可由后述的测量结果的扩展不确定度修约来决定.

如果用同一量具去测量两个大小不同的同一种物理量，量值大的一方测量结果的有效数字位数就可能会多一些. 本例中当被测物体长度超过 10 cm 时，有效数字位数就会达到或超过四位，测量值的相对误差就会变小. 用两件量具去测量同一物体的长度，准确度高的量具所测数据的有效数字位数比准确度低的量具所测数据的有效数字位数要多. 若用测量精度较米尺高很多的螺旋测微器（最小分度值为 0.01 mm）测量本例中物体的长度，存疑数字一般产生在 0.001 mm 这一位，测量结果的有效数字位数较米尺的测量结果多两位数. 显然，有效数字位数的多少与所用测量工具的准确度高低以及被测量的大小有关，因此有效数字的位数不可随意增减.

1.3.2　关于有效数字的说明

（1）有效数字的位数与小数点的位置无关. 换句话说，表示小数点位置的"0"不是有效数字. 例如：0.020 2 m＝2.02 cm＝20.2 mm 都是三位有效数字.

（2）不得随意在测量数据的末尾添加或删减数字"0". 根据本例（图 1.3）可知，有效数字末尾的"0"表示存疑数字的位置，随意增减会人为夸大测量的准确度或者测量误差.

（3）用科学计数法表示太大或太小的有效数字. 所谓科学计数法就是采用乘以 10 的整数幂的方式（$\times 10^n$）表示数值的大小，既可以缩短较大计量单位下数值的位数，也可以避免在较小计量单位下无法正确书写测量结果. 这种书写方式，是实验数据记录和表示的标准方式.

例如：2.02 cm＝2.02×10^{-5} km＝2.02×10^{-2} m＝2.02×10^{7} nm. 虽然计量单位

改变, 但是有效数字的位数不能改变.

（4）一些参与函数运算的整数型或非整数型数学常数$\sqrt{2}$、π, 可以把它们看成位数为无穷多的有效数字. 在参与运算时, 如果为了方便运算需要作舍位处理, 为了不因此增大运算结果的误差, 它们的取位原则是要比参与运算的其他因子中有效数字位数最少的多1位. 参与函数运算的物理量的公认值, 如电子电荷量的绝对值e等, 也应照此处理.

在函数运算过程中, 中间结果应多保留1位, 以免因舍位过多或修约过早带来过大的附加误差.

1.3.3 数据的修约

一、确定有效数字的存疑数字（或存疑位）的基本原则

测量结果的存疑位取决于测量不确定度发生位, 即结果的有效数字位数的末位数与其不确定度的末位数对齐. 换句话说, 测量不确定度的大小决定了有效数字的位数. 例如, 测量某物体的体积, 测量不确定度的大小为$0.006\ \mathrm{m}^3$, 而计算所得物体的体积为$2.853\ 24\ \mathrm{m}^3$, 由于测量不确定度发生在m^3的千分之一位上, 所以体积的千分之一m^3这一位及以后的数位都是存疑位, 最终结果应表示为$(2.853\pm0.006)\ \mathrm{m}^3$, 是4位有效数字.

二、测量不确定度的有效位数

根据有关规范, 测量不确定度的数值不应给出过多的位数, 在计算测量结果不确定度的过程中, 中间结果的有效位数可以多保留几位, 在报告最终结果时, 测量不确定度的有效位数最多为2位.

1. 测量不确定度有效位数的选择

根据规范, 测量结果不确定度的有效位数可以是1~2位. 但是, 在保留1位时, 有些情况下会产生较大的修约误差, 特别是保留下的这位数值较小时更是如此. 例如, 经计算某个被测量的测量结果不确定度为$0.13\ \mathrm{m}$, 若将其修约成$0.1\ \mathrm{m}$, 因修约引起的误差大小为$0.03\ \mathrm{m}$, 是测量结果不确定度的30%, 对评价测量质量影响很大. 因此本教材规定, 当测量不确定度在修约前第1位非零数字小于或等于3时, 有效位数应取2位; 第1位非零数字大于或等于4时, 有效位数取1位、2位均可.

2. 测量不确定度的修约

在保留测量不确定度的有效位数时, 需要对数值进行进位或舍位处理. 为了避免因舍位而过多地降低测量不确定度的可靠性又便于操作, 可以采取3舍4进的处理方式, 即需要截掉的首位小于或等于3时作舍位处理; 大于或等于4时作进位处理.

例如, 计算得$U_P = 10.45\ \Omega$, 应修约成$U_P = 11\ \Omega$; 计算得$U_P = 10.32\ \Omega$, 应修约成$U_P = 10\ \Omega$; 计算得$U_P = 7.45\ \Omega$, 应修约成$U_P = 8\ \Omega$; 计算得$U_P = 7.32\ \Omega$, 应修约成$U_P = 7\ \Omega$.

三、测量结果的修约

1. 测量结果表示的书写方式

根据确定有效数字的存疑数字的基本原则，也为了使测量结果表示规整，测量结果的末位应与修约后的测量不确定度的末位对齐. 例如：$R = (2.035 \pm 0.011) \times 10^3\ \Omega$、$R = (1.206 \pm 0.008) \times 10^3\ \Omega$ 等均是正确的表示方法；而 $R = (2.04 \pm 0.011) \times 10^3\ \Omega$、$R = (1.206\ 3 \pm 0.008) \times 10^3\ \Omega$ 等则是错误的书写方法.

2. 测量结果有效数字的修约

根据测量不确定度的大小，在对测量结果进行截断时，有效数字的末位需要作进、舍位处理. 处理办法**应遵守**数值修约规则（GB8170—87）的**进舍规则**.

（1）进舍规则

① 拟舍弃数字的最左一位数字小于 5 时，则舍去，即保留的各位数字不变.

例如：若根据测量不确定度的大小需要将 12.149 8 修约到一位小数，得 12.1；若根据测量不确定度的大小需要将 12.149 8 修约成两位有效位数的数字，得 12.

② 拟舍弃数字的最左一位数字大于 5 或者是 5，而其后跟有并非全部为 0 的数字时，则进一，即保留的末位数字加 1.

例如：若根据测量不确定度的大小需要将 1 268 修约到两位有效位数的数字，得 1.3×10^3；若根据测量不确定度的大小需要将 1 268 修约成三位有效位数的数字，得 1.27×10^3. 若根据测量不确定度的大小需要将 10.502 修约到个位数，得 11.

③ 拟舍弃数字的最左一位数字为 5，而右面无数字或皆为 0 时，若所保留的末位数字为奇数（1,3,5,7,9）则进一，为偶数（2,4,6,8,0）则舍弃.

例如：若根据测量不确定度的大小需要将 1.050 修约到一位小数，得 1.0；若根据测量不确定度的大小需要将 0.350 修约到一位小数，得 0.4.

（2）不许连续修约

拟修约数字应在确定修约位数后一次修约获得结果，而不得多次按前述规则连续修约.

例如：将 15.454 6 修约到个位.

正确的做法：15.454 6→15；

不正确的做法：15.454 6→15.455→15.46→15.5→16.

四、未评定测量不确定度时的有效数字的取位方法

如果在实验中没有进行测量不确定度的估算，最后结果的有效数字位数的取法如下：

（1）在乘、除运算时，结果的有效数字位数与参与运算的各量中有效数字位数最少的相同.

例如：$13.25 \times 26.2 = 347.15$，参与运算的各量中有效数字位数最少的是 26.2，三位有效数字，所以按本规则取 $13.25 \times 26.2 = 347$.

（2）在代数和的情况下，则以参与加减的各量的末位数中量级最大的那一

位为结果的末位.

例如:18.45 + 13.2 = 31.65,各量末位数中量级最大的一位是 26.2 中的 0.2,按本规则该位为结果的存疑位,所以取 18.45 + 13.2 = 31.6.

(3)乘方、开方、对数、指数等运算结果的有效数字位数不变.

1.3.4 数据处理实例

例 1.3.1:测钢圆柱体的密度 ρ.

测量工具:0.02 mm 精度的游标卡尺一把,0.004 mm 精度的螺旋测微器一把,物理天平(感量 $e = 20$ mg)一架.

一、测量数据

见表 1.3.1

表 1.3.1 测量数据

测量次	游标卡尺:精度:0.02 mm $h/$mm	螺旋测微器:精度:0.004 mm $d/$mm	天平:($e = 20$ mg) $m/$g
1	29.22	12.257	
2	29.30	12.261	
3	29.24	12.256	
4	29.28	12.252	26.82
5	29.26	12.257	
6	29.24	12.254	
7	29.28	12.258	
平均值	29.26	12.256	26.82

二、数据处理过程

(1)密度 ρ 平均值的计算

依据公式 $\rho = \dfrac{4m}{\pi d^2 h}$ 可求得

$$\bar{\rho} = \frac{4 \times 26.82 \times 10^{-3}}{3.141\ 6 \times (12.256 \times 10^{-3})^2 \times 29.26 \times 10^{-3}}\ \text{kg/m}^3 = 7.769\ 6 \times 10^3\ \text{kg/m}^3$$

(2)各直接测量量标准不确定度的计算

① 多次直接测量量 h 的合成标准不确定度

A 类 $u_A(h)$:依据(1.2.4)式或(1.2.1)式,即 $u_A(h) = S(\bar{h}) =$

$$\sqrt{\frac{\sum_{i=1}^{n}(h_i-\bar{h})^2}{n(n-1)}}\ ,\ 求得$$

$$u_A(h)=0.010\ 6\ \text{mm}$$

B 类 $u_B(h)$：查 GB1214-85，游标卡尺示值误差 $\Delta_仪=0.02$ mm，依据 (1.2.2)式则有

$$u_B(h)=\frac{0.02}{\sqrt{3}}\ \text{mm}\approx0.011\ 5\ \text{mm}$$

h 的合成标准不确定度为

$$u(h)=\sqrt{u_A^2(h)+u_B^2(h)}=0.014\ 9\ \text{mm}$$

h 的相对标准不确定度为

$$\frac{u(h)}{\bar{h}}=\frac{0.014\ 9}{29.26}=0.000\ 509$$

② 多次直接测量量 d 的合成标准不确定度

A 类 $u_A(d)$：依据公式(1.2.1)式，求得

$$u_A(d)=0.000\ 109\ \text{mm}$$

B 类 $u_B(d)$：查 GB1214-85，螺旋测微器示值误差 $\Delta_仪=0.004$ mm，则有

$$u_B(d)=\frac{0.004}{\sqrt{3}}\ \text{mm}=0.002\ 31\ \text{mm}$$

d 的合成标准不确定度为

$$u(d)=\sqrt{u_A^2(d)+u_B^2(d)}=0.002\ 55\ \text{mm}$$

d 的相对标准不确定度为

$$\frac{u(d)}{\bar{d}}=\frac{0.002\ 3}{12.256}=0.000\ 208$$

③ 单次直接测量量 m 的合成标准不确定度

对于单次直接测量量，其合成不确定度只计及 B 类不确定度，即 $u(m)=u_B(m)$. 天平的感量近似为仪器误差，即 $\Delta_仪=e=20$ mg. 求 $u_B(m)$，得

$$u_B(m)=\frac{20}{\sqrt{3}}\ \text{mg}=11.55\ \text{mg}$$

即 $u(m)=11.44$ mg.

m 的相对不确定度为

$$\frac{u(m)}{\bar{m}}=\frac{1.155\times10^{-2}}{26.82}=0.000\ 431$$

（3）间接测量量 ρ 的标准不确定度 $u_c(\rho)$

根据(1.2.11)式或直接查表（表 1.2.2），得到

$$\frac{u_c(\rho)}{\bar{\rho}}=\sqrt{\left[\frac{u(m)}{\bar{m}}\right]^2+2^2\left[\frac{u(d)}{\bar{d}}\right]^2+\left[\frac{u(h)}{\bar{h}}\right]^2}$$

将已求得的$\dfrac{u(m)}{\overline{m}}$、$\dfrac{u(d)}{\overline{d}}$和$\dfrac{u(h)}{\overline{h}}$代入上式，求得$\rho$的相对不确定度，而$u_c(\rho)=$

$\dfrac{u_c(\rho)}{\overline{\rho}} \cdot \overline{\rho}$，则有

$$u_c(\rho) = \frac{u_c(\rho)}{\overline{\rho}}\overline{\rho} = \overline{\rho}\sqrt{(0.000\ 431)^2 + 4\times(0.000\ 208)^2 + (0.000\ 509)^2}$$
$$= 0.006\ 11\times10^3\ \mathrm{kg/m^3}$$

（4）测量密度ρ的扩展不确定度$U_{0.95}$

$$U_{0.95} = 2u_c(\rho) = 0.012\ 2\times10^3\ \mathrm{kg/m^3}$$

相应的相对不确定度为

$$\frac{U_{0.95}}{\overline{\rho}} \approx 0.001\ 6 = 0.16\%$$

三、待测量ρ的最终测量结果

$$\rho = \overline{\rho}\pm U_P = (7.770\pm0.012)\times10^3\ \mathrm{kg/m^3}\ (P=0.95)$$

§1.4 实验数据处理的基本方法

实验数据处理是指从获得实验数据起，到得出实验结果止的加工处理过程. 其中主要包括记录、整理、计算、分析等的处理方法，本章将结合物理实验的基本要求，介绍一些最基本的实验数据处理方法：列表法、作图法、逐差法、最小二乘法.

1.4.1 列表法

顾名思义，列表法就是把数据按一定规律列成表格，是记录数据的基本方法，又是其他数据处理方法的基础，学生应当熟练掌握. 列表法处理数据，可以使实验结果一目了然，避免数据混乱或丢失数据，也便于核对，所以说，列表法是记录测量数据的最好方法.

为了养成良好习惯，减少差错，每次实验前，都应该根据实验要求，设计并画好所用的空白表格，以便在实验中记录数据. 列表注意事项如下：

（1）表格设计合理、简单明了，重点考虑如何能完整地记录原始数据及揭示相关量之间的函数关系.

（2）表格的标题栏中需注明物理量的名称、符号和单位（单位不必在数据栏内重复书写）.

（3）数据要正确反映测量结果的有效数字. 我们推荐一种避免数据记录出错的好办法：数据的原始记录采取直接记录标尺读数方式，即对从标尺上直接得到的分度数不要作任何计算（不必乘以分度值），以免出错，在报告列表栏内再作必要的计算和整理.

（4）提供与表格有关的说明和参量. 包括表格名称，主要测量仪器的规格（型号、分度值、量程及准确度等级等），有关的环境参量（如温度、湿度等）和其他需要引用的常量和物理量等.

实验数据记录举例如表 1.4.1 所示.

表 1.4.1　伏安法测电阻数据表

测量次数	1	2	3	4	5
U/V	9.50	8.92	8.27	7.80	7.41
I/mA	49.2	46.3	42.9	40.6	38.4
电表基本参量					
电压表	级别：0.5 级；量程 0~10 V		电流表	级别：0.5 级；量程 0~50 mA	

1.4.2　作图法

在坐标纸上用曲线图形描述各物理量之间的关系，将实验数据用几何图形表示出来，这就是作图法. 作图法的优点是直观、形象，便于比较研究实验结果，求解某些物理量，建立关系式等.

1. 作图法的作用与优点

（1）用作图法可以研究物理量之间的变化规律，找出相互对应的函数关系. 用作图法可以验证理论并有可能求出经验公式.

（2）用作图法可以简便地从图线中求出某些物理量，例如所作直线的斜率和截距可能就是要求的物理量，或者乘以一个已知量就得到要求的物理量.

（3）在曲线上，可以直接读出没有进行观测的对应物理量的值（内插法），也可以从图线的延伸线上读到原测量数据范围以外的点（外推法）.

（4）所作曲线还可以帮助发现实验中个别的测量错误，并可对系统误差进行初步分析和校准仪器.

（5）可把某些复杂函数关系通过变量置换法用直线来表示. 例如 $pV = C$，若将 $p\text{-}V$ 曲线改为 $p\text{-}\dfrac{1}{V}$ 曲线，就把曲线变为直线了.

2. 作图法的局限性

（1）由于受图纸大小的限制，点所代表的数据一般只有三四位有效数字.

（2）图纸本身的均匀、准确程度有限.

（3）在图纸上连线时有相当大的主观任意性.

（4）它不是建立在严格统计理论基础上的数据处理方法.

3. 作图规则

（1）作图必须用坐标纸，参量决定后，根据具体情况选用坐标纸，坐标纸大小及坐标分度的比例，可根据测量数据的有效位数和结果的需要来确定，原则是：测量数据中的可靠数字在图中应为可靠，测量数据中的可疑数字在图中应是估计的，即坐标中最小格对应测量有效数字中可靠数字的最后一位.

（2）坐标轴的坐标与比例. 通常以横轴代表自变量，纵轴代表因变量，并在坐标轴上标明所代表物理量的字母符号和单位. 为使所作的图线比较对称地充满坐标纸，坐标轴的起点不一定从零点开始. 同时坐标轴的比例要适当，一般取 1、2、5 等比例. 选好比例后，在坐标轴上每隔一定间距标明该物理量的数值（注意：标明有效数字）.

（3）图线的标点与连线. 根据测量数据，用削尖的铅笔在坐标图纸上，以"+""×"或"⊙"标出各测量数据点的位置，使各测量数据的坐标准确落在"+""×"或"⊙"的正交点上. 同一图中不同曲线应当用不同的符号. 当数据测量点标好后，用直尺或曲线板等作图工具，把测量数据点连成直线或光滑曲线，除特殊情况外，绝不允许连成折线. 图线不一定通过每个测量数据点，但要求在图线两旁的数据点有较均匀的分布. 图线起到求平均值的作用.

（4）图上应标明图的名称、简要的实验条件. 一般要求在图纸上部附近写出简要完整的图名，中部标出实验条件.

此外，还应写明实验者姓名和实验日期，并将图纸贴在实验报告的适当位置.

图 1.4 是用直角坐标纸作图的一个实例，数据来源表 1.4. 图中"+"符号表示测量点，用"⊙"符号标示的 B 点和 A 点是为求直线斜率所选的两个点，所得到的直线斜率即待测电阻 R.

4. 求直线的斜率和截距

直线方程为

$$y = kx + b$$

其斜率为

$$k = \frac{y_2 - y_1}{x_2 - x_1}$$

其截距为

$$b = y_3 - \frac{y_2 - y_1}{x_2 - x_1} x_3$$

选取在直角坐标纸上所作的图线上的两点的间距要大，且不能是原始数据.

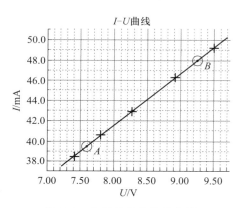

图 1.4 电阻的伏安特性曲线

1.4.3 逐差法

定义：逐差法是对等间距变化的所测量有序数据进行逐项或等间距项相减得到结果.

优点：计算简便，可充分利用测量数据、及时发现差错、总结规律，是物理实验中常用的一种数据处理方法.

1. 逐差法使用条件

（1）自变量 x 是等间隔变化的；

（2）被测的物理量之间的函数形式可以写成 x 的多项式，即

$$y = \sum a_m x^m \tag{1.4.1}$$

2. 逐差法的应用

以用拉伸法测弹簧的弹性系数为例：

设实验中等间隔地在弹簧下加砝码，共加 9 次（每次加 1 kg），分别记下对应的弹簧下端点位置 l_0、l_1、$\cdots$、l_9，则可以用逐差法进行如下处理：

（1）验证函数形式是线性关系

把所测的数据逐项相减，即 $\Delta l_1 = l_1 - l_0$、$\Delta l_2 = l_2 - l_1$、$\cdots$、$\Delta l_9 = l_9 - l_8$. 如果 Δl_i 均基本相等，那么就验证了外力与弹簧的伸长量之间的函数关系是线性关系，即 $F = k \cdot \Delta l$.

（2）求物理量数值

若要求出每加 1 kg 砝码时弹簧的平均伸长量：

$$\overline{\Delta l} = \frac{1}{9} \sum_{i=1}^{9} \Delta l_i = \frac{(l_9 - l_0)}{9}$$

从上式可看出，中间的测量值全部抵消了，只有始末两次测量值起作用，与一次加 9 kg 砝码的测量完全等价.

通常等间隔地把所测量的物理量分成前后两组，前一组为 l_0，l_2，$\cdots$，l_4，后一组为 l_5，l_6，$\cdots$，l_9，将前后两组的对应项相减：

$$\Delta l'_1 = l_5 - l_0$$
$$\Delta l'_2 = l_6 - l_1$$
$$\cdots\cdots\cdots\cdots$$
$$\Delta l'_5 = l_9 - l_4$$

取其平均值为

$$\overline{\Delta l'} = \frac{1}{5} \sum_{i=0}^{4} (l_{5+i} - l_i)$$

$\overline{\Delta l'}$ 是增加 5 kg 砝码时弹簧的平均伸长量. 故对应项逐差可以充分利用测量数据，具有对数据取平均和减小误差的效果.

1.4.4　最小二乘法处理数据

最小二乘法的原理简单地说就是：被测量的最佳值是这样一个值，它与各次测量值之差的平方和为最小. 采用最小二乘法可以从一组等精度的测量值中确定最佳值，也可以找出一条最合适的曲线使它能最好地拟合于各测量值. 最小二乘法的原理和计算比较复杂，这里仅介绍如何应用最小二乘法进行一元线性拟合（或称一元线性回归）.

设某实验中可控制的物理量取 x_1、x_2、$\cdots$、x_i、$\cdots$、x_n 值时，对应的物理量

依次为 y_1、y_2、$\cdots$、y_i、$\cdots$、y_n，假定 x_i 的误差很小，而 y_i 的误差是主要的，且是线性的. 直线拟合的任务就是用数学分析的方法，由这些数据求出一个误差最小的经验公式：

$$y = a + bx \tag{1.4.2}$$

根据这一最佳经验公式作出的直线，能以最接近这些实验点的方式平滑地穿过它们. 对应于每一个 x_i 值，测量值 y_i 与从最佳经验公式得到的 y 之间存在偏差 δ_{y_i}，即

$$\delta_{y_i} = y_i - (a + bx_i)$$

最小二乘法原理告诉我们，如果各测量值 y_i 的误差相互独立，且服从正态分布，当 y_i 的偏差的平方和为最小时，就可得到最佳经验公式. 利用这一原理可求得常量 a 和 b.

各 δ_{y_i} 的平方和为

$$\sum (\delta_{y_i})^2 = \sum [y_i - (a + bx_i)]^2$$

式中，x_i 和 y_i 是已知的测量值，a 和 b 是待定参量，也就是说 δ_{y_i} 的平方和是 a 和 b 的函数. 令其对应的 a 和 b 的偏导数为零，可得参量 a 和 b：

$$b = \frac{\overline{x}\ \overline{y} - \overline{xy}}{\overline{x}^2 - \overline{x}^2} \tag{1.4.3}$$

$$a = \overline{y} - b\,\overline{x} \tag{1.4.4}$$

(1.4.3)式、(1.4.4)式中：

$$\left.\begin{array}{l} \overline{x} = \dfrac{1}{n} \displaystyle\sum_{i=1}^{n} x_i \\[2mm] \overline{y} = \dfrac{1}{n} \displaystyle\sum_{i=1}^{n} y_i \\[2mm] \overline{x^2} = \dfrac{1}{n} \displaystyle\sum_{i=1}^{n} x_i^2 \\[2mm] \overline{xy} = \dfrac{1}{n} \displaystyle\sum_{i=1}^{n} x_i y_i \end{array}\right\} \tag{1.4.5}$$

由(1.4.3)式、(1.4.4)式和(1.4.5)式确定了 a 和 b，即可得到最佳经验公式. 这样计算 a 和 b 虽是最佳的，但也有误差. 设 a 和 b 的标准误差分别为 $S(a)$ 和 $S(b)$，则

$$S(a) = \frac{\sqrt{\overline{x^2}}}{\sqrt{n(\overline{x^2} - \overline{x}^2)}} S(y) \tag{1.4.6}$$

$$S(b) = \frac{1}{\sqrt{n(\overline{x^2} - \overline{x}^2)}} S(y) \tag{1.4.7}$$

其中

$$S(y) = \sqrt{\frac{\sum \left[y_i - (a + b x_i) \right]^2}{n-2}} \qquad (1.4.8)$$

称为 y_i 的剩余标准差.

参量 a 和 b 确定之后，还应计算相关系数 r，以对结果进行检验. 对一元线性拟合，r 定义为

$$r = \frac{\overline{xy} - \overline{x}\,\overline{y}}{\sqrt{(\overline{x^2} + \overline{x}^2)(\overline{y^2} - \overline{y}^2)}} \qquad (1.4.9)$$

式中 $\overline{y^2} = \dfrac{1}{n}\sum\limits_{i=1}^{n} y_i^2$，$r$ 的值总是在 0 和 ±1 之间. r 越接近 1，说明测量数据的分布密集，越符合求得的直线，即说明用线性函数拟合比较合理. 相反，若 r 接近于零，则说明用线性函数拟合不妥，实验数据无线性关系，必须用其他函数重新试算. $r>0$ 时，拟合直线的斜率为正，称为正相关. $r<0$ 时，拟合直线的斜率为负，称为负相关.

例 1.4.1：利用表 1.4.1 中的测量数据，采用最小二乘法作一元线性回归，求得待测电阻 R.

根据欧姆定律，$U=RI$，令 $y=U$，$x=I$，则一元线性回归方程 $y=a+bx$ 的回归系数 b 即待测电阻 R.

根据 (1.4.4) 式，得 $\overline{x}=\overline{I}=43.496$，$\overline{y}=\overline{U}=8.380$，$\overline{x^2}=\overline{I^2}=1\,906.9$，$\overline{xy}=\overline{IU}=367.4$，代入 (1.4.3) 式得

$$R = b = 0.194\,7 \text{ k}\Omega$$

而 $\overline{y^2}=\overline{U^2}=70.80$，利用 (1.4.9) 式得相关系数 $r=0.999\,8$. 剩余标准差 $S(y)=0.017\,8$，回归系数 b 的标准差 $S(b)=0.002\,06 \text{ k}\Omega$.

应该指出，在例 1.4.1 中，一元线性回归方程 $y=a+bx$ 的回归系数 a 应该取零，这既符合欧姆定律，也是实际的测量结果. 当限制线性方程的截距 $a=0$ 时，斜率的回归系数 b' 为

$$b' = \frac{\overline{xy}}{\overline{x^2}} \qquad (1.4.10)$$

在截距 $a=0$ 的限制下，例 1.4.1 的 $R=b'\approx0.192\,68 \text{ k}\Omega$.

许多函数型计算器都有统计计算功能，可以直接计算 $\overline{x}$、$S(x)$ 等. 有的还具有利用最小二乘法进行一元线性回归的功能，可以直接计算 a、b 及 r 等.

微软公司 Excel 软件的统计计算功能更为强大，统计函数共有 70 多个. 如求算术平均值函数：AVERAGE( )；计算测量列标准误差的函数 $S(X)$：STDEV( )；求一元线性回归系数 b 的函数：SLOPE( ) 和 a 的函数：INTERCEPT( )、剩余标准差 $S(y)$ 的函数：STEYX( )；与 t 分布相关的函数：TINV( )、TDIST( ) 和 TTEST( ) 等. 例 1.4.1 的计算就是利用 Excel 2000 的有关函数进行的.

此外，微软公司 Excel 软件的图表功能也可以直接用于物理实验的数据处理，

本书图 1.4 的基础曲线就是利用 Excel 2000 的图表功能绘制的. 利用 Excel 的"趋势线"功能可以进行回归分析和趋势预测, 并可以给出回归方程的解析式.

习题

1. 指出下列误差的类型.

（1）螺旋测微器的零值误差；（2）视差；

（3）天平不等臂误差；　　（4）电表内阻产生的引入误差；

（5）米尺刻度不均匀；　　（6）地磁的影响；

（7）杂乱电磁波对灵敏电流计的干扰；

（8）电阻箱各旋钮的接触电阻的影响；

（9）数字式仪表示值最低位数字常常有±1的变化；

（10）光具座上各光学元件不共轴；

（11）三线摆实验中扭转角度过大；

（12）游标卡尺零点不准.

2. 指出下列各数据的有效位数.

（1）0.000 01；　（2）0.010 00；　（3）1.000 0；

（4）980.124 0；　（5）0.100 3；　（6）0.007 6；

（7）1.35×10^{27}；　（8）9.44×10^{-31}；　（9）π.

3. 判断正误, 并改正错误之处.

（1）62.001 0±0.014 10；　（2）1.254±0.4；

（3）7.8±0.486；　　　　（4）0.5 m＝500 mm；

（5）31 704±201；　　　　（6）25.355±0.02；

（7）8.931±0.107；　　　（8）$L=(20\,500\pm4\times10^2)$ km.

4. 用感量 $e=20$ mg 的物理天平测量某物体的质量, 其数据为: 61.35、61.37、61.32、61.40、61.33、61.38, 单位为 g. 试计算物体的质量, 并写出其结果表达式.

5. 一圆柱体, 用螺旋测微器测得其直径 $d=(20.146\pm0.005)$ mm, 用游标卡尺测得高 $h=(50.12\pm0.04)$ mm, 用物理天平测得质量 $m=(123.75\pm0.02)$g. 试计算圆柱体的密度, 并写出结果表达式.

6. 根据有效数字运算规则, 计算下列各式的结果:

（1）62.2+0.005 4；

（2）273.15−27；

（3）$d=1.20\times10^{-2}$m, 求 $S=\dfrac{1}{4}\pi d^2$；

（4）$\dfrac{30.00\times(21.01-11.5)}{321+0.007}$；

(5) $\dfrac{100.0\times(5.6+4.412)}{(78.00-77.0)\times10.000}+110.0$;

(6) 3.0^4;

(7) $\sqrt{3.000}$;

(8) $\lg 98.00$;

(9) $10^{4.80}$.

7. 按不确定度合成公式计算下列各量的不确定度,并完整地表示出结果.

(1) $m=m_1+2m_2$,其中 $m_1=(12.75\pm0.03)\,\mathrm{g}$,$m_2=(1.583\pm0.002)\,\mathrm{g}$;

(2) $V=\dfrac{1}{4}\pi HD^2$,其中 $H=(12.684\pm0.003)\,\mathrm{cm}$,$D=(1.800\pm0.001)\,\mathrm{cm}$;

(3) $R=\dfrac{U}{I}$,用 1.0 级电压表(3 V 量程)测得 $U=2.49$ V,用 0.5 级电流表(750 mA 量程)测得 $I=0.512$ A.

8. 写出下列函数的不确定度计算公式(等式中各量均为独立的直接测量量):

(1) $V=\dfrac{1}{4}\pi D^2 H$;   (2) $\rho=\dfrac{m}{\dfrac{\pi}{4}(D^2-d^2)H}$;

(3) $N=\dfrac{(A+B)C}{(D-F)G}$;   (4) $N=\dfrac{k}{2}\left(x-\dfrac{1}{3}y^3\right)$,$k$ 为常量.

9. 用作图法、逐差法分别求出 $y=A_0+A_1x$ 中的 A_0 和 A_1.

	1	2	3	4	5	6	7	8
x	20.0	30.0	40.0	50.0	60.0	70.0	80.0	90.0
y	5.45	5.66	5.96	6.20	6.45	6.86	7.01	7.30

第 2 章
常用物理实验仪器

仪器是科学实验和工程技术的"耳目",物理仪器是物理实验不可缺少的硬件设备. 在实验前,只有对仪器的原理、结构特点、使用方法、操作要点和一些基本物理量的测量方法做到心中有数,才有可能在实验过程中做到胸有成竹,有效地培养我们的科学实践能力和科学思维方法,确保仪器设备的安全,延长仪器的使用寿命.

§2.1 长度测量仪器

长度测量不仅在生产与科学研究中被广泛地使用着,而且除数字显示仪表外,许多测量最终都将转化成长度测量而进行读数. 所以长度测量在所有测量中最为重要.

长度是基本物理量之一,在国际单位制中,长度的主单位是 m(米). 2018年第 26 届国际计量大会通过的"关于修订国际单位制的 1 号决议"将国际单位制的七个基本单位全部改为由常数定义. 米的定义如下:当真空中光速 c 以单位 $m \cdot s^{-1}$ 表示时,将其固定数值取为 299 792 458 来定义米,其中秒用 $\Delta\nu_{Cs}$ 定义.

与此同时,定义电磁波在真空中的速度为 $c = 299\ 792\ 458$ m/s.

日常的长度测量是用木头、塑料或金属制做的精度为 1 mm 的尺进行的. 较准确的尺是用膨胀系数小、受外界环境变化影响不大的不锈钢或铁镍铬合金等制成. 如游标卡尺、螺旋测微器等.

测量长度的基本仪器有米尺、游标卡尺、螺旋测微器和读数显微镜、测微目镜等.

2.1.1 米尺

米尺(又称直尺)是最简单和最基本的测长仪器.

(1) 米尺的结构

在物理实验中,通常使用的米尺是在矩形薄钢板条上按长度的辅助单位 mm 为最小分格(分度值)来均匀刻线的. 米尺的量程(最大测量范围,也称量限),通常有 200 mm、300 mm、500 mm、1 000 mm 等几种.

(2) 米尺的仪器误差

米尺的最小分格(分度值)读数为 1 mm,毫米下一位上的读数全凭测量者估计,所以米尺的测量误差不会小于毫米的十分之一,而不同量程的米尺的仪器误差有所差异. 由于毫米的十分位可以连续估计,故米尺属于连续读数的仪表,在无特殊说明时，通常取其分度值的一半即 0.5 mm 作为米尺的仪器误差. 因此，用米尺测量长度时，准确读数位在毫米位上，误差在毫米的十分位上.

（3）注意事项

① 用米尺测量时，应当使米尺刻度线紧贴待测物，视线垂直于刻度线读数，从而避免因视线方向改变而产生的视觉误差（视差），如图 2.1 所示.

② 米尺的零刻度线通常定在端面，为了避免米尺端面被磨损引起的误差，一般不用米尺的端边作为测量的起点，而是从中间某一刻度线开始.

③ 用米尺对同一长度进行多次测量时，应当选择米尺上不同的测量起点，然后将测量值取平均值，这样可以减小因刻度不均匀而引起的误差.

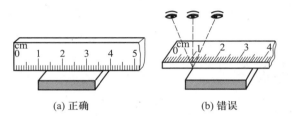

图 2.1　米尺的放置

2.1.2　游标卡尺

由于人眼视觉分辨能力的限制，如果把 1 mm 再均匀分成 10 等份，人们不可能用裸眼看清楚每一等份的刻度，也就无法在米尺上估计到毫米的百分位读数. 因此，不能通过增加直尺的刻线密度实现将测量结果的准确位推到毫米的十分位，可疑位读数推到毫米的百分位上. 然而，人眼却能分辨上下两条首尾相接错位 0.02 mm 的平行线段，依据这个特点，人们应用错格对线的方法（又称为差视法），在米尺的基础上制成了游标卡尺，实现了将测量的精度提高一个数量级.

（1）游标卡尺的结构和原理

① 结构

游标卡尺的主要结构是在米尺（称为主尺）上附加一段能滑动的游标（也称副尺）. 在主尺和游标的上下两方分别有与它们连在一起的量爪，这些量爪精密配合成一对刀口测量面和一对钳口测量面，刀口测量面用来测量孔的内径，钳口测量面用来测量长度或圆柱体的外径. 有的游标卡尺的游标背面还附有与主尺平行并且可以在主尺中央滑槽中移动的深度尺. 另外，游标上方有一个用来锁定游标的固定螺钉，下方有一个供右手拇指推拉游标在主尺上移动的半圆滚花凸轮. 游标卡尺的结构如图 2.2 所示.

② 原理

游标卡尺的主尺的最小分格为 1 mm，设该分格长度为 x，游标卡尺的游标上有 n 个均匀分格的刻度线，总长与主尺上的 $(n-1)$ 个分格的长度即 $(n-1)x$ 相等. 因而，游标上每个分格的长度为 $\dfrac{(n-1)x}{n}$，与主尺上每分格的差值 Δl 为

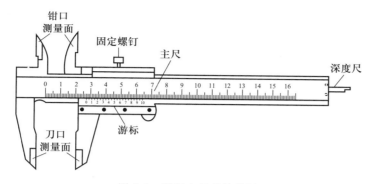

图 2.2 游标卡尺的结构图

$$\Delta l = x - \frac{(n-1)x}{n} = \frac{x}{n} \qquad\qquad (2.1.1)$$

$\Delta l = \dfrac{x}{n}$ 称为游标卡尺的最小分度值. 通常使用的游标卡尺有 $n = 10$, 20 和 50 三种, 它们的分度值分别为 0.1 mm、0.05 mm、0.02 mm, 相应地称为十分游标卡尺、二十分游标卡尺和五十分游标卡尺. 为了观察方便, 有的二十分游标卡尺把主尺上的 39 mm 长度在游标上等分为二十格, 即游标上 1 格为 1.95 mm, 与主尺上 2 mm 一格相差仍为 0.05 mm. 三种游标卡尺的分度见图 2.3.

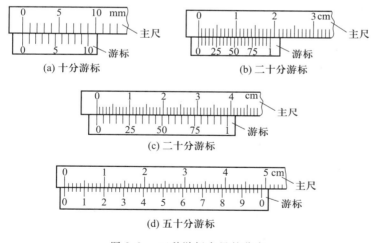

图 2.3 三种游标卡尺的分度

（2）游标卡尺的仪器误差和读数规则

游标卡尺是一种非连续读数的仪器, 五十分游标卡尺的读数最后一位只能是偶数, 不可能出现奇数. 根据国家标准规定, 游标卡尺的示值误差不得超过其分度值, 具体数据由生产厂家的产品说明书提供. 实验室中通常取游标卡尺的仪器误差等于游标卡尺的分度值.

没有零点误差的游标卡尺, 当它的两对测量面闭合时, 游标上的零刻度线与主尺上的零刻度线是对齐的. 用游标卡尺的测量面夹持待测物测量后, 读数的方法分为三步:

第一步以游标上的零刻度线为基线, 从主尺上读出以 mm 为单位的整数部分.

第二步根据差视法从游标上读取小数部分的数值, 先寻找并判断游标上哪一条刻度线与主尺上的某一条刻度线对得最齐, 然后再用游标上该刻度线对应的条数乘以游标卡尺的分度值, 就是小数部分的读数, 实际上, 游标的毫米十分位刻度线已经标出了数字, 只要心算下一位就行了.

最后一步是将整数和小数两部分读数相加得出测量的结果. 例如: 整数部分读数为 L', 游标上第 k 条刻度线与主尺上某一刻度线对齐, 那么, 小数部分的读数为 $\Delta L = K \dfrac{x}{n}$, 测量结果是 $L = L' + \Delta L$. 对于十分游标卡尺, 如果不能判定游标上相邻的两条刻度线哪一条与主尺上的刻度线重合或更近些, 则在左边一条刻度数的后一位估读为 "5", 见图 2.4(a): $l = 21.00 \text{ mm} + 22 \times 0.02 \text{ mm} = 21.44 \text{ mm}$; 图 2.4(b): $l = 0 \text{mm} + 0.5 \text{ mm} = 0.5 \text{ mm}$.

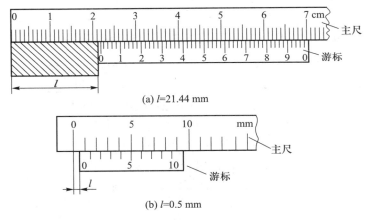

(a) $l = 21.44$ mm

(b) $l = 0.5$ mm

图 2.4 游标卡尺的读数范例

带有深度尺的游标卡尺测量深度时, 以主尺尾部的端面为参考面, 滑动游标, 使深度尺尾端触及所测孔底, 读数方法与前面相同.

(3) 注意事项

① 使用游标卡尺时, 用右手将游标卡尺的主尺握持在掌心中, 用拇指推拉半圆滚花凸轮, 使测量面与待测部位接触, 夹持待测物时不宜用力过大(凭主观感觉), 如图 2.5 所示.

② 使用游标卡尺时, 游标上的固定螺钉不能锁紧, 右手拇指推拉游标时应感觉滑动自如.

③ 测量前, 应先将两测量面闭合, 检查游标有无零点误差. 观察游标零刻

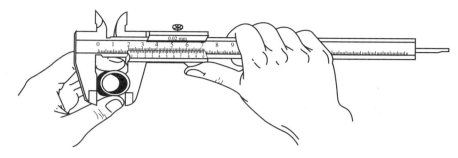

图 2.5 游标卡尺的握尺方法

度线是否与主尺的零刻度线对齐. 如果两条零刻度线对不齐, 应首先读出差值, 以便修正零点读数误差.

④ 如果待测物能用手拿取, 测量时, 应使游标卡尺的刻度面向观测者视线, 左手将待测物要测量的部位放到游标卡尺相应的测量面上.

2.1.3 螺旋测微器

由于人眼分辨能力的限制和游标在主尺上受滑动的配合间隙所影响, 游标卡尺不可能再进一步提高测量的准确度. 人们又得寻求其他办法来提高测量的准确度, 于是依据螺旋的机械放大原理制成了螺旋测微器(曾称千分尺).

(1) 螺旋测微器的结构

螺旋测微器的结构见图 2.6. 螺旋测微器结构中最主要的部件是有精密螺纹的测微螺杆 A 和与之精密配合的测微螺母套管 D, 测微螺母套管 D 是主尺, 测微螺母套管表面有一条平行于套管轴线的刻线为**读数基线**, 在该线两边分别刻有整毫米数和半毫米数的刻线(0 起头的一边为整毫米刻度). 测微螺母套管 D 的一端与 U 形尺身一边刚性连接, U 形尺身另一边连有一个小柱体, 这个小柱体的底面垂直于测微螺母套管轴线, 它是螺旋测微器的固定测量面 E, 称为测砧. 精密螺杆 A 的一端与其同轴的一个外套筒 C(又叫分度筒)连接, 当测微螺杆 A 与测微螺母套管配合时, 外套筒 C 就将测微螺母套管 D 套在其内. 外套筒末端的圆锥面上均分有 50 个分格, 称为副尺. 测微螺杆和测微螺母套管的螺距是 0.5 mm, 测微螺杆沿轴向的移动是靠转动测微螺杆来实现的. 测量时应松开止动螺钉 F, 待测物夹持在固定测量面 E 和测微螺杆 A 的端面之间. 为了使测微螺杆在夹持待测物时不受损伤, 在外套筒 C 与测微螺杆的一端安装有一个带棘轮的棘轮旋钮 B, 棘轮旋钮 B 靠摩擦力带动测微螺杆和外套筒一起转动. 在转动棘轮旋钮 B 夹持待测物时, 最后会听到棘轮发出"咔咔"的打滑响声, 当发出 2~3 响后应立即停止转动, 接着就可以进行读数.

(2) 原理

由于螺旋测微器测微螺距是 0.5 mm, 副尺上的分度筒均分有 50 个分格, 所以每当分度筒旋转一周时, 测微螺杆沿轴向同时移动 0.5 mm; 若旋转一个分格,

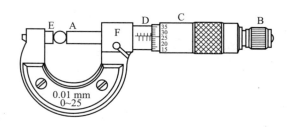

A—测微螺杆; B—棘轮旋钮; C—副尺; D—主尺; E—测砧; F—止动螺钉

图 2.6　螺旋测微器的结构

测微螺杆的移动距离 Δx 为

$$\Delta x = \frac{0.5}{50} \text{ mm} = 0.01 \text{ mm} \tag{2.1.2}$$

因而螺旋测微器的分度值 Δx 是 0.01 mm. 如果旋转不到一个分格，还可以估计到一个分格的十分之几. 因此，螺旋测微器能读到 mm 的千分位.

（3）螺旋测微器的仪器误差和读数规则

根据国家标准规定，螺旋测微器的示值误差不超过 0.004 mm. 一般情况下，在实验室，螺旋测微器的仪器误差取 0.004 mm.

螺旋测微器的读数由两部分组成. 一部分是主尺上的整 mm 和半 mm 读数，是通过副尺套筒末端圆锥面边缘下主尺露出的刻度线来读取的；另一部分是半 mm 以下的读数，是从副尺上的刻度线读取的；副尺的读数方法是以主尺上基线为准线，将副尺上刻度线对应的格数（包括分格下的估计数）乘以螺旋测微器的分度值. 最后把两部分读数相加就是测量的值，见图 2.7.

① 主尺读数 x_0 为 $x_0 = 3.000$ mm，副尺读数 Δx 为 $\Delta x = 41.5 \times 0.01$ mm = 0.415 mm，结果为 $x = x_0 + \Delta x = (3.000 + 0.415)$ mm = 3.415 mm.

② 主尺读数 x_0 为 $x_0 = 3.500$ mm，副尺读数 Δx 为 $\Delta x = 41.5 \times 0.01$ mm = 0.415 mm，结果为 $x = x_0 + \Delta x = (3.500 + 0.415)$ mm = 3.915 mm.

（4）注意事项

① 握尺时，螺旋测微器的刻度线面对观测者，左手中指穿过螺旋测微器的 U 形尺身中央，将尺身可靠地握持在掌心中，右手操作副尺. 止动螺钉在测量过程中不能锁紧，在转动测微螺杆时应感到轻松自如.

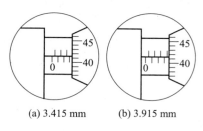

(a) 3.415 mm　　(b) 3.915 mm

图 2.7　螺旋测微器的读数范例图

② 为了保护测微螺杆的螺纹，夹持待测物体时，只允许右旋棘轮旋钮，在听到 2~3 响 "咔咔" 声的瞬间应立即停止转动并松开手. 另外，在读数过程中不得用手触及副尺的相关部分；需要取下待测物时，不再转动棘轮旋钮，用右手指在套筒滚花的部位左旋测微螺杆即可松开待测物，否则左旋棘轮旋钮会使棘轮从副尺套筒上松脱下来.

③ 测量前，应检查零点读数误差. 旋转棘轮旋钮使两测量面密合，观察副尺零刻度线与主尺上的读数基线是否对齐. 如果未对齐，应读出零点读数，以便对测量读数进行修正. 零点读数 δ 的正负由主尺上的基线在副尺零刻度线上方或下方确定. 若在上方，则零点读数为正；若在下方，则零点读数为负，如图 2.8 所示. 最后的测量结果为 $X = X_{读} - \delta$. 螺旋测微器的零点还可按仪器说明书进行调整.

④ 读数时，应从副尺上数值小的刻度线向数值大的刻度线方向读数.

⑤ 为了防止热胀冷缩导致测微螺杆的精密螺纹损伤，螺旋测微器使用结束存放前，两测量面之间应留一定的膨胀空隙.

⑥ 螺旋测微器的量限分为 0~25 mm、25~50 mm、50~75 mm、75~100 mm 等几段，应根据待测物尺寸大小来选取合适的量限.

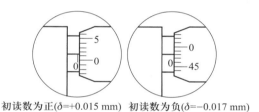

初读数为正(δ=+0.015 mm)　　初读数为负(δ=−0.017 mm)

图 2.8　螺旋测微器的零点误差

2.1.4　读数显微镜

读数显微镜（又称移测显微镜）和测微目镜都是测量微小距离或微小距离变化的仪器. 它们的结构由机械系统和光学系统两大部分组成.

（1）读数显微镜构造

读数显微镜的外形和结构各式各样，常用的两种如图 2.9 所示. 它们的光学部分是一个长焦距的显微镜. 显微镜由物镜、目镜和在目镜焦平面附近的十字叉丝板组成. 叉丝作为测量的准线，其中一条平行于显微镜筒平移的方向，另一条垂直于显微镜筒移动的方向. 镜筒安装在与测微螺母相连的滑台上.

读数显微镜的机械部分主要是螺旋测微系统，它的原理与螺旋测微器相同. 测微螺杆的精密螺纹的螺距为 1 mm，它和滑台上的测微螺母精密配合，测微螺杆由导轨槽两端的轴承支承，并在导轨边上附有一条以 mm 分度的标尺，相当于螺旋测微器的主尺；螺杆一端连有一个测微鼓轮，测微鼓轮边缘沿圆周有 100 格均匀分度的刻度线，相当于螺旋测微器的副尺，可见读数显微镜的分度值仍然是

0.01 mm. 在滑台靠主尺的边上刻有一条读取主尺刻度值的基线；在紧靠测微鼓轮边的导轨座上也刻有一条读取副尺刻度值的基线. 旋转测微鼓轮时，测微螺杆就带动滑台在导轨上移动；调节镜筒旁的调焦旋钮可使镜筒上下移动. 另外，图2.9(a)所示的读数显微镜在与镜筒轴线平行的方向上装有镜筒上下位置的读数标尺，在物镜端装有可拆卸的 45° 半透半反镜组（可用于牛顿环或劈尖等实验），底座中央装有反光镜，与调节旋钮相连接. 读数显微镜的各部件安装在底座上.

（2）读数显微镜的仪器误差和读数规则

读数显微镜实质上是一个带显微镜的螺旋测微器，与螺旋测微器测长的区别在于它是通过测量两点坐标之差来测量长度的，故又把读数显微镜叫做移测显微镜. 其仪器误差和读数方法与螺旋测微器相同.

（3）读数显微镜的注意事项

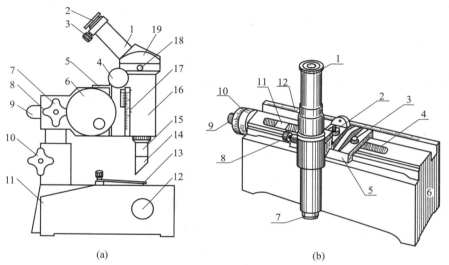

(a)　　　　　　　　　　　　(b)

1—目镜接筒；2—目镜；3—锁紧螺钉；4—调焦旋钮；
5—标尺；6—测微鼓轮；7—锁紧手轮；8—抽头轴；
9—方轴；10—锁紧手轮；11—底座；12—反光镜旋轮；
13—压片；14—半透半反镜组；15—物镜组；16—镜筒；
17—标尺；18—锁紧螺钉；19—棱镜室

1—目镜；2—锁紧螺母；3—固定螺钉；4—测微螺杆；
5—滑台；6—底座；7—物镜；8—调焦旋钮；
9—策动旋钮；10—测微鼓轮；11—螺母；12—标尺

图 2.9　两种读数显微镜的外形及结构图

① 不同型号的读数显微镜结构不尽相同，使用前应当仔细阅读使用说明书.

② 只用单眼从目镜端观察视场，首先调节目镜，使读数叉丝清晰，不出现视差（眼睛稍微移动,叉丝仍很清晰）.

③ 观测前，转动显微镜调焦旋钮使物镜靠近待测物，眼睛需从镜筒外面注视显微镜物镜的位置，谨防物镜与待测物相碰；当眼睛从目镜中观察待测物，转动调焦旋钮调节物镜与待测物之间的距离时，只许物镜沿离开待测物方向慢慢移动，不可反旋调焦旋钮！否则若不小心使物镜与待测物接触挤压，将会损伤镜头和待测物.

④ 为了消除螺杆和螺母的螺纹间隙引起的误差，测量时应该单方向旋转鼓轮.

2.1.5 测微目镜

（1）测微目镜的构造

测微目镜的结构如图 2.10 所示. 测微目镜的机械部分结构原理与螺旋测微器相同. 在分划尺上以 mm 分度刻线作为主尺；传动测微螺杆的一端与主尺前方刻有叉丝和双线(读数标记)的分度板连接，分度板的移动方向垂直于复合目镜的光轴. 传动测微螺杆的另一端连接读数鼓轮(副尺)；读数鼓轮套合在内有测微螺母的圆柱上，圆柱外圆上刻有一条平行轴线的读数基线. 螺杆螺纹与螺母螺纹精密配合，传动测微螺杆的螺纹螺距是 1 mm，读数鼓轮上沿圆周均匀分为100格，所以它的分度值为 $(1/100)$ mm = 0.01 mm，再加上估计位可得到 0.001 mm 位上的读数.

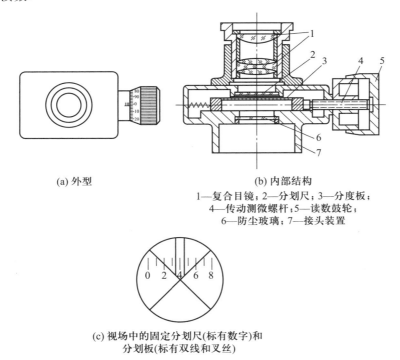

(a) 外型   (b) 内部结构

1—复合目镜；2—分划尺；3—分度板；
4—传动测微螺杆；5—读数鼓轮；
6—防尘玻璃；7—接头装置

(c) 视场中的固定分划尺(标有数字)和
分划板(标有双线和叉丝)

图 2.10　测微目镜的外形、内部结构和目镜内观察到的刻线图

（2）测微目镜的读数方法

测量时，要使被测物的像位于复合目镜的焦平面附近，即分划尺所在的平面上. 转动读数鼓轮 5 时，传动测微螺杆带动着有叉丝和双线的分度板移动. 测量时，使叉丝的交点或双线的中央对准待测点，从双线中央在固定刻度尺的位置读出以 mm 为单位的整数部分，同螺旋测微器一样由读数鼓轮上读出 mm 的小数部分. 两点读数之差的绝对值即这两点之间的距离.

（3）测微目镜的注意事项

① 应将镜体接头牢靠地固定在复合目镜支架上.

② 调节复合目镜，使叉丝和主尺刻度在复合目镜视野中最清晰，不出现视差，判断方法和读数显微镜相同.

③ 移动支架，使被测物的像落在叉丝平面位置上，直到移动眼睛观察叉丝和物像无相对移动为止.

④ 必须使测量准线的移动方向和被测量的两点之间的连线平行.

⑤ 为了消除螺纹侧向间隙引起的回程误差，测量一组相关数据时，应单方向转动读数鼓轮.

⑥ 为了保护测微螺纹，当叉丝分度板移动到端点时，不能再强行旋转读数鼓轮.

§2.2　质量测量仪器

质量是基本物理量之一，在国际单位制中，质量的主单位是 kg（千克）. 当普朗克常量 h 以单位 J·s 即 $kg·m^2·s^{-1}$ 表示时，将其固定数值取为 $6.626\,070\,15×10^{-34}$ 来定义千克，其中米和秒分别用 c 和 $\Delta\nu_{cs}$ 定义. 物理天平是利用杠杆平衡原理将待测物与标准砝码进行比较，通过指零法来测量物体质量的仪器.

一、物理天平的结构

物理天平由横梁、立柱、底座、秤盘和配套砝码等组成，结构如图 2.11 所示.

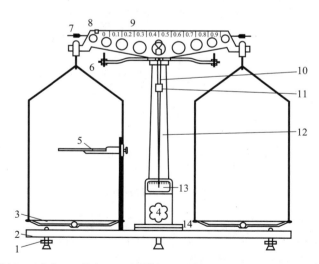

1—水平螺钉；2—底座；3—秤盘；4—开关旋钮；5—托架；6—支架；7—空载平衡调节螺母；8—游码；9—横梁；10—指针；11—感量调节器；12—中柱；13—微分标尺；14—水准器

图 2.11　物理天平的结构

（1）横梁：横梁是一个等臂杠杆. 横梁的中间和两端共有三个刀口，中间的刀口为杠杆的支点，称衡时，它被立轴上端的玛瑙垫支承. 悬挂秤盘的吊钩分别放置在横梁两端的刀口上. 横梁中央有一根指示平衡的细长指针；指针上附有一个调节天平灵敏度的小圆柱体（称为感量调节器）；横梁两端面上各有一个螺钉，螺钉上装有一个空载平衡调节螺母（也叫调零螺母）. 横梁上部刻有游码标尺，与其上滑动的游码配套来显示 1 g 以下的称量.

（2）立柱：上端有一块支承横梁刀口的玛瑙垫，玛瑙垫通过连杆机构由支柱下端的开关旋钮控制其上下微小移动. 只有在称衡时，才可上移支起横梁，此外，都必须下移脱离刀口. 立轴上方有一支架，两端各有一个螺钉，当玛瑙垫脱离刀口后，横梁便放置在支架的螺钉上. 立轴下方有一微分标尺，横梁指针末端位于标尺的前面，指针在标尺中间刻度线位置是天平的平衡位置. 用铅垂钉判断天平底盘水平的一类物理天平在立轴上还悬吊有带线铅垂钉.

（3）底座：它是固定立柱并且可以调节立柱竖直的一个部件. 根据三点决定一个平面的几何原理，底座下面装有三个支承脚，前面两个脚是带有旋钮的水平螺钉，调节前面两个螺钉可使天平底座水平. 底座上面还有一个判断底座是否水平的水准器. 另外，底座左边装有一个托架，可作为某些实验的辅助装置.

（4）秤盘：物理天平有两个秤盘，分别由秤盘架挂在吊钩上. 吊钩分别放置在横梁两端刀口上，价格较高的天平在吊钩上还嵌有玛瑙垫. 左右两个秤盘分别用数码 1、2 标记.

（5）配套砝码：每台物理天平都配有一套砝码，装在砝码盒中.

二、天平主要参量

（1）称量：天平允许称衡的最大质量.

（2）分度值：游码标尺上最小分格读数. 称量和分度值通常在底座铭牌上都有标注.

（3）感量：天平空载调平后，使指针从立柱下方微分标尺中央偏一小格需在砝码盘中加的质量（也可通过拨动游码来实现）. 感量的倒数称天平的灵敏度.

三、物理天平的仪器误差和读数方法

（1）物理天平的仪器误差一般取分度值的 1/2，具体在仪器说明书中附有说明.

（2）测量结果为砝码盘中砝码质量之和加上游码的示值读数.

四、物理天平的操作步骤

（1）底座调水平：调节底座下两个水平螺钉 1，使水准器中的气泡位于中心圆圈内. 若是铅垂钉，须从两个不同的方向观察，使上下两个锥尖对齐.

（2）空载调零点：将游码移至零刻度线处，转动开关旋钮 4，启动天平，观察平衡指针 10 在微分标尺 13 中线左右摆动的情况. 如果不是左右等幅摆动，那么转动旋钮，制动天平，调节平衡螺母 7．再启动，反复调试，直至指针在平衡位置附近等幅摆动．

（3）称衡时，一般将待测物放在左盘中央，砝码放在右盘中央．加减砝码和移动游码，使天平平衡后读数．粗拨动游码时，可使用 0.618 法（黄金分割法），即一边把游码移动到每次移动范围的三分之二左右位置处一边启动天平观察，反复操作以寻找使天平平衡的游码位置范围；细调时在此确定的小范围内仔细拨动游码．

五、注意事项

（1）使用天平时，动作要轻，必须缓慢、平稳地转动控制旋钮．切勿突然启动和制动，避免刀口与玛瑙垫撞击．

（2）放置待测物、加减砝码、拨动游码或调节天平平衡以及读数时，必须使天平处于制动状态．当启动天平时，若发现明显不平衡，必须立即停止启动，制动后再加减砝码和拨动游码．只有天平接近平衡时，才能完全启动天平观察．

（3）不允许用手直接拿砝码和游码，只能用镊子操作．砝码用完后应随即放入砝码盒中相应位置．每台天平的秤盘和砝码是专用的，不能互相混杂使用．

（4）天平的各部分及砝码均要防锈、防蚀．不得直接把高温物体、液体及带腐蚀性的化学药品放于秤盘中称衡．

（5）天平使用完毕后，应将秤盘吊钩脱离刀口；搬动天平时，应把可分离的部件取下．

§2.3　时间测量仪器

2018 年第 26 届国际计量大会决定：当铯频率 $\Delta \nu_{cs}$，也就是铯–133 原子不受干扰的基态超精细跃迁频率，以单位 Hz 即 s^{-1} 表示时，将其固定数值取为 9 192 631 770 来定义秒．现代技术已使秒达到 10^{-14} 的准确度，在所有的基本量中，秒的复现精度最高．常用的计时器有机械钟表、电子钟表、高精度的晶体、原子钟．现简单介绍两种常用计时仪．

2.3.1　秒表（停表）

一、机械秒表

机械秒表的外形及结构如图 2.12 所示．它的表盘上有两根指针，一根长针和一根短针，长针是秒针，短针是分针，秒表的表面上的数字分别表示秒和分的示值．其分度值有 0.1 s、0.2 s 等．还有一圈是 10 s 和 3 s 的秒表．对 0.1 s 的秒表，它的长针走一圈为 30 s，短针走一圈为 15 min．它把 1 s 分成 10 等份，读数可读到 0.1 s．秒表的指针是跳跃式走动，所以最小刻度以下的估计数是没有意义的．

表壳上只有一手柄,右螺旋方向旋转手柄,则是上紧发条;按顺序第一次按下手柄随即放手可启动计时,第二次按下手柄随即放手则停止计时;第三次按下手柄随即放手则指针复零.

二、电子秒表

电子秒表的外形及结构见图 2.13. 电子秒表也叫数字秒表,由显示屏上的数字显示时间,分度值一般是 0.01 s. 表壳上通常有两个按钮,一个为秒表计时按钮,按该钮第一次开始计时,再按一次停止计时,显示屏上的数字为两次按表之间的时间间隔. 另一个为功能转换和复零按钮. 作秒表用时,按这个按钮一次,显示屏上数字全部复零. 按着不动则转为其他功能. 有的电子秒表将功能按钮和复零按钮分开为两个按钮,还有的增加了一个暂停键.

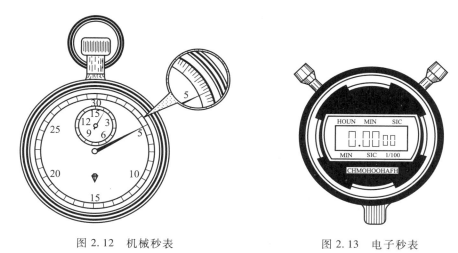

图 2.12 机械秒表   图 2.13 电子秒表

三、秒表的仪器误差及读数规则

(1)秒表是非连续读数的仪表,一般仪器误差等于分度值,具体可见仪器说明书.

(2)读数规则.

使用机械秒表前,应该了解秒针和分针每一刻度各代表多长时间,以及秒针和分针之间的进位关系. 总测量时间就是秒针指的时间与分针指的时间之和.

电子秒表显示的数字是三段,第一段是小数点前以 min(分钟)为单位的数字,第二段是小数点后以 s 为单位的前两位大号数字,第一段数和第二段数之间是六十进位的关系. 第三段是小数点后的最后两位小号数字,分别是秒的十分位、百分位,第二段数和第三段数之间是十进制关系. 总的时间由三段数字表示,在记录实验数据时用 s 为单位计数.

四、注意事项

（1）操作秒表不得用力过猛.

（2）切勿在秒表计时过程中按动复位按钮.

（3）实验完毕，应让机械秒表继续走动，使发条完全退到松弛状态，避免发条疲劳损伤. 电子秒表应全部复零，减少电池的消耗.

（4）机械秒表走时不准会给测量带来系统误差，实验前可用标准计时器对其进行校准. 校准系数 $C = \dfrac{\Delta t_0}{\Delta t}$，其中 Δt_0 为标准计时器记下的时间，Δt 为被校秒表记下的时间. 实验室测出的时间为 t'，对秒表校正后的时间 $t = Ct'$.

（5）测量时间时，通常不用混合单位表示，均用 s 为单位表示.

2.3.2　数字毫秒计

数字毫秒计型号种类很多，但其基本结构类同. 现以 MUJ-ⅡB 型电脑通用计数器为例加以说明，如图 2.14 所示.

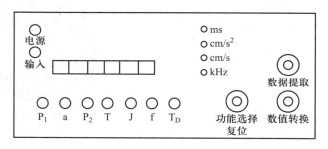

图 2.14　MUJ-ⅡB 型电脑通用计数器

MUJ-ⅡB 型电脑通用计数器是以 51 系列单片机为中央处理器，并编入与气垫导轨实验相适应的数据处理程序，并且备多组实验的记忆存储功能，**功能选择复位键**输入命令，**数值转换键**设定所需数值，**数据提取键**提取记忆存储的实验数据. 光电输入口采集数据信号，由中央处理器处理，数码管显示各种测量结果.

★三个按键的功能：

☆功能选择复位键：用于七种功能的选择及取消显示数据、复位.

☆数值转换键：用于挡光片宽度设定. 简谐运动周期值的设定，测量单位的转换.

☆数值提取键：用于提取已存入的实验数据.

★使用、操作：

☆开机前接好电源.

☆根据实验的需要，选择光电门的数量，将光电门线插入 P_1、P_2.

☆按下电源开关. 按功能选择复位键, 选择所需要的功能. 注: 当光电门没遮光时每按键一次转换一种功能, 发光管显示当前功能. 光电门遮光后按一下此键复位清零功能不变.

☆每次开机时, 遮光片宽度会自动设定为 1.0 cm, 周期自动设定为 10 次. 以上数据重新设定后将保留到关电源.

☆当选择计时、加速度或碰撞功能, 按下数值转换键小于 1.5 s 时, 测量数值自动在 ms、cm/s、cm/s^2 之间改变以供选择.

☆按下数值转换键大于 1.5 s 将提示已设定挡光片的宽度, 此时如有已完成的实验数据可保持, 按数值转换键不放, 可重新选择所需要的挡光片宽度, 前面所保持的实验数据将被清除. 确认到所选用的挡光片宽度即可放开此键.

☆当功能选择为周期时, 按上述方法设定所需要的周期数值.

★ 数值提取键:

☆做完实验后数据自动存入, 存储器存满后实验数据将不再存入. 可取出前几次的实验值, 具体方法在 "实验与操作" 中介绍. 取完数据后还要做实验, 需按一下功能选择复位键.

★ 清除记忆值可用如下方法:

☆改变实验功能.

☆改变挡光片设定的宽度.

☆在按数值提取键后, 数据未被全部取出时按功能选择复位键.

实验与操作

请注意: 实验开始前需确认所用的挡光片与本机设定的挡光片的宽度相等. 仅显示时间时忽略此项操作.

★ 计时: 测量 P$_1$ 或 P$_2$ 两次挡光时间间隔及滑块通过 P$_1$、P$_2$ 两只光电门的速度.

☆将光电门连接线接驳可靠.

☆按下功能选择复位键, 设定在计时功能.

☆让带有凹形挡光片的滑行器通过光电门, 即可显示所需的测量数据.

☆此项实验可连续测量.

本仪器可记忆前 20 次的测量结果, 按数值提取键将显示 E1 (表示第一次测量), 然后显示测量数据, 再显示 E2 …… 全部数据显示完后将显示按数值提取键前的测量值. 若只想看第 9 次的测量数据, 按下数值提取键将显示 E1, E2, …, E9, 放开按键即显示第 9 次测量的数据.

★ 加速度(a): 测量滑块通过每个光电门的速度及通过相邻光电门的时间或这段路程的加速度.

☆将选择的光电门接驳可靠.

☆按功能选择复位键, 设定加速度功能.

☆让带凹形光片的滑行器通过光电门.

☆本机会循环显示以下数据:

1	第一个光电门
×××××	第一个光电门测量值
2	第二个光电门
×××××	第二个光电门测量值
1—2	第一至第二光电门
×××××	第一至第二光电门测量值

☆清除记忆存储的方法(参看前面的内容).

★**周期**(T)：测量简谐振动 1~100 周期的时间.

☆滑行器装好挡光条，接驳好光电门接口.

☆按下功能选择复位键，设定在周期功能.

☆按下数值转换键不放，到所需要的周期数放开此键即可.

☆简谐振动每完成一个周期，显示的周期数会自动减 1，最后一次遮光完成，本机会自动显示累计时间值.

☆需要重新测量时，按功能选择复位键.

☆本仪器可以记忆存储本次实验前 20 周期每个周期的测量值，按数值提取键将显示 E1(表示第 1 个周期)，××××(第 1 个周期的时间)，E2(表示第 2 个周期)，××××(前 2 个周期的总时间)……

§2.4 电磁学实验仪器

2.4.1 电阻性仪器

在电磁学实验中常用的电阻性仪器有滑动变阻器和电阻箱.

一、滑动变阻器

（1）结构及电路符号

滑动变阻器外形和电路符号如图 2.15 所示.

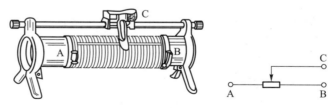

图 2.15 滑动变阻器结构和电路符号

滑动变阻器是用外层绝缘的金属电阻丝密绕在瓷管上制成的. 电阻丝两端与接线柱 A、B 相接，A、B 之间的电阻为滑动变阻器的总电阻 R_0. 在瓷管上方有一根与瓷管轴线平行的粗铜棒，上面装有滑动头 C. 滑动头 C 的金属簧片两边下端触头始终与电阻丝无绝缘层的一小部分良好接触，而金属簧片上端也总是与铜棒良好接触，在铜棒两端装有接线柱，移动滑动头 C 的位置，就可以改变 AC 之间和 BC 之间的电阻大小.

（2）滑动变阻器的主要性能参量

① 阻值：滑动变阻器的总电阻.

② 额定电流：滑动变阻器允许通过的最大电流.

（3）滑动变阻器在电路中的连接方式主要有限流控制和分压控制两种

① 限流控制电路

将滑动变阻器的一个固定端接线柱(A 或 B)和滑动端即铜棒两端的一个接线柱串接在电源 E 和负载 R_L 之间的电路中，就构成了限流控制电路，如图 2.16 所示.

显然，通过 R_L 的电流 I 为

$$I = \frac{E}{R_{AC} + R_L}$$

所以，R_L 两端的电压 U 为

$$U = R_L I = R_L \frac{E}{R_{AC} + R_L}$$

当滑动端 C 移至 A 端时，$R_{AC} = 0$，通过 R_L 的电流的最大值 $I_{max} = \frac{E}{R_L}$，所以，R_L 两端的电压的最大值 $U_{max} = E$.

当滑动端 C 移至 B 端时，$R_{AC} = R_0$(总阻值)，回路电流的最小值 $I_{min} = \frac{E}{R_0 + R_L}$，$R_L$ 两端的电压的最小值 $U_{min} = R_L \frac{E}{R_0 + R_L}$.

由此可见，限流控制电路可控制负载 R_L 上的电流在 $I_{min} = \frac{E}{R_0 + R_L}$ 到 $I_{max} = \frac{E}{R_L}$ 的范围内连续变化、电压在 $U_{min} = R_L \frac{E}{R_0 + R_L}$ 到 $U_{max} = E$ 的范围内连续变化. 实现了对负载上电流和电压的控制. 但是，负载 R_L 上的电流和电压不可能调节到零.

② 分压控制电路

分压控制电路如图 2.17 所示.

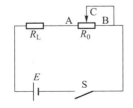

图 2.16　限流式控制电路

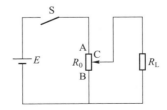

图 2.17　分压控制电路

将滑动变阻器 A、B 两固定端接线柱分别与电源两极相接，将滑动端 C（铜棒上一个接线柱）和一个固定端接线柱 B（或 A）分别与负载两端相连. 当滑动端 C 移动时，可连续改变负载 R_L 两端电压的大小.

如果 C 移到 B 端，负载 R_L 两端的电压 $U_{min} = 0$；当 C 滑到 A 端时，负载两端的电压变化为 $U_{max} = E$. 因此，分压控制电路控制负载两端的电压在 $U_{min} = 0$ 到 $U_{max} = E$ 的范围内连续变化. 如果 $R_L \gg R_0$，$I \approx \dfrac{E}{R_0}$，变阻器 R_0 中流过的电流近似固定不变，$U = IR_{BC} = \dfrac{E}{R_0} R_{BC}$. 可见，输出电压 U 与电阻 R_{BC} 成正比例关系.

（4）注意事项

① 通过滑动变阻器的电流不能超过其额定电流值. 在选用滑动变阻器组成限流控制电路时，先应根据电源电压、负载电阻值、实验要求的电流 I 和电压 U 的大小，计算出滑动变阻器的总电阻，然后选择额定电流和总阻值都大于计算值的滑动变阻器；在选用滑动变阻器组成分压控制电路时，要选择额定电流值大于电源回路中总电流的滑动变阻器.

② 为了保证负载上的电流、电压不超过允许值，无论是限流控制电路还是分压控制电路，在接通电源前，滑动变阻器的滑动端都要滑到安全位置：限流控制电路中的滑动变阻器的滑动端应移到最大电阻位置；分压控制电路中的滑动变阻器的滑动端应移至电阻为零的位置.（图 2.16 和图 2.17 中，C 移到 B 端.）

二、电阻箱

电阻箱是一种阻值比较准确，并且可直接从面板上读数的一种可变电阻器. 电阻箱有不同的类型，常用的电阻箱是转盘式结构.

（1）结构

电阻箱的外形和内部电路图、电路符号如图 2.18 所示.

电阻箱面板上的转盘个数与电阻箱最大电阻值的位数相同. 例如：最大电阻为 99 999.9 Ω 的六位电阻箱，箱面上就有六个转盘（即每位一个）；每个转盘上都有 0~9 的一组数字；在箱面板上，每个转盘旁刻有一个箭头（或白点），并标注有对应转盘的电阻值的计数单位，用×0.1，×1，×10，… 来表示（也叫倍率）. 另外，面板上还有接线柱，有的电阻箱只有两个接线柱，有的电阻箱有四个接线柱. 例如：ZX21 型电阻箱有四个接线柱，分别在四个接线柱旁标有 0 Ω，0.9 Ω，9.9 Ω，99 999.9 Ω，0 Ω 处为公共接线柱. 使用时，需用 1 Ω 以下的电阻时，接线接在 0 Ω 和 0.9 Ω 两接线柱上；需用大于 1 Ω 而小于 10 Ω 的电阻时，接线接在 0 Ω 和 9.9 Ω 两接线柱上；而要用大于 10 Ω 的电阻时，则需接在 0 Ω 和 99 999.9 Ω 两接线柱上. 电阻箱单独设置阻值较小的接线柱是为了减小接线电阻带来的误差.

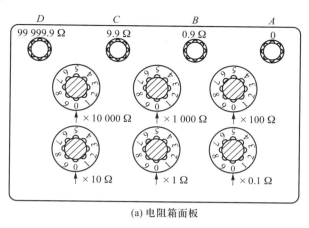

(a) 电阻箱面板

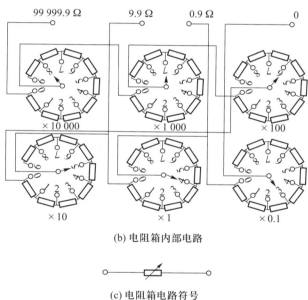

(b) 电阻箱内部电路

(c) 电阻箱电路符号

图 2.18　电阻箱的外形和内部电路图、电路符号

（2）电阻箱的主要参量

① 总电阻

电阻箱各转盘置于 9 时的电阻值即总电阻. 例如：ZX21 型电阻箱的总电阻为 99 999.9 Ω.

② 电阻箱的额定电流

电阻箱中每一个转盘下对应一组电阻，每个电阻有一定的电功率限制，因 $P = I^2 R$，故通常用电阻通过的额定电流来限制，电阻箱各挡电阻的电流不同.

③ 准确度等级

电阻箱指示值的相对误差，可近似用电阻箱准确度等级的百分数表示，即

$$\frac{\Delta R}{R} = a\% \tag{2.4.1}$$

式中 ΔR 为允许基本误差值，R 为电阻箱接出的电阻值，a 为电阻箱的准确度等级，所以 $\Delta R = R \cdot a\%$. 按国家有关标准，电阻箱的准确度等级有 0.02、0.05、0.1、0.2 等几种.

（3）电阻箱的读数

先由各个转盘靠近标记的数字乘以相应的倍率，然后再把各个转盘的读数加起来就是电阻箱的电阻值.

（4）电阻箱使用的注意事项

① 使用电阻箱时，应当注意电流不能超过允许通过的电流值，以免因发热造成电阻箱值不准或过载烧坏. 倍率越大（即电阻值越大），允许通过的电流越小，因此，应以倍率最大的一挡允许电流作为依据.

② 转动转盘时，切勿从数字 9 转到数字 0，否则会产生电阻的突变引起电路中电流突然变大造成其他损失. 当某一位转盘增加到数字 9 后还需再增加时，必须把它相邻的高位转盘增加到 1，再把该转盘由数字 9 转到数字 0，这样可以防止电流较大突变的现象出现.

③ 电阻箱使用一段时间后，接触点的电阻往往会超过规定标准值，致使电阻值不准确，出现此种情况时，应擦洗电阻箱触点，并涂上润滑油.

2.4.2　磁电式电表

一、表头的结构原理

磁电式电表的核心部件是表头，它是根据通电线圈在永久磁铁产生的磁场中受到磁力矩作用发生偏转的原理制成的. 它的结构和电路符号如图 2.19 所示.

与永久磁铁 1 相接的两个半圆形极掌 2 和与其共轴线装置的圆柱形铁芯 3 之间空气隙内产生沿径向均匀辐射状分布的磁场，线圈 4 的一组对边在空气隙中可绕对称轴转动，线圈在任何位置，它的平面总是与径向分布的磁场平行. 当线圈通电时，线圈受到的磁力矩大小为

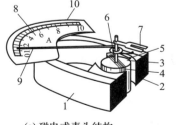
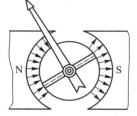

(a) 磁电式表头结构　　　　　(b) 均匀辐射状分布的磁场　　　(c) 磁电式表头电路符号

1—永久磁铁；2—极掌；3—圆柱形铁芯；4—线圈；5—平衡锤；
6—游丝；7—机械调零器；8—镜面；9—指针；10—刻度盘

图 2.19　磁电式表头结构、磁场分布和电路符号

$$M_B = NBSI \tag{2.4.2}$$

式中 N 为线圈匝数，S 为线圈面积，B 为空气隙内磁感应强度，I 为通过线圈的电流. 线圈由两个半轴支承在轴承座上. 并在线圈端面装有游丝 6，线圈偏离平衡位置时，要受到游丝产生的反向扭力矩作用，扭力矩大小为 $M_\alpha = D\alpha$，式中 D 为游丝的扭力系数，α 为线圈平面相对于无电流通过时所转过的角度. 磁力矩与游丝扭力矩平衡时，线圈停止不动，此时有 $M_B = M_\alpha$，即 $NBSI = D\alpha$. 由此式得到

$$\alpha = \frac{NBSI}{D} \tag{2.4.3}$$

可见偏角 α 与电流 I 成正比.

与线圈连在一起的指针跟随着线圈一起转动，在刻度盘上指示出相应的电流. 为了减少读数的视觉误差，在指针下方的刻度盘上还装有一条弧形的平面反射镜. 另外，还有机械调零器和平衡锤等构件.

作为电流表和电压表的表头，线圈的骨架是用铝制的，在线圈偏转过程中，铝框中会产生感应电流，使得铝框受磁场阻尼矩的作用，避免了指针的晃动. 另外，为了扩大指针的有效偏转范围，电流表和电压表指针的零点在表盘的最左边.

二、检流计

检流计是用来检验电路中有无微小电流通过的磁电式电表，在物理实验中还通常作为指零仪表使用. 它的基本原理与磁电式表头相同. 结构上有以下特点：

（1）零刻度线在刻度盘中央. 没有电流通过时，指针指在中央，有电流通过时，指针可向左或向右偏转.

（2）灵敏度较高的检流计的线圈没有金属骨架，两半轴用直游丝代替，将线圈悬吊在磁场中.

使用检流计的注意事项：

（1）务必在检流计支路串联一个阻值较大的可变电阻作保护，首先应把保护电阻调到最大值. 然后根据要求逐渐减小.

（2）使用前应调节机械调零器，使指针对准零刻度线.

（3）使用完毕，检流计线圈两端的接线柱应当用导线短接.

三、直流电流表

（1）结构与原理

直流电流表(曾称安培表)是在磁电式表头两端并联一个分流电阻，把表头的量限扩大而成(称为扩程)，其原理及电路符号如图 2.20 所示.

设表头的满度电流为 I_g，扩程后的电流为 I_m，(2.4.4)式成立：

$$R_g I_g = R_p(I_m - I_g) \tag{2.4.4}$$

设 n 为电流表扩程的倍数，则 $I_m = nI_g$. 因而有

$$R_p = \frac{I_g}{I_m - I_g}R_g = \frac{R_g}{n-1} \tag{2.4.5}$$

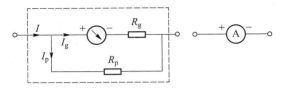

图 2.20 直流电流表原理及电路符号

由 (2.4.4) 式可得

$$I_m = \frac{R_g}{R_p}I_g + I_g \qquad (2.4.6)$$

由此可见，改变 R_p 就可得到不同的量限，R_p 越小，电流表的量限就越大.

（2）电流表的主要参量

① 量限：电流表所能测量的最大电流. 有些多量程的电流表有两个以上的接线柱，其中一个是公用的接线柱，其余接线柱各自标明了量限值；有的只有两个接线柱，用转换开关来变化量限.

② 内阻：电流表在某一量限下两接线柱之间的电阻值，量限越大内阻越低.

③ 基本误差：受线圈轴承的摩擦、游丝弹力不均匀、分度不准确以及其他因素的影响，即使按照规定的条件正确使用电流表，仍然会存在一定的误差. 电流表按准确度分为 0.1、0.2、0.5、1.0、1.5、2.5、5.0 七个等级. 当电流表的量程为 I_m 时，电流表的允许误差（或称仪器误差）$\Delta I_{仪}$ 等于电流表的量限与其准确度等级 a 的百分数的乘积，即

$$\Delta I_{仪} = I_m \times a\% \qquad (2.4.7)$$

例如：用量限为 $I_m = 100$ mA、0.5 级的电流表测量电路中的电流，测量值为 $I = 90$ mA，其允许误差为 $\Delta I_{仪} = I_m \times a\% = 100$ mA $\times 0.5\% = 0.5$ mA，结果表示为 $I = (90.0 \pm 0.5)$ mA.

电流测量的相对误差 $\delta = \dfrac{\Delta I_{仪}}{I} = \dfrac{I_m \times a\%}{I}$，显然测量值越接近量限，测量结果的相对误差越小.

（3）电流表的读数方法

① 根据表盘上标注的等级和选择的量程计算出仪器误差.

② 根据量程和分格数计算出分度值.

③ 从指针上方观察，移动眼睛，观察平面镜中指针的虚像与指针重合，再从指针指示的刻度线读数，读数要读到误差所在位.

（4）电流表使用的注意事项

① 使用电流表时，应把它串联在被测电路中.

② 接线时，应注意电流表的正负极，标 "+" 号的接线柱为电流流入端，不可接反，否则指针将会反偏.

③ 测量前要检查指针的机械零点，若不正确须调节面板上机械调零器.

④ 合理选择量限, 不允许满量限和超量限测量.

⑤ 严禁将电流表与电源并联.

四、直流电压表

（1）结构与原理

直流电压表（曾称伏特表）是在磁电式表头一端串联上一个高阻值的分压电阻 R_S 构成. 将表头的满量程电压扩程, 其原理和电路符号如图 2.21 所示.

设电压表的量程为 U_m, 电压表在满量程时流过的电流为 I_g, 则有

$$U_m = I_g R_g + I_g R_S \qquad (2.4.8)$$

由此可见, 串联电阻 R_S 越大, 则电压表的量限 U_m 就越大, 对应不同的 R_S 电压有不同的量限. 由(2.4.8)式可得

$$R_S = \frac{U_m}{I_g} - R_g \qquad (2.4.9)$$

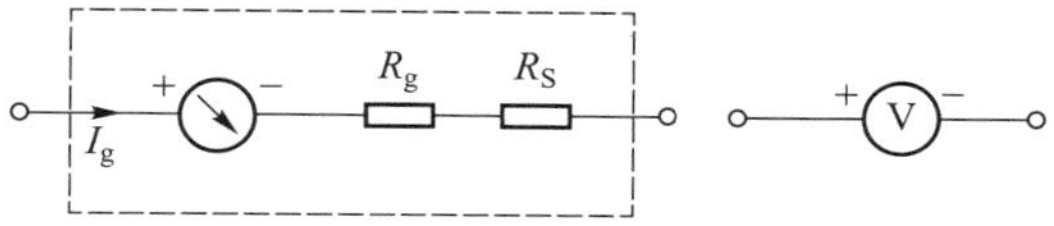

图 2.21　直流电压表原理和电路符号

（2）电压表的主要参量

① 量限

电压表能测量的最大值. 和电流表类似, 多量限的电压表通常有两个以上的接线柱, 其中一个为公用接线柱, 其余接线柱各自标出了量限值. 有的电压表只有两个接线柱, 用一个转换开关来变换量限.

② 内阻

电压表在某一量限下两接线柱之间的电阻称作该量限的内阻. 电压表的量限越大, 内阻值就越大.

③ 基本误差

电压表与电流表的误差级别和有关规定完全相同, 允许误差 $\Delta U_{仪}$ 为量限 U_m 与其准确度等级 a 的百分数的乘积.

例如, 用量程 7.5 V、级别为 0.5 的电压表测量电路中电压值为 5.30 V 时,

$$\Delta U_{仪} = U_m \times a\% = 7.5\ \text{V} \times 0.5\% = 0.037\ 5\ \text{V} \approx 0.04\ \text{V}$$

测量结果 $U = (5.30 \pm 0.04)$ V.

显然, 测量结果的相对误差 $\delta = \dfrac{\Delta U_{仪}}{U} = \dfrac{\Delta U_m \times a\%}{U}$, 测量值越接近所用的量限, 相对误差越小.

（3）电压表的读数方法

① 首先根据仪表盘上标注的准确度级别和选用的量限计算出仪器误差.

② 根据选用的量限和仪表盘的分度线的格数计算每一最小分格读数(分度值).

③ 与电流表读数一样,观察指针与其在镜中的虚像的重合位置,再对其所在的刻度线读数,读数要读到仪器误差所在位.

(4) 电压表使用注意事项

① 使用电压表时,须将电压表并联在待测电路的两端.

② 测量前要检查指针的机械零点,若不正确须调节面板上机械调零器.

③ 注意电压极性,接线柱"+"端应接电势高的一端.不可接反,否则指针将会反偏.

④ 合理选择量限,尽可能使测量值接近量限.不允许满量限和超量限测量.

电压表和电流表的面板上通常还标注一些其他标记,见表 2.4.1.在使用时要遵守标出的各项技术要求.

表 2.4.1　仪表面板上通常标注的标记

—	直流电表	⌒	磁电系电表	☆	绝缘试验 2 kV
∿	交流电表	⊓	使用时水平放置	Ⅱ	2 级防外电磁场
0.5	准确度级别	⊥	使用时垂直放置	⚡	2 kV 击穿电压

2.4.3　数字式电表

数字式电表是根据模拟信号与数字信号(A/D)转换原理将被测量的模拟电学量转换为数字电学量,最后由显示屏上的数码显示出测量结果的仪表.

数字式电表具有精度高、灵敏度高、输入阻抗大、测速快、抗干扰能力强、过载能力强、测量结果显示明确和便于实现测量过程自动化等优点,在实验中得到了广泛应用.

1. 数字式电表的基本参量

(1) 量限

一般数字式电表有多个不同的测量量限,若待测量超过测量量限,则数字屏不显示测量结果,只显示超量限符号"1".

(2) 数字式电表的位数规定

如果数字式电表的显示屏上有 n 位数,每一位数能显示从 0 到 9,则称为 n 位数字表.例如,显示屏上 4 个数码最大为 9 999,就称该表为 4 位数字表.如果最左边的一位只能显示 0 或 1,称该位为半位.这种表叫 $(n-1)$ 位半数字表,又称 $(n-1)\dfrac{1}{2}$ 位表.例如,最大显示结果为 19 999 的表称为 4 位半数字表(或 $4\dfrac{1}{2}$ 数字表).

（3）数字式电表的分辨力

数字式电表显示出的最后一位是误差所在位,该位计数单位称为分辨力.显然,计数最后一位的单位越小,分辨力越高,测量结果的精度越高.测量时,合理选择量限,可以提高测量的精度.

2. 数字式电表使用的注意事项

（1）数字式电表类型较多,使用前应仔细阅读仪器使用说明书.

（2）数字式电表可能产生的极限误差按说明书上给出的有关公式进行计算.

（3）对无自动保护的数字式电流表,绝不允许接在电源两端使用.

§2.5　光学仪器的使用和维护规则

光学实验离不开光源、光学元器件和成型的光学仪器设备等.

2.5.1　光源

通常把能发射可见光的物体叫光源.物理学中将光源分为普通光源和激光光源.普通光源又分为热辐射光源和气体放电光源,物理实验中都会用到以上几种光源.

一、热辐射光源

因通电的灯丝炽热而发光的光源叫热辐射光源,通常称为白炽灯.

（1）普通灯泡

灯泡中只有钨丝作为灯丝,通电炽热发出的光是白光,且为连续光谱.在灯泡前加滤色片后可得到单色光.

（2）强光灯泡

在白炽灯的灯泡内充入少量的卤族元素气体,如溴或碘的气体,这种灯泡叫卤钨灯.卤钨灯的发光效率比普通灯泡高很多,光色较好,稳定性也较高.

二、气体放电光源

这类光源是利用某些金属物质的蒸气在电场作用下发光的.

（1）钠灯

在物理实验中常用的是低压钠灯.其结构和电路如图 2.22 所示.

低压钠灯用直流或交流 15 V 的电压供电,发光物质是钠蒸气.这种钠灯发出的光是线状光谱,有波长 $\lambda_1 = 589.0$ nm 和 $\lambda_2 = 589.6$ nm 的两条黄光谱线,实验时通常取两条谱线对应的波长的平均值 $\lambda = 589.3$ nm.低压钠灯是一种单色性相当好的单色光源.

（2）水银灯（汞灯）

图 2.23 所示即物理实验中常用的高压汞灯,这种光源的发光物质是汞蒸气,它发出的光也是线状光谱,其中波长 $\lambda_1 = 546.1$ nm 的绿光谱线和 $\lambda_2 = 577.0$ nm、

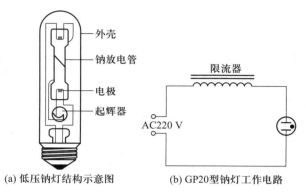

(a) 低压钠灯结构示意图　　　　(b) GP20型钠灯工作电路

图 2.22　低压钠灯的结构和电路

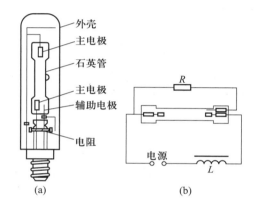

图 2.23　水银灯(汞灯)的结构和电路

$\lambda_3 = 579.0$ nm 的黄光谱线三条光谱线最强，同时还存在其他波长的辐射，所以汞灯发出的光从整体上感觉接近白光.

三、激光光源

激光光源是一种发光机制不同于热辐射光源和气体放电光源的新型光源. 激光具有方向性好、单色性好、相干性好和亮度高等优点，在光学实验中有着独特的功能，实验室中常用的激光光源有氦氖激光器和半导体激光器.

（1）氦氖激光器

氦氖激光器的工作物质是氦气和氖气的混合物. 在玻璃毛细管内按一定比例充入适当的氦气和氖气，在高压电场作用下，氦原子会产生受激辐射. 氦氖激光器中采用的是气体泵浦源，氖气可改善气体放电的条件，提高激光器的输出功率，在一定的谐振腔条件下，可以获得 $\lambda = 632.8$ nm 的红色激光.

（2）半导体激光器

半导体激光器的工作物质是半导体材料，这种激光器采用的是粒子束泵浦源. 其工作的基本原理是，向工作物质注入高能电子或粒子后，工作物质产生受激辐射而发出激光. 半导体激光器在各类激光器中具有体积小、重量轻和使用寿命长等优点.

四、使用光源的注意事项

（1）注意光源的供电电压，如果电压超过光源的额定电压，就会使光源的寿命缩短，甚至烧毁光源；当电压低于光源的额定电压时，光源发光不正常.

（2）光源外壳多是玻璃材料，易碎，光源中灯丝纤细，易断裂. 使用时要注意轻拿轻放，避免撞击或剧烈震动.

（3）由于激光能量集中，切不可用裸眼正对激光观看.

（4）气体放电光源和激光器通电后，须等待片刻才能正常发光和使用.

（5）严禁用手触摸光源的高压电源电极，高压电源外壳要接安全地线.

2.5.2 光学元件

一、光学元件的特点

在光学实验中，要用到很多分离的光学元件，例如各种透镜、棱镜、反射镜、激光扩束镜、光栅等. 这些元件都是用光学玻璃材料经过精加工后再研磨而成的器件，有的光学面上还镀上一层特殊材料的光学薄膜（如增透膜、增反膜、半反半透膜等），使用中稍有不小心就容易损坏或划伤光学表面.

二、注意事项

（1）严禁用手触及光学元件的光学面，手拿光学元件时，只许手指接触光学元件的非光学面（通常为磨砂面），如图 2.24 所示.

  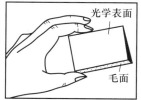

(a) 手拿透镜的正确姿势　　(b) 手拿棱镜的正确姿势　　(c) 手拿光栅的正确姿势

图 2.24　光学元件的拿法

（2）光学元件的材料易碎，操作时应当轻拿轻放. 切勿碰撞和乱放.

（3）为了保证光学面不受磨损和被划伤，清洁光学元件的光学面时，只允许使用专用清洁剂清洗，应急或必要时可以使用专用的软毛刷轻轻拂去灰尘或用麂皮、镜头纸轻轻擦拭. 严禁用其他物品替代，更不许用其他化学溶剂清洗光学面. 严禁使用任何物体擦拭镀膜的光学面！

（4）光学元件不允许与腐蚀性气体接触，使用和存放都应当在尘埃少的清洁环境中，而且还应当避免高温和高湿度的影响.

2.5.3　光学仪器

光学仪器是由光学元件组成的光学系统与精密的机械部件构成的整套装置. 无论是光学系统的元件，还是机械系统的部件，都是经过精加工、精细组装和调试而成的. 因而光学仪器是非常精密的仪器. 例如：各类显微镜、望远镜、照相机、分光计、迈克耳孙干涉仪、摄谱仪，等等. 使用及维护时要倍加小心.

光学仪器的使用和维护注意事项除了与上面光学元件相同外，还应当注意以下几点：

（1）使用光学仪器前，必须仔细阅读仪器说明书，了解仪器的原理、结构、使用方法和操作要点，做到心中有数才能动手，严禁盲目乱动.

（2）严禁私自拆卸仪器.

（3）在使用过程中若出现异常现象，应当立即停止使用，经检修正常后才能继续使用.

（4）金属部件应当保持光亮，边防止生锈，表面要涂防锈脂，金属活动构件的配合面要涂相应的润滑油.

（5）光学仪器尽量避免经常搬动，使用完毕应盖上防尘罩或防尘布.

§2.6　温度的测量

一、温度

在力学中，描述一个系统的运动规律，只需用长度、质量、时间三个基本量表示就够了. 然而在有热现象的系统中，还要引入第四个基本量，这就是温度.

在日常生活中，用温度来表示物体的冷热程度. 国际计量大会在 2018 年定义了热力学温度，单位是 K（开尔文），即当玻耳兹曼常量 k 以单位 $J \cdot K^{-1}$ 即 $kg \cdot m^2 \cdot K^{-1}$ 表示时，将其固定数值取为 $1.380\,649 \times 10^{-23}$ 来定义开尔文，其中千克、米和秒分别用 h、c 和 $\Delta \nu_{Cs}$ 定义.

二、温度计

用来测量物体温度的仪器，叫温度计. 达到热平衡的不同物体具有相同的温度这一事实，是用温度计测量物体温度的客观依据.

液体温度计：在细而均匀的玻璃管中，装入一定质量的某种液体，常见的有水银或酒精. 测温时，观测其管中液体的体积变化.

实验室用的酒精温度计，最小分度值为 1℃.

使用液体温度计时应注意以下几点：

第一，温度计与被测温度的介质必须有良好的接触，特别是测固体温度时，更要注意这一点.

　　第二，在测高温和低温时，要注意所用温度计的适用范围，在放入或取出时不可太快，急剧的温度变化会使温度计炸裂.

　　第三，温度计的玻璃很薄，使用时一定要小心，避免震动和碰撞，从而造成损坏.

第 3 章
基本实验技术和实验方法

§3.1 基本实验方法和测量方法

物理实验方法是依所研究的物理规律、现象、原理，确定正确的物理模型，以一种特殊的手段，实现测量和观察的方法. 物理实验方法大致可分为三种: 一是**直接测量**，不必对与被测量有函数关系的其他量进行测量，而是直接测量被测量的测量方法; 二是根据被测量与测出量之间的关系，用几个测出量通过函数计算出被测量的值的测量方法，即**间接测量**; 三是**模拟方法**.

物理实验基本方法不同于仪器的调整方法，也不同于数据处理方法. 例如分光计实验，为使望远镜光轴同仪器主轴严格垂直，采用了自准法调整仪器. 又如为了减少系统误差，采用左右逼近法测量. 还有为了减少随机误差，采用逐差法处理数据. 显然，以上三例都不是实验基本方法. 常用的实验基本方法，有以下几种.

一、比较法

用量具去测量任一物理量，都是利用比较法测量的，不过这种比较是直接比较. 另外一种带有间接测量的意义，如图 3.1 所示. 如果以下两次实验始终维持工作回路中的电流不变，于是

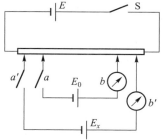

$$U_{ab} = E_0$$
$$U_{ab} = I \cdot R_{ab} = I \cdot R_i \cdot L_{ab}$$
$$U_{a'b'} = E_x$$
$$U_{a'b'} = I \cdot R_{a'b'} = I \cdot R_i \cdot L_{a'b'}$$

两式相除可得

$$E_x = \frac{L_{a'b'}}{L_{ab}} E_0$$

图 3.1 电势差计测电动势原理

未知电动势 E_x 就可准确求出. 式中 R_i 为电阻丝单位长度电阻，$L_{a'b'}$、L_{ab} 分别是 $a'b'$、ab 所对应的电阻丝的长度. 所以比较法是将标准量和标准量的显示量同未知量显示值加以比较而将未知量求出. 比较法测量中一定有一个已知的标准量. 比较法是最常用的基本实验方法之一，很重要.

二、放大法

所谓放大法是将被测量放大后再测量. 放大法分以下几种:

1. 机械放大

如螺旋测微器及其他各种游标卡尺，都是将所用的测量工具最小分度值放大. 这样可增加测量值的有效数位，减小误差.

利用游标可以提高测量的细分程度，好像用了一个放大镜去看尺子. 原来分度值为 y 的主尺，加上一个 n 等分的游标后，组成的这个游标尺的分度值：

$$\delta_y = \frac{1}{n} y$$

即细分为原来的 n 分之一.

螺旋测微放大原理也是一种机械放大方法. 将螺距（螺旋旋进一圈的推进距离）通过螺母上的圆周予以放大，放大率为

$$\eta = \frac{\pi D}{d}$$

其中 d 是螺距，D 是与测微螺母连在一起的外套筒的直径.

机械杠杆可以把力和位移放大或细分. 滑轮则可以把力和位移细分.

2. 光学放大

（1）显微镜放大.

（2）增大光程进行放大. 如弹性模量实验中是用光杠杆放大的，放大倍数为 $\frac{\Delta n}{\delta b} = \frac{2D}{b}$，光程 D 越大，b 越小，放大倍数越大. 又如冲击电流计装置，通过增大光程，把线圈偏转的微小角度，变成一个相当大的长度量（偏转 1° 变成约 30 mm 的长度量）测量. 直流复射式光电检流计也是这个道理.

3. 电放大

凡数字仪表和示波器，内部都有放大部件和放大电路，将所加待测信号放大后，进行观测.

4. 累积放大

微小量累积实际上也是一种放大法，但它不同于上述方法. 例如，要测单摆的振动周期，一般不会直接测量全振动一次的时间，即周期，而是测量全振动 100 次的总时间 t，而后由周期 $T_0 = \frac{t}{100}$ 计算出 T_0 值. 同样测一张 100 元人民币的厚度，一般情况下都会将 100 张（或 50 张）一百元人民币叠起来测出 100 张（或 50 张）的总厚度，而后用 $d = \frac{D}{n}$（D 为总厚度，n 为张数，d 为一张的厚度）求出一张的厚度，该做法的目的，就是为了增加有效数位，减小误差.

三、补偿法

用电势差计测量电源电动势或电压，其原理电路图如图 3.1 所示，ESE 是工作回路，E_0abE_0 是测量回路，移动 a、b 使检流计指"0"，即 $U_{ab} = E_0$，这种用一个标准量（E_0 已知）去抵消未知量（U_{ab}）的方法，称为补偿法.

补偿法多用于定性地检验物理规律或者作为判断的手段. 在零点、平衡点或是相互抵偿的状态附近, 实验会保持原始条件, 观测会有较高的分辨率和灵敏度.

补偿的方法是同零示联系在一起. 如电势差计就是利用电压补偿原理; 卡文迪什扭摆实验中, 令悬丝的扭力矩与万有引力矩平衡, 使测量在原平衡位置处进行, 以零示来判断, 这也含有补偿思想.

四、平衡法

电桥电路是典型的平衡法, 如图 3.2 所示, R_1、R_2 是已知电阻, R_3 是可调的电阻箱, 其值可以读出. 调节 R_3 的大小使检流计指 "0", C、D 两点电势相同, 所以有

$$I_1 R_1 = I_2 R_2$$
$$I_1 R_x = I_2 R_3$$

两式相除, 于是

$$R_x = \frac{R_1}{R_2} \cdot R_3$$

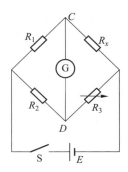

图 3.2 电桥原理

当然这种方法中, 也用了比较法.

五、转换法

根据物理量之间的各种效应和定量的函数关系, 通过对有关物理量的测量求出待测物理量的方法, 称为转换法.

1. 参量转测法

参量转测法是一种常用的测量方法, 几乎贯穿于整个物理实验领域中. 例如测钢丝的杨氏模量实验, 是通过测应力和应变来求杨氏模量的.

2. 能量转测法

能量转测法是利用位移和形变引起电阻、电感、电容以及温度、压力、光辐射强度的变化, 或引起压(力)电(压)、热电、光电等各种物性效应, 从而引起电势能、动能、势能、热能等能量转化的测量方法.

由于电压、电阻、电流易于测量, 所以人们利用以上三个特点, 做出了力敏、声敏、热敏、气敏、湿敏、磁敏、光敏、光色、光纤、微波、液晶、超导、非晶态合金、化学生物、智能 15 类共 115 种各式各样的传感器. 它们共同的特点是将非电学量变成电学量进行测量. 这些传感器在生产、科研、自动控制中得到了广泛应用.

六、模拟法

用模拟法可以测量各种非规则场的分布, 例如, 不规则带电物体在空间产生的电场分布, 在较复杂(森林、建筑物)场合下声场(声强)的分布和湿度场的分布. 可以说, 想用数学模型解决上述非规则场的分布问题, 是绝对办不到的. 在

这种情况下，只有在测量中，确保原场不受影响的情况下模拟实际情况（可按比例缩小）实测，将得到的数据描绘成曲线. 例如将电压相同的点，描出一条等势线，呈现在人们眼前的曲线，将明白无误地告诉人们电场分布情况.

七、计算机虚拟方法

虚拟现实（VR）系统是对现实环境的仿真，虚拟实验常称为仿真实验.

仿真通过对系统模型的实验去研究一个存在的或设计中的系统，它是由相互制约的各个部分组成的具有一定功能的整体，它包括了静态与动态、数学与物理、连续与离散等模型. 物理学是高科技发展的基础，物理的概念和理论又是在实验的基础上形成的，现代教学中的很多物理实验是当时科技发展的突破性成果. 从科学的发展、人才科学素质形成的角度来思考物理实验教学，它在培养学生对科学的探索和创造能力以及理论与实际相结合的思维形成上起着不可替代的重要的基础作用. 要提高物理实验教学的质量，关键是激发学生的学习热情. 但是，实验室场地和课时的限制是长期阻碍实验教学质量提高的因素，学生课前仅通过教材预习，对实验设备和实验中所遇见的各种现象很难建立起认识. 在规定的学时内学生不能掌握仪器的原理和使用方法，不能对实验进行仔细的消化，有些实验存在严重的"走过场"现象. 在物理实验教学中，学生往往由于实验仪器的复杂、精密和昂贵，无法对实验仪器的结构、设计思想、方法进行剖析；学生不能充分自行设计实验参量，反复调整、观察实验现象，分析实验结果；一些实验装置，师生不能同时观察实验现象，进行交流、分析和讨论. 物理实验必须现代化和社会化，而对于一些科技含量较高、现代化程度较高的设备，学生往往面对的是"黑盒子"，无法知道其内部的运转机理，这抑制了学生的设计思想和创造能力的发挥. 我们正处于计算机高速发展的时代，这是前所未有的机遇，利用计算机来丰富实验教学的思想、方法和手段，改革传统的实验教学模式，使实验教学与高新科学技术协调的发展，提高实验教学的水平，就是计算机虚拟物理实验的设计思想和目标.

计算机虚拟物理实验的出现打破了教与学、理论与实验、课内与课外的界限，在研究物理实验的设计思想、实验方法，培养学生创新能力方面发挥着不可替代的重要作用.

计算机虚拟物理实验系统运用人工智能、控制理论和教师专家系统对物理实验和物理仪器建立内在模型，用计算机可操作的仿真方式实现了物理实验的各个环节.

系统的结构设计如图 3.3 所示，在主模块下由系统简介、实验目的、实验原理、实验内容、数据处理、思考题六个模块组成. 每个模块由主模块调用.

虚拟实验系统通过"解剖"教学过程，使用键盘和鼠标控制仿真仪器画面动作来模

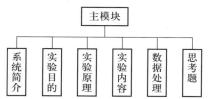

图 3.3　虚拟实验模块的设计

拟真实实验仪器，完成各模块中相应的内容. 在软件设计上把完成各模块中的内容看成问题空间到目标空间的一系列变化，在此变化中找到一条达到目标的求解途径，从而完成仿真实验过程. 在此过程中，利用丰富教学经验编制而成的教师指导系统可对学生进行启发引导，系统可按照知识处理的过程对模块进行设计，其设计过程如图 3.4 所示.

系统给出需要求解的问题，即所需要进行的操作. 系统通过用户接口给出相应的图像、文字和教师指导内容，用户根据得到的信息进行判断、输入. 输入的信息由预处理部分转化为内部指令，模型接收指令后，在教师指导系统的参与下利用产生式的规则处理，得到相应的结果，并将结果传输到图像模拟部分，最终以图像和文字的形式显示在计算机屏幕上. 同时，教师指导系统根据得到的相应结果，在计算机屏幕上显示出指导信息，用户通过软件中教师指导系统和模型算法的交替作用过程完成仿真实验内容.

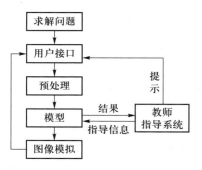

图 3.4　虚拟实验的设计原理

物理实验方法是非常丰富多彩的，随着科技的进步，物理实验的方法也是在不断发展的，希望上述简介能起到让同学们入门的作用. 同时我们还应清楚地认识到，在实际的学习和科学实验中，遇到的问题往往是复杂和多变的，不是哪一种方法都能奏效的，因而需要实验者较深刻地理解各种实验方法的特点及局限性，并在实践中自觉体会和运用，通过长期实验工作的经验积累，使自己的实验能力不断得到提高.

§3.2　仪器的调整与操作技术

物理实验仪器的种类很多，使用方法各不相同，但使用前都需要进行调整或校准. 未经调整或校准的仪器会使测量结果产生明显的系统误差甚至无法进行测量. 因此，实验仪器的调整是保证实验能够正常进行的前提，仪器调整正确与否会直接影响实验结果的准确度. 学习仪器调整技术有利于提高动手能力和实验技能. 调整的操作内容相当广泛，下面仅介绍一些常用仪器的基本调整技术.

一、零位调整或校准

使用实验仪器前应注意仪器的零位是否正确. 仪器出厂时，零位一般是调整好的. 但是，由于环境的变化、运输途中的振动、使用后的磨损与消耗等原因，仪器的零位发生了变化. 因此，实验前总是需要检查和校准仪器的零位. 校准零位的方法一般有两种：一种是实验仪器本身有零位校准器的，如电表等，对于这类仪器只要使用校准器就可以调整好仪器的零位；另一种是仪器本身无零位校准装置，如端点已经磨损的米尺和螺旋测微器等，对于这类仪器，先读初读数（零点读数），然后，由测量值（末读数）减去初读数，得到消除系统误差（零点误差）的测量结果.

二、水平调整和竖直调整

许多仪器使用前需要进行水平和竖直调整，如平台、导轨的水平或者支柱、转轴的竖直等. 这样的调整可利用水准仪和悬锤进行. 凡需要做水平或竖直状态调整的实验装置或仪器的底座上一般都设有三个调节螺钉，这三个螺钉的连线一般为等边三角形或等腰三角形，以便于调节. 只要仪器所放置的桌面或台面基本水平，通过三个螺钉的水平调整就可以使仪器达到水平或竖直状态.

调整时，首先将水准仪的螺钉 1 和 2 放置在平台上 AB 位置，如图 3.5 所示.

通过调节螺钉 1 或 2 使水泡居中，此时说明 AB 方向上平台已大致水平. 然后，如图 3.5 所示. 将水准仪的螺钉 3 放置于与 AB 垂直方向上的 CD 位置，只调节螺钉 3，使水泡再居中，此时说明 CD 方向上平台也大致水平. 这样，整个平台已大致处于水平或者立柱大致处于竖直状态. 多次重复上述调节过程，最后，可使水准仪放在任意位置上水泡都能居中，这时，平台已水平或者立柱处于竖直状态.

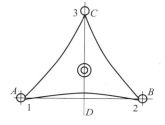

图 3.5 水平仪调平示意图

如果通过三个螺钉难以调平，这就说明桌面或台面平整度太差，需要更换桌面或找一垫物，由目视使仪器的平面大致水平，然后，通过三个螺钉实现调平.

三、等高共轴调整

在光学实验中，光学仪器和装置的调整十分重要，要求比较严格，操作比较困难. 测试前，需要花较大功夫调整好仪器，否则，就会导致实验无法进行下去. 光学仪器的调节技术和光路调整技术内容丰富，其中光学元件之间的等高共轴调节是最基本的调节技术.

（1）粗调：利用目测判断，使光源与各个光学元件的中心大致等高共线，各元件不倾斜.

（2）细调：利用光学系统本身或其他光学仪器进行仔细调节，如薄透镜焦距测量实验中，适当改变物体、透镜和光屏的相对位置，使屏上出现清晰放大（或缩小）的物体像. 然后平移透镜，使屏上再次出现缩小（或放大）的物体像. 若两次成像的中心位置重合，此时物体的中心点与透镜光心等高. 再加入其他光学元件，使像点位置不变，则说明系统已等高共轴.

先利用目测调节再利用光学系统本身或其他光学仪器进行调节，即先粗调后细调的调节方法是光学仪器调整的一般方法.

四、消除视差调整

在力学和电学实验中，只要严格遵循正确的方法去读数，视差所产生的读数误差就是可以控制在最小范围内或可以忽略不计的. 光学实验中的视差问题比较复杂，视差所引起的测量误差可能很大.

　　用望远镜和显微镜测量时，常常要求像与分划板重合，若像与分划板没有完全重合或它们之间有一极小的距离，这一距离会导致视差：当眼睛在目镜前上下、左右移动时，所观察到的像在分划板标尺上的位置也会发生相对移动，这就使观察者读不准像的位置，造成视差.

　　消除视差就是要消除像与分划板之间的极小距离，使像与物完全重合. 调节的方法是十分仔细地调节物镜的位置，使物体的像严格位于分划板上.

　　光学实验一般是对被测对象作精密测量的，因此，消除或尽量减少视差带来的测量误差显得更加重要.

五、逐次逼近调节法

　　仪器的调节大多不能一步到位，例如电桥达到平衡状态、电势差计达到补偿状态、灵敏电流计零点的调节、分光计中望远镜光轴的调节，等等，都要经过多次调节才能完成. 逐次逼近调节是一个能迅速有效地达到调整要求的调节技巧.

六、先定性、再定量原则

　　在测量某一物理量随另一物理量变化的关系时，为了避免测量的盲目性，应采用"先定性、再定量"的原则进行测量，即在定量测量前，先对实验的全过程进行定性观察，在对数据的变化规律有初步了解的基础上，再进行定量测量.

七、回路接线法

　　在电磁学实验中，常遇到电路接线问题. 一张电路图可分解为若干个闭合回路，接线时，由回路 1 的始点出发，依次首尾相连，最后仍回到始点，再依次连接 2、3、…回路，这种回路接线法可确保电路连接正确.

八、避免空程误差

　　由丝杆和螺母构成的传动和读数机构，由于螺母与丝杆之间有间隙，在开始测量或刚反向转动时，丝杆须转过一定角度才能与螺母啮合. 结果与丝杆连接的鼓轮已有读数变化，而由螺母带动的机构尚未产生位移，造成虚假读数而产生空程误差，使用这类仪器，须待丝杆与螺母啮合后才能进行测量，且只能向一个方向旋转鼓轮，切忌反转.

§3.3　物理实验基本操作规程

一、电磁学实验操作规程

　　电磁学实验是物理实验的重要组成部分，它的实验方法和测量技术在工业生产中有着广泛的应用，在科学技术发展上占有极其重要的地位. 在进行电磁学实验的过程中，为了使实验顺利进行，获得正确的结果，同时也为了保护实验者的安全和防止仪器损坏，必须遵守以下操作规程：

1. 布置仪器

电磁学实验中仪器布置不当，容易造成接线混乱，不便于检查线路，也不便于观测和操作，甚至会造成事故. 布置仪器时，首先要看懂电路图，弄清楚线路图中各个符号代表的仪器和各个仪器的使用，然后按照"操作方便、易于观察、安全实验"的原则布置仪器. 因此，仪器不一定按照电路图中的位置排列，一般将经常要调节或随时要读数的仪器放在近处，其他仪器可放在稍远的地方，如高压电源要远离人身等.

2. 连接线路

在电源断开的情况下连接线路. 接线从电源正极开始由高电势到低电势按回路接线法和走线合理的原则接线. 当电路复杂时，可把电路分成几个回路，对各个回路逐一连接. 接线时要充分利用电路中的等势点，避免在一根接线柱上集中过多的导线接线片（最多不超过三个）.

3. 检查线路

线路接好后，应仔细检查一遍. 检查的内容主要有电路连接是否正确，开头是否断开，电表和电源的正负极是否接错，电表量程是否正确（一般先用大量程，接通电路后根据实际情况改用适当的量程），滑动变阻器的滑动端是否放在安全位置. 自己检查后，再请教师复查一遍，经教师确认后方能接通电源，进行实验.

4. 接通电源

接通电源时必须全局观察所有仪器是否正常，若发现有不正常的现象（如指针超出电表量程、指针反转及有焦臭等），应立即切断电源，重新检查，分析原因，排除故障. 若电路正常，可先用较小的电压或电流观察实验现象，然后才开始测读数据. 这一操作规程可概括为"手合电源，眼观全局，先看现象，再读数据".

5. 结束实验

测试完毕后，可关掉电源，但不急于拆线，应当检查一下实验数据有无遗漏，并运用理论知识来判断实验数据是否合理. 在自己确认无疑又经老师复核签字后，在切断电源的情况下，方可拆除线路并整理好仪器用具，经老师检查后方可离开实验室. 此时，实验才结束.

6. 安全操作原则

在电磁学实验中还必须遵守"先接线路，后通电源；先断电源，后拆线路"的操作原则，以确保操作安全.

二、光学的实验操作规程

由于光学实验的研究对象和测试方法不同于力学和电磁学实验，所以，光学实验的特点也不同于力学和电磁学实验. 光学实验的主要特点有：一是光学仪器的调节和光路调整技术是教学的重点，又是教学的难点；二是光学仪器一般较为精密和贵重，光学元件大多为玻璃制品，较易损坏；三是光学实验常在暗室或较暗环境中进行. 因此，为了顺利完成光学实验，达到预期目的，必须遵守以下操作规程：

（1）实验前必须做好预习，详细了解仪器的使用方法和操作要求后，才能使用仪器.

（2）操作过程中，手指或其他物体不得触及各种光学元件的光学面或镀膜表面，拿取时，手指应拿住非光学面即磨砂面或边缘.

（3）对光学面、镀膜面要注意防止水汽、灰尘的沾污，不能对着这些表面说话、哈气等.

（4）光学面如有轻微的污痕或指印，可用特别的擦镜纸或清洁的麂皮轻轻地揩去，不能用力硬擦，更不能用手帕或其他纸来擦，使用的擦镜纸应保持清洁. 若光学面有较严重的污渍、指印等，一般由实验管理人员用乙醚、丙酮或酒精等清洗.

（5）仪器应轻拿轻放，避免受到震动和失手跌落.

（6）转动或调节仪器各部件时，动作要轻且要缓慢进行，并注意有关锁紧螺钉的配合使用，不能强行扭动，也不能超出其行程范围.

（7）在暗室中做实验时，应先熟悉各仪器和元件安放的位置，在黑暗中摸索光学仪器时，一定要小心谨慎，以免损坏东西. 另外，还要注意人身安全，防止触电.

（8）实验数据经检查后，方能拆除光路、整理仪器，仪器应放回箱内或加罩，防止沾污和受潮.

§3.4　误差均分原则、测量仪器和测量条件及测量次数的选择

一、误差均分原则、测量仪器和测量条件的选择

在实验方法选定之后，就需要确定仪器. 仪器的选择是从事科学实验十分重要的基本功.

首先要根据测量原理表示出间接测量量与直接测量量之间的关系式，并由误差传递公式确定间接测量量与直接测量量的误差关系. 然后，按误差均分原则和实验精度要求的误差范围来确定各直接测量量的误差范围. 最后，根据各直接测量量的误差范围来确定所选用仪器的精度.

例 3.4.1：用伏安法测量电阻. 若待测电阻为 R_x，要求测量相对误差 $\dfrac{\Delta R_x}{R_x} \leqslant$ 1.5%. 应如何选择仪器和测量条件呢（忽略仪表内阻）？

由欧姆定律 $R_x = U/I$ 和误差传递公式，有

$$\frac{\Delta R_x}{R_x} = \frac{\Delta U}{U} + \frac{\Delta I}{I}$$

根据合理选择仪器的误差均分原则, 有

$$2\,\frac{\Delta U}{U} = 2\,\frac{\Delta I}{I} \leqslant 1.5\%$$

即

$$\frac{\Delta U}{U} \leqslant 0.75\%$$

$$\frac{\Delta I}{I} \leqslant 0.75\%$$

由电表等级误差的规定 $\frac{\Delta U}{U_{\mathrm{m}}} \leqslant \alpha\%$, $\frac{\Delta I}{I_{\mathrm{m}}} \leqslant \alpha\%$, 式中 α 为电表的等级, U_{m} 和 I_{m} 为电表的量程. 显然应选用 0.5 级的电表. 若实验室有 0-1.5 V-3 V、0.5 级的电压表和 3 V 的电源, 则电压表应取 3 V 的量程. 允许电压误差为 $\Delta U = U_{\mathrm{m}} \cdot \alpha\% = 3$ V$\times 0.5\% = 0.015$ V. 为了满足 $\frac{\Delta U}{U} \leqslant 0.75\%$ 的要求, 测量量必须使电压

$$U \geqslant \frac{\Delta U}{0.75\%} = \frac{0.015}{0.007\,5}\ \mathrm{V} = 2\ \mathrm{V}$$

即实验时, 待测电阻两端的电压不得小于 2 V, 否则电压误差将大于 0.75%.

为了选定电流表的量程和确定测量条件, 可先用多用表粗测 R_x 值. 若 R_x 约为 50 Ω, 则在实验中流过 R_x 的最大电流为 $I_{\mathrm{m}} = \frac{3\ \mathrm{V}}{50\ \Omega} = 0.06$ A $= 60$ mA. 故应选用量程为 60 mA、等级为 0.5 级的电流表. 为了满足 $\frac{\Delta I}{I} \leqslant 0.75\%$, 测量时必须使电流

$$I \geqslant \frac{\Delta I}{0.75\%} = \frac{I_{\mathrm{m}} \times 0.5\%}{0.75\%} = \frac{60 \times 0.005}{0.007\,5}\ \mathrm{mA} = 40\ \mathrm{mA}$$

也就是测量条件为: 测量时电流不得小于 40 mA, 否则电流测量的误差将大于 0.75%.

例 3.4.2: 测定圆柱体的密度, 其直径为 d, 高为 h, 质量为 m, 则其体积为 $V = \pi d^2 h/4$, 密度为

$$\rho = \frac{4m}{\pi d^2 h}$$

若要求 ρ 的相对误差 $\frac{\Delta \rho}{\rho} \leqslant 0.5\%$, 则测量 d、h、m 各量应选用什么仪器?

由误差理论, 有

$$\frac{\Delta \rho}{\rho} = 2\,\frac{\Delta d}{d} + \frac{\Delta h}{h} + \frac{\Delta m}{m}$$

按照误差均分原则, 有

$$\frac{\Delta \rho}{\rho} = 6\,\frac{\Delta d}{d} = 3\,\frac{\Delta h}{h} = 3\,\frac{\Delta m}{m}$$

若已知待测圆柱体的直径 d 约为 1.2 cm, 高 h 约为 3.6 cm, 质量 m 约为

36 g，则有

$$\Delta d \leqslant d \times \frac{0.5\%}{6} = 1.2 \text{ cm} \times \frac{0.005}{6} = 0.001 \text{ cm}$$

$$\Delta h \leqslant h \times \frac{0.5\%}{3} = 3.6 \text{ cm} \times \frac{0.005}{3} = 0.006 \text{ cm}$$

$$\Delta m \leqslant m \times \frac{0.5\%}{3} = 36 \text{ g} \times \frac{0.005}{3} = 0.06 \text{ g}$$

因此应选用螺旋测微器（精度为 0.01 mm）来测量直径，用 0.05 mm 精度的游标卡尺来测量高度，用 $e = 50$ mg 的天平来称衡质量．

若已知测量中各个误差应按方和根法合成，则均分原则应按 $(S_x/x)^2$ 进行，处理方法与上述相同．这里 S_x 为标准误差．

按误差均分原则来选配仪器的精度比较合理．当然，基于实际条件，有时不能完全做到，因此在处理具体问题时，还应依照实际情况调整误差分配．

二、测量次数的选择

由误差理论可知，增加测量次数可减少误差．在一般情况下，当我们对某物理量 X 进行 n 次等精度测量时，所得结果 x_1，x_2，$\cdots$，x_n，其算术平均值为 $\bar{x}$，各次测量偏差为 Δx_1，Δx_2，$\cdots$，Δx_n，则一次测量的标准误差为 $S(X) = \sqrt{\dfrac{1}{n-1} \sum\limits_{i=1}^{n} (\Delta x_i)^2}$，$n$ 次测量结果算术平均值的标准误差为 $S(\bar{X}) = \dfrac{S(X)}{\sqrt{n}}$．

由此可见，平均值的标准误差等于一次测量的标准误差的 $\dfrac{1}{\sqrt{n}}$，因而增加测量次数对提高平均值的精度是有利的．但是测量精度主要由测量仪器的精度、测量方法等因素决定，不能超越这些条件而单纯追求测量次数．只有在正确选择了测量方法、测量仪器、测量条件的前提下，才谈得上确定必要的实验次数，以保证实验要求的精度．

譬如，用某种天平测量某物体的质量 m．已知 m 的一次测量标准误差 $S(X) = 1$ mg，若仪器精度、测量方法等只能要求测量结果的标准误差 $S(\bar{X}) \leqslant 0.5$ mg，则根据 $S(\bar{X}) = \dfrac{S(X)}{\sqrt{n}}$，有 $n = \left[\dfrac{S(X)}{S(\bar{X})}\right]^2$，因而测量次数至少应为 $n = \dfrac{1^2}{0.5^2} = 4$（次）．

在进行或设计某一实验时，要按照既定的实验目的和要求，首先确定实验方法，然后恰当选择仪器和测量条件，确定合理的测量次数．这是完成一个实验的基本要求．

第 4 章
基础性实验

实验 1　力学基本测量实验

I　长度测量实验

长度测量实验是物理实验中最重要和最基础的一个内容. 很多物理量的测量最终都要转换为长度的测量, 特别是刻度式仪表和指针式仪表的读数方法归根结底与长度测量相同. 例如, 用液体温度计测量温度时, 是读温度计的毛细管中液面在标尺上的刻度; 天平平衡时横梁上游码在其刻度尺上的读数表示 1 g 以下的质量; 测量电压和电流是通过读取电表指针偏转后在弧形标尺上所指示的读数; 机械秒表计时也是由秒针和分针转过的弧长来描述的; 等等. 另外, 在长度测量实验中进行消除视觉误差和仪器零点读数误差的训练是从事科学测量的基本技能. 因此, 在物理实验中认真做好长度测量实验, 掌握长度测量仪器的正确使用方法和要点, 学会实验数据的采集、记录、处理和编写好实验报告等具有十分重要的意义, 将为后继实验奠定扎实的基础.

一、实验目的

1. 学习米尺、游标卡尺、螺旋测微器和读数显微镜的使用方法;

2. 学习仪器的读数方法, 掌握误差和有效数字的概念, 根据误差要求选择测量仪器;

3. 对单次测量和多次测量的误差进行估计.

二、实验原理

1. 仪器的选择

米尺、游标卡尺和螺旋测微器是不同测量精度的测长仪器, 测量长度的范围也不相同. 在满足误差要求前提下, 对于不同的待测对象和精度应选取不同的仪器.

例如, 测量一块长 a 约为 150 mm, 宽 b 约为 6 mm 的矩形金属平板的面积 S. 只作单次测量, 要使测量结果的相对误差不大于 0.5%, 应当怎样选择仪器呢? 由于 $S=ab$, 所以

$$\frac{\Delta S}{S} = \sqrt{\left(\frac{\Delta a}{a}\right)^2 + \left(\frac{\Delta b}{b}\right)^2} \leqslant 0.5\%$$

则

$$\left(\frac{\Delta a}{a}\right)^2 + \left(\frac{\Delta b}{b}\right)^2 \leqslant (0.5\%)^2$$

从被测量误差的分配考虑出发，得出 $\left(\dfrac{\Delta a}{a}\right)^2 \leqslant \dfrac{(0.005)^2}{2}$；$\left(\dfrac{\Delta b}{b}\right)^2 \leqslant \dfrac{(0.005)^2}{2}$.

即 $\Delta a \leqslant \dfrac{0.005}{\sqrt{2}} a = \dfrac{0.005}{\sqrt{2}} \times 150$ mm ≈ 0.53 mm，$\Delta b \leqslant \dfrac{0.005}{\sqrt{2}} b = \dfrac{0.005}{\sqrt{2}} \times 6$ mm $\approx$ 0.021 mm.

单次测量的误差一般选取仪器误差作为测量误差，根据长度测量仪器的误差，米尺的仪器误差为 0.5 mm，五十分度游标卡尺的仪器误差为 0.02 mm. 因此，选用米尺测量金属矩形板的长度 a，选用五十分度游标卡尺测量宽度 b.

选用仪器时应当注意，在满足误差要求的前提下，应选择较低档的仪器，选取高档的仪器没有必要，经济性也不好.

2. 测量对象

（1）金属圆筒

体积公式 $V = \dfrac{\pi}{4}(D^2 - d^2)H$，其中 D 为圆筒外径，d 为圆筒内径，H 为圆筒高. 因而，相对误差为

$$\frac{\Delta V}{V} = \sqrt{\left(\frac{\Delta H}{H}\right)^2 + \left(\frac{2D\Delta D}{D^2 - d^2}\right)^2 + \left(\frac{2d\Delta d}{D^2 - d^2}\right)^2}$$

（2）金属球

体积公式 $V = \dfrac{\pi}{6}D^3$，其中 D 为金属球的直径. 相对误差为 $\dfrac{\Delta V}{V} = 3\dfrac{\Delta D}{D}$.

三、实验仪器

米尺、游标卡尺、螺旋测微器、读数显微镜、待测物体.

四、实验内容

1. 用米尺测量卡片上 l_{AB}、l_{AC}、l_{BC} 各六次，正确表示出测量结果，见图 4.1.

2. 用螺旋测微器测量金属球直径六次，计算出直径 D 和体积 V，正确表示测量结果，见图 4.2.

3. 用游标卡尺测量金属圆筒的内径、外径和高各一次，计算出体积，正确表示其结果，见图 4.3.

4. 用读数显微镜测量米尺上 50 mm 刻度的长度 3 次，计算出平均值，并比较它们的差别.

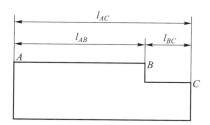

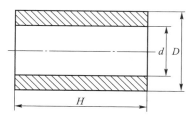

图 4.1　米尺的待测物　　　图 4.2　螺旋测微　　图 4.3　游标卡尺的待测物
　　　　　　　　　　　　　　　　器的待测物

五、数据记录

表 4.1.1　卡片长度测量记录

测量项目	l_{AB}/mm	$\lvert \Delta l_{AB} \rvert$ /mm	l_{BC}/mm	$\lvert \Delta l_{BC} \rvert$ /mm	l_{AC}/mm	$\lvert \Delta l_{AC} \rvert$ /mm
1						
2						
3						
4						
5						
6						
平均值						

表 4.1.2　钢球体积的测量记录　　　　零点误差 $\delta=$

次数	1	2	3	4	5	6	平均
读数 X_i/mm							
实际值 $\varphi_i (=X_i-\delta)$/mm							
$\lvert \Delta\varphi \rvert (=\lvert \overline{\varphi}-\varphi_i \rvert)$/mm							

表 4.1.3　圆柱体体积的测量记录　　　　零点误差 $\delta=$

测量项目	外径 D/mm	内径 d/mm	高 H/mm
读数 X/mm			
实际值 $(X-\delta)$/mm			
测量误差/mm			

Ⅱ　质量测量实验

一、实验目的

1. 学习天平的正确调节和使用；
2. 掌握天平的读数方法；
3. 学习间接测量误差的传递计算.

二、实验仪器

物理天平、2 个待测金属块.

三、实验内容

测量 2 个待测物体 m_1、m_2 的质量，并计算它们的和（$m_+ = m_1 + m_2$）与差（$m_- = m_1 - m_2$）.

四、实验步骤

用物理天平分别称衡 m_1 和 m_2 各六次，然后计算 m_1 和 m_2 的和与差，正确表示测量结果.

五、数据记录

表 4.1.4　测量金属块 m_1 和 m_2 质量记录表

次数	1	2	3	4	5	6	平均值
m_1/g							
m_2/g							

Ⅲ　时　间　测　量

一、实验目的

1. 学会使用机械秒表和电子秒表；
2. 学习机械秒表的校准.

二、实验仪器

机械秒表、电子秒表、单摆.

三、实验步骤

1. 用电子秒表校准机械秒表，计算出校正系数.

2. 用机械秒表测量单摆摆动 20 个周期的时间，测三次取平均值. 再计算一个周期并修正.

3. 用电子秒表测量单摆摆动 20 个周期的时间，测三次取平均值. 再计算一个周期的大小.

四、数据记录

1. 机械秒表校准系数测量

$t_{标} = $ _____ s；　　$t_{校} = $ _____ s；　　　$C = \dfrac{t_{标}}{t_{校}} = $ _____ .

2. 测量单摆周期

表 4.1.5　单摆周期测量数据表

测量值	型号	T_1/s	T_2/s	T_3/s	$\overline{T}/\text{s}$	周期 T_0/s
机械秒表						
电子秒表						

实验 2　电学基本测量实验

一、实验目的

1. 学习电流表、电压表的使用；
2. 学习测量线性和非线性电阻元件伏安特性的方法，并绘制其特性曲线；
3. 掌握运用伏安法判定电阻元件类型的方法.

二、实验原理

　　二端电阻元件的伏安特性是指元件的端电压与通过该元件电流之间的函数关系. 通过一定的测量电路，用电压表、电流表可测量电阻元件的伏安特性，由测得的伏安特性可了解该元件的性质. 通过测量得到元件伏安特性的方法称为伏安测量法(简称伏安法). 把电阻元件上的电压取为横坐标，电流取为纵坐标，根据测量所得数据，画出电压和电流的关系曲线，称为该电阻元件的伏安特性曲线.

　　（1）线性电阻元件

　　线性电阻元件的伏安特性满足欧姆定律，可表示为

$$U = IR \qquad\qquad (4.2.1)$$

其中 R 为常量，称为电阻的阻值，它不随其两端电压或通过其电流改变而改变，其伏安特性曲线是一条过坐标原点的直线，具有双向性，即电阻内通过的电流与两端施加的电压成正比，这种电阻也称为线性电阻，如图 4.4(a)所示. 线绕电阻、金属膜电阻等都是线性电阻.

　　（2）非线性电阻元件

　　非线性电阻元件不遵循欧姆定律，它的阻值 R 随着其电压或电流的改变而改变，即它不是一个常量，其伏安特性是一条过坐标原点的曲线，如图 4.4(b)所示.

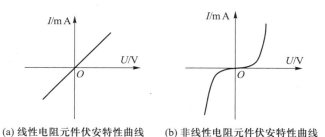

(a) 线性电阻元件伏安特性曲线　　(b) 非线性电阻元件伏安特性曲线

图 4.4　伏安特性曲线

　　（3）测量方法

　　在被测电阻元件上施加不同极性和幅值的电压，测量出流过该元件中的电流，或在被测电阻元件中通入不同方向和幅值的电流，测量该元件两端的电压，

便得到被测电阻元件的伏安特性. 在实际测量中, 由于直流电表实际存在内阻, 故电表的接入会引入测量误差. 根据测量要求可采用电流表内接法[图 4.5(a)]或电流表外接法[图 4.5(b)].

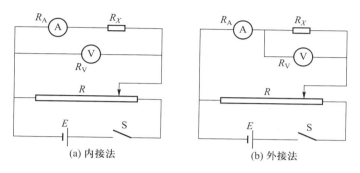

图 4.5　测量电路的连接方法

用内接法电路时, 由电流表内阻 R_A 引入的测量误差如表 4.2.1 所示. 当 $R_x \geqslant 100 R_A$ 时, 由电流表内阻引入的测量误差 $\dfrac{\Delta R_x}{R_x} \leqslant 1\%$, 此时宜使用电流表内接法, 这种方法适用于对较大电阻的测量.

表 4.2.1　用内接法时电流表内阻引入的误差

R_x/R_A	1 000	500	200	100	50	10	5	1
$\dfrac{\Delta R_x}{R_x}/\%$	0.1	0.2	0.5	1.0	2.0	10.0	20.0	100.0

用外接法时, 由电压表内阻 R_V 引入的测量误差如表 4.2.2 所示. 当 $R_x \leqslant 100 R_V$ 时, 外接法测量才有足够的准确度, 这种方法适用于对较小电阻的测量.

表 4.2.2　用外接法时电压表内阻引入的误差

R_V/R_x	1 000	500	100	50	10	5	1	0.5
$\dfrac{\Delta R_x}{R_x}/\%$	0.1	0.2	1.0	2.0	9.0	17.0	50.0	67.0

三、实验仪器

直流稳压电源、电流表、电压表、电阻 1 只、白炽灯泡 1 只、9 孔插件方板 1 块、导线若干.

四、实验内容

1. 测量线性电阻元件的伏安特性

（1）按图 4.6 接线，取 $R_L = 100\ \Omega$，U_S 用直流稳压电源，先将稳压电源输出电压旋钮置于零位.

（2）调节稳压电源输出电压旋钮，使电压 U_S 分别为 0 V、1 V、2 V、3 V、4 V、5 V、6 V、7 V、8 V、9 V、10 V，并测量对应的电流值和负载 R_L 两端的电压 U. 实验完毕，断开电源，将稳压电源输出电压旋钮置于零位.

（3）根据测得的数据，在坐标纸上绘制出 $R_L = 100\ \Omega$ 电阻的伏安特性曲线. 先取点，再用光滑曲线连接各点.

2. 测量非线性电阻元件的伏安特性

（1）按图 4.7 接线，实验中所用的非线性电阻元件为 12 V/0.5 A 小灯泡.

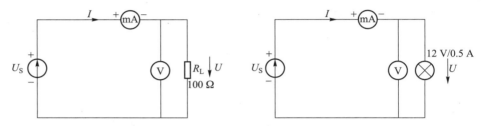

图 4.6　线性电阻元件的实验线路图　　　图 4.7　非线性电阻元件的实验线路图

（2）调节稳压电源输出电压旋钮，使其输出电压分别为 0 V、1 V、2 V、3 V、4 V、5 V、6 V、7 V、8 V、9 V、10 V、11 V、12 V，测量相对应的电流值 I 及灯泡两端电压 U，实验完毕，断开电源，将稳压电源输出电压旋钮置于零位.

（3）根据测得的数据，在坐标纸上绘制出白炽灯的伏安特性曲线. 先取点，再用光滑曲线连接各点.

五、思考题

1. 在电流表外接，$R_V \gg R_X$ 时，相对误差值为 R_X/R_V，试推导这一结果.

2. 比较 100 Ω 电阻与白炽灯的伏安特性曲线，可以得出什么结论？

3. 根据电阻不同的伏安特性曲线的性质，它们分别称为什么电阻？

4. 从伏安特性曲线看欧姆定律，它对哪些元件成立？对哪些元件不成立？

实验 3　用扭摆法测转动惯量

转动惯量是刚体转动时惯性大小的量度，是表明刚体特性的一个物理量. 它取决于刚体的总质量、质量分布和转轴位置. 如果刚体形状简单，且质量分布均匀，可以直接计算出它绕特定转轴的转动惯量. 对于形状复杂、质量分布不均匀的刚体，例如机械部件、电动机转子和枪炮的弹丸等，转动惯量计算极为复杂，通常采用实验方法来测定.

转动惯量的测量，一般都是使刚体以一定形式运动，通过表征这种运动特征的物理量与转动惯量的关系，进行转换测量. 本实验使物体作扭转摆动，由摆动周期及其他参量的测定计算出物体的转动惯量.

一、实验目的

1. 学会使用扭摆测定几种不同形状物体的转动惯量和测定弹簧的扭转常量的方法，并与理论值进行比较；

2. 学会 TH-1 型转动惯量测试仪的使用方法.

二、实验原理

扭摆的构造如图 4.8 所示，在垂直轴 1 上装有一根薄片状的螺旋弹簧 2，用以产生回复力矩. 在轴的上方可以装上各种待测物体. 垂直轴与支座间装有轴承，以降低摩擦力矩. 3 为水平仪，用来调整系统平衡.

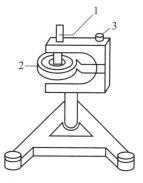

图 4.8　扭摆结构示意图

将物体在水平面内转过一角度 θ 后，在弹簧的回复力矩作用下物体开始绕垂直轴往返扭转运动. 根据胡克定律，弹簧因扭转而产生的回复力矩 M 与所转动的角度 θ 成正比，即

$$M = -K\theta \tag{4.3.1}$$

式中，K 为弹簧的扭转常量，根据转动定律：

$$M = J\alpha \tag{4.3.2}$$

式中 J 为物体绕转轴的转动惯量，α 为角加速度，由上式得

$$\alpha = \frac{M}{J} \tag{4.3.3}$$

令　$\omega^2 = \dfrac{K}{J}$，忽略轴承的摩擦阻力矩，而 $\alpha = \dfrac{\mathrm{d}^2\theta}{\mathrm{d}t^2}$，结合（4.3.1）式、（4.3.3）式得

$$\alpha = -\frac{K}{J}\theta = -\omega^2\theta \tag{4.3.4}$$

上述方程表示扭摆运动具有简谐振动的特性，角加速度与角位移成正比，且方向相反. 此方程的解为

$$\theta = A\cos(\omega t + \varphi) \tag{4.3.5}$$

式中 A 为简谐振动的振幅，φ 为初相位，ω 为角速度，此简谐振动的周期为

$$T = \frac{2\pi}{\omega} = 2\pi\sqrt{\frac{J}{K}} \tag{4.3.6}$$

由(4.3.6)式可知，只要实验测得物体扭摆的摆动周期，并且 J 和 K 中任何一个量已知，即可计算出另一个量.

本实验用一个几何形状规则的物体，它的转动惯量可以根据它的质量和几何尺寸用理论公式直接计算得到，再算出本仪器弹簧的 K 值. 若要测定其他形状物体的转动惯量，只需将待测物体安放在本仪器顶部的各种夹具上，测定其摆动周期，由(4.3.6)式即可算出该物体绕转动轴的转动惯量.

三、实验仪器

扭摆及几种待测转动惯量的物体、空心金属圆筒、实心塑料圆柱体、天平、游标卡尺、转动惯量测试仪.

1. 仪器简介

转动惯量测试仪由主机和光电传感器两部分组成，主机采用新型的单片机作控制系统，用于测量物体转动和摆动的周期，以及旋转体的转速，能自动记录、存储多组实验数据并能够精确地计算多组实验数据的平均值.

光电传感器主要由红外发射管和红外接收管组成，将光信号转换为脉冲电信号，送入主机工作. 人眼无法直接观察仪器工作是否正常，但可用遮光物体往返遮挡光电探头发射光束通路，检查计时器是否开始计数和到预定周期数时是否停止计数. 为防止过强光线对光探头造成影响，光电探头不能置放在强光下，实验时采用窗帘遮光，以确保计时的准确.

2. 仪器使用方法

(1) 调节光电传感器在固定支架上的高度，使被测物体上的挡光杆能自由地通过光电门，再将光电传感器的信号传输线插入主机输入端(位于测试仪背面).

(2) 开启主机电源，摆动指示灯亮，参量指示为"P1"，数据显示为"……".

(3) 本机默认扭摆的周期数为 10，如果要更改，可参照仪器使用说明 3 重新设定. 更改后的周期数不具有记忆功能，一旦切断电源或按"复位"键，便恢复原来的默认周期数.

(4) 按"执行"键，数据显示为"000.0"，表示仪器已处在等待测量状态，此时，当被测的往复摆动物体上的挡光杆第一次通过光电门时，由"数据显示"给出累计的时间，同时仪器自行计算周期 C1 予以存储，以供查询和多次测量求平均值，至此，P1(第一次测量)测量完毕.

(5) 按"执行"键，"P1"变为"P2"，数据显示又回到"000.0"，仪器处在第二次待测状态，本机设定重复测量的最多次数为 5 次，即 P1，P2，…，P5. 通过"查询"键可知各次测量的周期值 CI(I=1,2,…,5)以及它们的平均值 CA.

四、实验内容

1. 测量实心塑料圆柱体的外径、空心金属圆筒的内、外径（各测量 3 次），及各物体质量，记录于表 4.3.1 中.

2. 调整扭摆基座底脚螺丝，使水平仪的气泡位于中心.

3. 装上金属载物盘，并调整光电探头的位置使载物盘上的挡光杆处于其缺口中央且能遮住发射、接收红外光线的小孔，测定摆动周期 T_0，记录于表 4.3.1 中.

4. 将实心塑料圆柱体垂直放在载物盘上，测定摆动周期 T_1，记录于表 4.3.1 中. 并计算弹簧的扭转常量 K.

5. 用空心金属圆筒代替实心塑料圆柱体，测定摆动周期 T_2，记录于表 4.3.1 中.

6. 测定实心塑料圆柱体、空心金属圆筒的转动惯量，并与理论值比较，求百分误差.

五、注意事项

1. 由于弹簧的扭转常量 K 值不是固定常量，它与摆动角度略有关系，摆角在 90 ℃ 左右基本相同，在小角度时变小.

2. 为了降低实验时摆动角度变化过大带来的系统误差，在测定各种物体的摆动周期时，摆角不宜过小，摆幅也不宜变化过大.

3. 光电探头宜放置在挡光杆平衡位置处，挡光杆不能和它相接触，以免增大摩擦力矩.

4. 机座应保持水平状态.

5. 在安装待测物体时，其支架必须全部套入扭摆主轴，并将止动螺丝旋紧，否则扭摆不能正常工作.

六、数据记录

表 4.3.1　转动惯量的测定

$$K = 4\pi^2 \frac{I'_1}{\overline{T}_1^2 - \overline{T}_0^2} = \underline{\quad\quad} \text{N} \cdot \text{m}$$

物体名称	质量 m/g	几何尺寸/mm	周期/s		理论值/ ($\text{kg} \cdot \text{m}^2$)	实验值/ ($\text{kg} \cdot \text{m}^2$)
载物盘	/	/	$10T_0$		/	$I_0 =$
			$\overline{T}_0$			

续表

物体名称	质量 m/g	几何尺寸/mm		周期/s		理论值/$(kg \cdot m^2)$	实验值/$(kg \cdot m^2)$
实心塑料圆柱体		D_1		$10T_1$		$I_1' =$	$I_1 =$
		$\overline{D}_1$		$\overline{T}_1$			
空心金属圆筒		$D_{外}$					
		$\overline{D}_{外}$		$10T_2$		$I_2' =$	$I_2 =$
		$D_{内}$					
		$\overline{D}_{内}$		$\overline{T}_2$			

$$I_0 = \frac{I_1' \overline{T}_0^2}{\overline{T}_1^2 - \overline{T}_0^2}, \quad I_1' = \frac{1}{8} m \overline{D}_1^2, \quad I_1 = \frac{K \overline{T}_1^2}{4\pi^2} - I_0, \quad I_2' = \frac{1}{8} m (\overline{D}_{外}^2 + \overline{D}_{内}^2), \quad I_2 = \frac{K \overline{T}_2^2}{4\pi^2} - I_0$$

七、思考题

1. 为什么当摆角不同时，测出的 K 略有差别？

2. 本实验忽略了什么因素？是通过什么手段来忽略该因素的？

实验 4　用恒力矩转动法测转动惯量

转动惯量是研究和控制飞行体的飞行轨道及运动姿态所需的重要物理量，同时也是研制核弹头、导弹、鱼雷等武器，运载火箭、宇宙飞船等航天器及搭载设备所需用到的测量项目之一. 转动惯量是刚体转动中惯性大小的量度. 它取决于刚体的总质量、质量分布和转轴位置. 形状规则的匀质刚体，其转动惯量可直接用公式计算得到. 而对于不规则刚体或非匀质刚体的转动惯量，需要通过实验的方法来测定. 测定转动惯量在实验室中常采用三线摆法、扭摆法或恒力矩转动法等，本实验采用恒力矩转动法测定转动惯量.

一、实验目的

1. 学习用恒力矩转动法测定刚体转动惯量的原理和方法；
2. 观测刚体的转动惯量随其质量、质量分布及转轴不同而改变的情况，验证平行轴定理；
3. 学会使用智能计时计数器测量时间.

二、实验原理

1. 恒力矩转动法测定转动惯量的原理

根据刚体的定轴转动定律：

$$M = J\alpha \tag{4.4.1}$$

只要测定刚体转动时所受的总合外力矩 M 及该力矩作用下刚体转动的角加速度 α，就可计算出该刚体的转动惯量 J.

设以某初始角速度转动的空实验台转动惯量为 J_1，未加砝码时，在摩擦阻力矩 M_μ 的作用下，实验台将以角加速度 α_1 作匀减速运动，即

$$-M_\mu = J_1\alpha_1 \tag{4.4.2}$$

将质量为 m 的砝码用细线绕在半径为 R 的实验台塔轮上，并让砝码下落，系统在恒外力作用下将作匀加速运动. 若砝码的加速度为 a，则细线所受张力为 $F_T = m(g-a)$. 若此时实验台的角加速度为 α_2，则有 $a = R\alpha_2$. 细线施加给实验台的力矩为 $F_T R = m(g-R\alpha_2)R$，此时有

$$m(g-R\alpha_2)R - M_\mu = J_1\alpha_2 \tag{4.4.3}$$

将 (4.4.2) 式、(4.4.3) 式两式联立消去 M_μ 后，可得

$$J_1 = \frac{mR(g-R\alpha_2)}{\alpha_2-\alpha_1} \tag{4.4.4}$$

同理，若在实验台上加上被测物体后系统的转动惯量为 J_2，加砝码前后的角加速度分别为 α_3 与 α_4，则有

$$J_2 = \frac{mR(g-R\alpha_4)}{\alpha_4-\alpha_3} \tag{4.4.5}$$

由转动惯量的叠加原理可知，被测物体的转动惯量 J_3 为

$$J_3 = J_2 - J_1 \tag{4.4.6}$$

测得 R、m 及 α_1、α_2、α_3、α_4，由 (4.4.4) 式、(4.4.5) 式、(4.4.6) 式即可计算被测物体的转动惯量.

2. 角加速度 α 的测量

实验中采用智能计时计数器记录遮挡次数和相应的时间. 固定在载物台圆周边缘相差 π 角的两遮光细棒，每转动半圈遮挡一次固定在底座上的光电门，即产生一个计数光电脉冲，计数器记下遮挡次数 k 和相应的时间 t. 若从第一次挡光 ($k=0, t=0$) 开始计次、计时，且初始角速度为 ω_0，则对于匀变速运动中测量得到的任意两组数据 (k_m, t_m) (k_n, t_n)，相应的角位移 θ_m、θ_n 分别为

$$\theta_m = k_m \pi = \omega_0 t_m + \frac{1}{2} \alpha t_m^2 \tag{4.4.7}$$

$$\theta_n = k_n \pi = \omega_0 t_n + \frac{1}{2} \alpha t_n^2 \tag{4.4.8}$$

从 (4.4.7) 式、(4.4.8) 式两式中消去 ω_0，可得

$$\alpha = \frac{2\pi (k_n t_m - k_m t_n)}{t_n^2 t_m - t_m^2 t_n} \tag{4.4.9}$$

由 (4.4.9) 式即可计算角加速度 α.

3. 平行轴定理

理论分析表明，质量为 m 的物体围绕通过质心 O 的转轴转动时的转动惯量 J_0 最小. 当转轴平行移动距离 d 后，绕新转轴转动的转动惯量为

$$J = J_0 + md^2 \tag{4.4.10}$$

三、实验内容

1. 实验准备

在桌面上放置 ZKY-ZS 转动惯量实验仪，并利用基座上的三颗调平螺钉将仪器调平. 将滑轮支架固定在实验台面边缘，调整滑轮高度及方位，使滑轮槽与选取的绕线塔轮槽等高，且其方位相互垂直，如图 4.9 所示，并且用数据线将智能计时计数器中 A 或 B 通道与转动惯量实验仪其中一个光电门相连.

2. 测量并计算实验台的转动惯量 J_1

（1）测量 α_1

通电开机后 LCD 显示"智能计数计时器"欢迎界面，延时一段时间后，显示操作界面.

① 选择"计时 1—2 多脉冲".

② 选择通道.

③ 用手轻轻拨动载物台，使实验台有一初始转速并在摩擦阻力矩作用下作匀减速运动.

④ 按确认键进行测量.

光电门
遮光棒
绕线塔轮
测试样品
转盘
光电门支架
滑轮
细绳
砝码
调平螺钉　升降杆

图 4.9　转动惯量实验组合仪

⑤ 载物盘转动 15 圈后按确认键停止测量.

⑥ 查阅数据，并将查阅到的数据记入表 4.4.1 中.

⑦ 按确认键后返回"计时　1—2 多脉冲"界面.

采用逐差法处理数据，将第 1 和第 5 组，第 2 和第 6 组……分别组成 4 组数据，用(4.4.9)式计算对应各组的 α_1 值，然后求其平均值作为 α_1 的测量值.

（2）测量 α_2

① 选择绕线塔轮半径 R 及砝码质量，将一端打结的细线沿绕线塔轮上开的细缝塞入，并且不重叠地密绕于所选定半径的绕线塔轮上，细线另一端通过滑轮后连接砝码托上的挂钩，用手将载物台稳住.

② 重复（1）中的②、③、④步.

③ 释放载物台，砝码重力产生的恒力矩使实验台产生匀加速转动.

记录 8 组数据后停止测量. 查阅、记录数据于表 4.4.1 中并计算 α_2 的测量值.

由(4.4.4)式即可算出 J_1 的值.

3. 测量并计算实验台放上试样后的转动惯量 J_2，计算试样的转动惯量 J_3 并与理论值比较

将待测试样放上载物台并使试样几何中心轴与转轴中心重合，按与测量 J_1 同样的方法可分别测量未加砝码的角加速度 α_3 与加砝码后的角加速度 α_4. 由(4.4.5)式可计算 J_2 的值，已知 J_1、J_2，由(4.4.6)式可计算试样的转动惯量 J_3.

已知圆盘、圆柱绕几何中心轴转动的转动惯量理论值为

$$J = \frac{1}{2} m R^2 \qquad (4.4.11)$$

圆环绕几何中心轴的转动惯量理论值为

$$J = \frac{m}{2} \left(R_{外}^2 + R_{内}^2 \right) \qquad (4.4.12)$$

计算试样的转动惯量理论值并与测量值 J_3 比较，计算测量值的相对误差：

$$E = \frac{J_3 - J}{J} \times 100\% \qquad\qquad (4.4.13)$$

4. 验证平行轴定理

将两圆柱体对称插入载物台上与中心距离为 d 的圆孔中，测量并计算两圆柱体在此位置的转动惯量. 将测量值与由(4.4.11)式、(4.4.10)式所得的计算值比较，若一致即验证了平行轴定理.

四、注意事项

1. 实验时仪器应保持水平状态.
2. 实验时使滑轮槽与选取的绕线塔轮槽等高，且其方位相互垂直.
3. 验证平行轴定理时两圆柱体应对称插入载物台上与中心距离为 d 的圆孔中.

五、数据记录

表 4.4.1　测量实验台的角加速度

$R_{塔轮} =$ _____ mm, $m_{砝码} =$ _____ g

匀减速	k	1	2	3	4	$\overline{\alpha_1}/(\mathrm{rad \cdot s^{-2}})$
	t/s					
	k	5	6	7	8	
	t/s					
	$\alpha_1/(\mathrm{rad \cdot s^{-2}})$					
匀加速	k	1	2	3	4	$\overline{\alpha_2}/(\mathrm{rad \cdot s^{-2}})$
	t/s					
	k	5	6	7	8	
	t/s					
	$\alpha_2/(\mathrm{rad \cdot s^{-2}})$					

表 4.4.2　测量实验台加圆环试样后的角加速度

$R_{外} =$ ____ mm, $R_{内} =$ ____ mm, $m_{圆环} =$ ____ g, $R_{塔轮} =$ ____ mm, $m_{砝码} =$ ____ g

匀减速	k	1	2	3	4	$\overline{\alpha_3}/(\mathrm{rad \cdot s^{-2}})$
	t/s					
	k	5	6	7	8	
	t/s					
	$\alpha_3/(\mathrm{rad \cdot s^{-2}})$					

续表

	k	1	2	3	4	
匀加速	t/s					$\overline{\alpha_4}/(\mathrm{rad}\cdot\mathrm{s}^{-2})$
	k	5	6	7	8	
	t/s					
	$\alpha_4/(\mathrm{rad}\cdot\mathrm{s}^{-2})$					

表 4.4.3　测量两圆柱试样中心与转轴距离 $d=$_____mm 时的角加速度

$R_{圆柱}=$_____mm，$m_{圆柱}=$_____g，$R_{塔轮}=$_____mm，$m_{砝码}=$_____g

	k	1	2	3	4	
匀减速	t/s					$\overline{\alpha_5}/(\mathrm{rad}\cdot\mathrm{s}^{-2})$
	k	5	6	7	8	
	t/s					
	$\alpha_5/(\mathrm{rad}\cdot\mathrm{s}^{-2})$					
匀加速	k	1	2	3	4	$\overline{\alpha_6}/(\mathrm{rad}\cdot\mathrm{s}^{-2})$
	t/s					
	k	5	6	7	8	
	t/s					
	$\alpha_6/(\mathrm{rad}\cdot\mathrm{s}^{-2})$					

六、思考题

1. 本实验影响结果精度的主要因素有哪些？

2. 查阅资料，了解工程实践中测量机械部件的转动惯量的方法和装置.

3. 查阅资料，思考如何测量发动机飞轮、轮船螺旋桨、航天飞船等大型复杂物体的转动惯量.

▌附录

用恒力矩转动法测转动惯量方法改进

实验时，摩擦阻力矩是未知的，因此可以利用砝码让刚体分别进行一次加速转动和一次减速转动，然后联立方程，得到转动惯量. 同时，在测量减速转动角加速度时也通过砝码给转动系统拉力力矩，可以减小实验时由于摩擦阻力矩随角速度变化对实验结果的影响. 测量过程中，实验台系统与砝码的运动示意图如附

图 4.1 所示.

设砝码质量为 m，实验时使用半径为 R 的塔轮，忽略滑轮摩擦力矩及质量. 空实验台转动惯量为 J_1.

将质量为 m 的砝码用细线绕在半径为 R 的实验台塔轮上，并让砝码下落，系统在恒外力作用下作匀加速运动，如附图 4.1(a) 所示. 设细线张力大小为 F_{T1}. 实验台加速转动时，受阻力矩 $M_{\mu1}$ 和拉力矩 RF_{T1} 的作用，角加速度为 α_1. 砝码下降的加速度为 a_1. 根据牛顿第二运动定律和转动定律，有

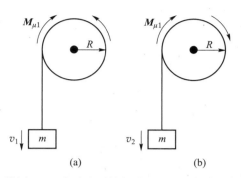

附图 4.1　实验台系统与砝码的运动示意图

$$mg - F_{T1} = ma_1 = mR\alpha_1 \tag{1}$$

$$RF_{T1} - M_{\mu1} = J_1\alpha_1 \tag{2}$$

则有

$$m(g - R\alpha_1) - M_{\mu1} = J_1\alpha_1 \tag{3}$$

当测量系统作匀减速转动时，仍将质量为 m 的砝码用细线绕在半径为 R 的实验台塔轮上，给实验台一定的初始角速度，让塔轮通过细线带动砝码上升，系统在恒外力矩作用下作匀减速运动，如图附 4.1(b) 所示. 设细线张力大小为 F_{T2}. 则有

$$mg - F_{T2} = ma_2 = mR\alpha_2 \tag{4}$$

$$-RF_{T2} - M_{\mu2} = J_1\alpha_2 \tag{5}$$

可得

$$m(-g + R\alpha_2) - M_{\mu1} = J_1\alpha_2 \tag{6}$$

虽然阻力矩大小随角速度变化，但在实验时，如果实验台系统匀减速转动和匀加速转动过程中角速度变化范围不大且大致相同，运动过程中受到的阻力矩大小 $M_{\mu1} \approx M_{\mu2}$，则由 (3) 式和 (6) 式，空实验台转动惯量为

$$J_1 = \frac{mR[2g - R(\alpha_1 + \alpha_2)]}{\alpha_1 - \alpha_2} \tag{7}$$

同理，若在实验台上放置被测物体后系统的转动惯量为 J_2，加相同砝码绕在相同半径的实验台塔轮上，作匀加速和匀减速运动的角加速度分别为 α_3 与 α_4，可得

$$J_2 = \frac{mR[2g - R(\alpha_3 + \alpha_4)]}{\alpha_3 - \alpha_4} \tag{8}$$

需要注意的是，在以上各式中，角加速度 α 在系统作加速转动时为正值，作减速转动时为负值，即角加速度 α_1 与 α_3 为正值，α_2 与 α_4 为负值.

根据转动惯量叠加原理，被测物体的转动惯量为

$$J_3 = J_2 - J_1 \qquad\qquad (9)$$

当然，（7）式和（8）式中，如果考虑实验条件满足砝码加速度 $|a| = |R\alpha| \ll g$，则可以把它们简化.

实验 5 导热系数的测量

导热系数是表征物质热传导性质的物理量. 材料结构的变化与所含杂质等因素都会对导热系数产生明显的影响, 因此, 材料的导热系数常常需要通过实验来具体测定. 测量导热系数的方法比较多, 但可以归并为两类基本方法: 一类是稳态法, 另一类为动态法. 用稳态法时, 先用热源对测试样品进行加热, 并在样品内部形成稳定的温度分布, 然后进行测量. 而在动态法中, 待测样品中的温度分布是随时间变化的, 例如按周期性变化等. 本实验采用稳态法进行测量.

一、实验目的

1. 了解固体导热系数的测量原理;
2. 用稳态法测定出不良导热体的导热系数.

二、实验原理

根据傅里叶导热方程式, 在物体内部, 取两个垂直于热传导方向、彼此间相距为 h、温度分别为 T_1、T_2 的平行平面(设 $T_1 > T_2$), 若平面面积均为 S, 在 Δt 时间内通过面积 S 的热量 ΔQ 满足下述表达式:

$$\frac{\Delta Q}{\Delta t} = \lambda S \frac{(T_1 - T_2)}{h} \tag{4.5.1}$$

式中 $\frac{\Delta Q}{\Delta t}$ 为热流量, λ 为该物质的导热系数(又称为热导率), λ 在数值上等于相距单位长度的两平面的温度相差 1 个单位时, 单位时间内通过单位面积的热量, 其单位是 $\mathrm{W \cdot m^{-1} \cdot K^{-1}}$. 导热系数实验装置示意图如图 4.10 所示.

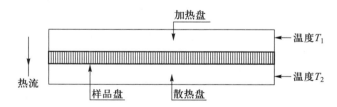

图 4.10 导热系数实验装置示意图

加热盘将热流传导给样品盘, 由(4.5.1)式可以知道, 单位时间内通过待测样品盘任一圆截面的热流量为

$$\frac{\Delta Q}{\Delta t} = \lambda \pi R^2 \frac{(T_1 - T_2)}{h} \tag{4.5.2}$$

式中 R 为样品的半径, h 为样品的厚度, 当系统达到热平衡时, T_1 和 T_2 的值不变, 通过待测样品盘的传热率和散热盘向下面和侧面的散热率相同. 因此, 可通

过散热盘在稳定温度 T_2 时的散热速率来求出热流量 $\dfrac{\Delta Q}{\Delta t}$. 实验中，在读得稳定时的 T_1 和 T_2 后，即可将样品盘移去，而使加热盘的底面与散热盘直接接触. 当散热盘的温度上升到高于稳定时的 T_2 值若干摄氏度后，再将加热盘移开，让散热盘自然冷却. 观察其温度 T 随时间 t 的变化情况，然后由此求出散热盘在 T_2 的冷却速率 $\dfrac{\Delta T}{\Delta t}\Big|_{T=T_2}$，而 $mc\dfrac{\Delta T}{\Delta t}\Big|_{T=T_2}=\dfrac{\Delta Q}{\Delta t}$（$m$ 为散热盘的质量，c 为散热盘所用铜材的比热容），就是散热盘在温度为 T_2 时的散热速率. 但要注意，这样求出的 $\dfrac{\Delta T}{\Delta t}$ 是散热盘的全部表面暴露于空气中的冷却速率，其散热表面积为 $2\pi R^2+2\pi R_P h_P$（其中 R_P 与 h_P 分别为散热盘的半径与厚度）. 然而，在观察待测样品盘的稳态传热时，散热盘的上表面（面积为 πR_P^2）是被样品覆盖着的. 考虑到物体的冷却速率与它的表面积成正比，则稳态时散热盘散热速率的表达式应作如下修正：

$$\frac{\Delta Q}{\Delta t}=mc\frac{\Delta T}{\Delta t}\frac{(\pi R_P^2+2\pi R_P h_P)}{(2\pi R_P^2+2\pi R_P h_P)} \qquad (4.5.3)$$

将（4.5.3）式代入（4.5.2）式，得

$$\lambda=mc\frac{\Delta T}{\Delta t}\frac{(R_P+2h_P)h}{(2R_P+2h_P)(T_1-T_2)}\frac{1}{\pi R^2} \qquad (4.5.4)$$

三、实验仪器

TC-3A 型导热系数测定仪. 主要包括防护罩、加热盘、样品盘、散热盘、调节螺杆等. 仪器采用了 PID 自动温度控制装置，控制精度为±1 ℃，分辨率为 0.1 ℃，供实验时控制加热温度用.

本实验仪器如图 4.11 所示.

四、实验内容

在测量导热系数前应先对散热盘和待测样品盘的直径、厚度进行测量. 用游标卡尺测量待测样品盘和散热盘的直径和厚度，各测 5 次. 按平均值计算散热盘的质量，也可直接用天平称出散热盘的质量（产品出厂时散热盘的质量已用钢印打在上面）.

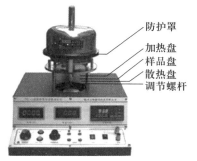

图 4.11　稳态法测定导热系数实验装置图

防护罩
加热盘
样品盘
散热盘
调节螺杆

1. 不良导体导热系数的测量

（1）实验时，先将待测样品盘（例如硅橡胶圆片）放在散热盘上面，然后将加热盘放在样品盘上方，并用固定螺母固定在机架上，再调节三个螺旋头，使样品盘的上下两个表面与加热盘和散热盘紧密接触.

（2）将两个铂电阻温度传感器分别插入加热盘和散热盘侧面的小孔中，并

分别将铂电阻温度传感器接线连接到仪器面板的传感器Ⅰ、Ⅱ上．用专用导线将仪器机箱后部插座与加热组件圆铝板上的插座加以连接（注：温控仪的探头就插在加热盘中，温控仪显示的测量温度就是加热盘的实际温度，因此，在测量不良导热材料时，可以不必插加热盘的铂电阻温度传感器，而直接用温控仪的测量温度代替）．

（3）特别注意：接通电源前加热选择开关必须置于"断"．接通电源后必须先记录两个铂电阻温度传感器的示数，如果两个示数不同，则须注意校正．

在"温度控制"仪表上设置加温的上限温度（具体操作见本实验的附录 2）．将加热选择开关由"断"打向"1—3"任意一挡，此时指示灯亮，当打向"3"挡时，加温速度最快，如 PID 设置的上限温度为 100 ℃．当传感器Ⅰ的温度到达 100 ℃时，可将开关打向"2"或"1"挡，降低加热电压．

（4）大约加热 40 min 后，传感器Ⅰ、Ⅱ的读数不再上升，说明已达到稳态，每隔 5 min 记录 T_1 和 T_2 的值．

（5）测量散热盘在稳态值 T_2 附近的散热速率$\left(\dfrac{\Delta Q}{\Delta t}\right)$．移开加热盘，取下硅橡胶圆片，并使加热盘的底面与散热盘直接接触，当散热盘的温度稳定后，再将加热盘移开并将加热开关断开，让散热盘自然冷却，当散热盘的温度降到高于稳定态的 T_2 值 5 ℃左右时开始记录，每隔 30 s 记录一次 T_2 值，到低于稳定态的 T_2 值 5 ℃左右时止．最后选择在稳定态的 T_2 值上下相同温度范围内的 8～10 组数据．根据测量值通过作图法计算出散热速率$\dfrac{\Delta Q}{\Delta t}$．

2. 金属导热系数的测量

（1）将圆柱体金属铝棒置于加热盘与散热盘之间，上下表面涂上导热硅脂．

（2）当加热盘与散热盘达到稳定的温度分布后，T_1、T_2 值为金属样品上下两个面的温度，此时散热盘的温度为 T_3．因此测量散热盘的冷却速率为$\dfrac{\Delta Q}{\Delta t}\big|_{T_1=T_3}$，由此得到导热系数为

$$\lambda = mc\,\frac{\Delta Q}{\Delta t}\Big|_{T_1=T_3} \cdot \frac{h}{(T_1-T_2)} \cdot \frac{1}{mR^2}$$

测 T_3 值可在 T_1、T_2 达到稳定时，将铂电阻温度传感器分别插入金属圆柱体上的上下两孔中进行测量．

3. 空气的导热系数的测量

当测量空气的导热系数时，通过调节三个螺旋头，使加热盘与散热盘平行，它们之间的距离为 h，并用塞尺进行测量（即塞尺的厚度，一般为几个毫米），此距离即待测空气层的厚度．注意：由于存在空气对流，所以此距离不宜过大．

五、注意事项

1. 放置铂电阻温度传感器到加热盘和散热盘侧面的小孔时应在铂电阻头部涂上导热硅脂，避免传感器接触不良，造成温度测量不准．

2. 实验中，抽出被测样品盘时，应先旋松加热盘侧面的固定螺母. 样品取出后，小心将加热盘降下，使发热盘与散热盘接触，注意防止高温烫伤.

六、数据记录

1. 实验数据记录

铜的比热容 $C = 385$ J/kg·K，密度 $\rho = 8.9$ g/cm^3.

加热前，温度传感器的示数：$T_1 = \underline{\quad\quad}$ ℃，$T_2 = \underline{\quad\quad}$ ℃.

表 4.5.1 散热盘的直径和厚度

测量次数	1	2	3	4	5
D_P/cm					
h_P/cm					

散热盘 P：$m = \underline{\quad}$ g；$R_P = \dfrac{1}{2}D_P = \underline{\quad\quad\quad}$ cm.

表 4.5.2 样品盘的直径和厚度

测量次数	1	2	3	4	5
D/cm					
h/cm					

硅橡胶圆片：半径 $R_B = \dfrac{1}{2}D_B = \underline{\quad\quad\quad}$ cm.

表 4.5.3 加热盘和散热盘的温度

测量次数	1	2	3	4	5
T_1/℃					
T_2/℃					

稳态时 T_1、T_2 的值：$\overline{T}_1 = \underline{\quad\quad\quad}$ ℃，$\overline{T}_2 = \underline{\quad\quad\quad}$ ℃.

表 4.5.4 热平衡后散热盘温度

时间/s	30	60	90	120	150	180	210	240
T_3/℃								

散热速率：每间隔 30 s 测一次.

2. 根据实验结果，计算出不良导热体的导热系数并求出相对误差.

七、思考题

1. 环境温度的变化会给实验结果带来什么影响？

2. 测量导热系数 λ 时要求哪些实验条件？在实验中如何保证？

3. 观察实验过程中环境温度的变化，分析实验过程中各个阶段环境温度的变化对结果的影响.

4. 载人飞船返回大气层，舱体对大气的高速摩擦和对周围气体的压缩，使降落速度急剧下降，同时产生巨大的热量. 查阅资料，了解航天飞船是怎样防热和隔热的.

实验 6　线膨胀系数的测量

绝大多数物质具有热胀冷缩的特性，在一维情况下，固体受热后长度的增加称为线膨胀. 在相同条件下，不同的固体材料，其线膨胀的程度各不相同，为了表述这种特征，我们引入线膨胀系数这一概念. 线膨胀系数是物质的基本物理参量之一，在道路、桥梁、建筑等工程设计，精密仪器仪表设计，材料的焊接、加工等各种领域，都必须对物质的膨胀特性予以充分的考虑. 利用本实验提供的固体线膨胀系数测量仪和温控仪，能对固体的线膨胀系数予以准确测量.

一、实验目的

1. 测定固体在一定温度区域内的平均线膨胀系数；
2. 了解控温和测温的基本知识；
3. 用作图法处理实验数据.

二、实验原理

线膨胀系数 α 的定义是，在压强保持不变的条件下，温度升高 1 ℃所引起的物体长度的相对变化，即

$$\alpha = \frac{1}{L}\left(\frac{\partial L}{\partial \theta}\right)_p \tag{4.6.1}$$

在温度升高时，一般固体由于原子的热运动加剧而发生膨胀，设 L_0 为物体在初始温度 θ_0 下的长度，则在某个温度 θ_1 时物体的长度为

$$L_T = L_0\left[1 + \alpha(\theta_1 - \theta_0)\right] \tag{4.6.2}$$

在温度变化不大时，α 是一个常量，可以将(4.6.1)式写为

$$\alpha = \frac{L_T - L_0}{L_0(\theta_1 - \theta_0)} = \frac{\delta L}{L_0}\frac{1}{\theta_1 - \theta_0} \tag{4.6.3}$$

α 是一个很小的量，书后附表 10 列出了常见固体材料的 α 值.

当温度变化较大时，α 与 $\Delta\theta$ 有关，可用 $\Delta\theta$ 的多项式来描述：

$$\alpha = a + b\Delta\theta + c\Delta\theta^2 + \cdots$$

其中 a，b，c 为常量.

在实际测量中，由于 $\Delta\theta$ 相对比较小，一般地，忽略二次方及以上的小量. 只要测得材料在温度 θ_1 至 θ_2 之间的伸长量 δL_{21}，就可以得到在该温度段的平均线膨胀系数 $\overline{\alpha}$：

$$\overline{\alpha} \approx \frac{L_2 - L_1}{L_1(\theta_2 - \theta_1)} = \frac{\delta L_{21}}{L_1 \theta_2 - \theta_1} \tag{4.6.4}$$

其中 L_1 和 L_2 为物体分别在温度 θ_1 和 θ_2 下的长度，$\delta L_{21} = L_2 - L_1$ 是长度为 L_1 的物体在温度从 θ_1 升至 θ_2 的伸长量. 实验中需要直接测量的物理量是 δL_{21}，L_1，θ_1 和 θ_2.

为了使 $\bar{\alpha}$ 的测量结果比较精确,不仅要对 δL_{21},θ_1 和 θ_2 进行测量,还要扩大到对 δL_{i1} 和相应的 θ_i 的测量. 将(4.6.4)式改写为以下的形式:

$$\delta L_{i1} = \bar{\alpha} L_1 (\theta_i - \theta_1), \qquad i = 1, 2, \cdots \qquad (4.6.5)$$

实验中可以等间隔改变加热温度(如改变量为 5 ℃),从而测量对应的一系列 δL_{i1}. 将所得数据采用作图法处理,从直线的斜率可得一定温度范围内的平均线膨胀系数 $\bar{\alpha}$.

三、实验仪器

实验仪器由恒温炉、恒温控制器、千分表、待测样品等组成(见图 4.12,图 4.13).

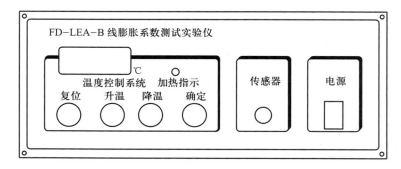

图 4.12　主机面板示意图

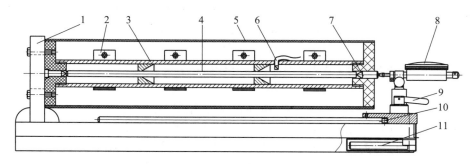

1—固定架;2—加热圈;3—导热均匀管;4—测试样品;5—隔热罩;6—温度传感器;
7—隔热棒;8—千分表;9—扳手;10—待测样品;11—套筒

图 4.13　线膨胀系数测试实验仪示意图

四、实验内容

1. 接通电加热器与温控仪输入输出接口和温度传感器的插头.

2. 旋松千分表固定架螺栓,转动固定架至使被测试样品($\phi 8$ mm×400 mm 金属棒)能插入特厚壁紫铜管内,再插入传热较差的隔热棒,用力压紧后转动固定架,在安装千分表架时需注意被测试样品与千分表测量头应保持在同一直线.

3. 将千分表安装在固定架上,并且扭紧螺栓,不使千分表转动,再向前移动固定架，使千分表读数值在 0.2~0.3 mm 处，固定架给予固定. 然后稍用力压一下千分表滑络端，使它能与隔热棒有良好的接触，再转动千分表圆盘使读数为零.

4. 接通温控仪电源，设定需加热的温度值，一般可设为 25 ℃、30 ℃、35 ℃、40 ℃、45 ℃、50 ℃、55 ℃，按确定键开始加热.

5. 当显示值上升到大于设定值，电脑自动控制到设定值，正常情况下在 ±0.30 ℃左右波动一两次，同学可以记录 $\Delta\theta$ 和 Δl，并通过公式 $\alpha=\dfrac{\Delta l}{l\cdot\Delta\theta}$ 计算线膨胀系数并观测其线性情况.

6. 换不同的金属棒样品，分别测量并计算各自的线膨胀系数，并与公认值比较，求出其百分误差.

五、注意事项

1. 千分表在实验时严禁用手直接拉动当中的量杆从而损坏千分表.
2. 温度设定必须大于室内温度，否则仪器不加热.

六、思考题

1. 测量 δL 除了用千分表，还可用什么方法？试举例说明.
2. 在实验装置支持的条件下，在较大范围内改变温度，确定 α 与 θ 的关系. 请设计实验方案，并考虑处理数据的方法.
3. 查阅资料，了解我国普通铁路考虑冬夏季温差和铁轨热胀冷缩，铁轨衔接处缝隙宽度和每根铁轨长度的设计.
4. 查阅资料，了解我国的高铁技术成就，了解高铁无缝铁轨的热胀冷缩问题怎么解决的.

实验 7　黏度的测量

在流动的液体中，各流体层的流速不同，则在相互接触的两个流体层之间的接触面上，会形成一对阻碍两流体层相对运动的等值而反向的摩擦力，流速较慢的流体层给相邻流速较快的流体层一个使之减速的力，而该力的反作用力又给流速较慢的流体层一个使之加速的力，这一对摩擦力称内摩擦力或黏性力，流体的这种性质称为黏性. 不同流体具有不同的黏度，同种流体在不同的温度下其黏度的变化也很大. 在工业生产和科学研究中（如流体的传输、液压传动、机器润滑、船舶制造、化学原料及医学等方面）常常需要知道液体的黏度. 测定液体黏度的方法有多种，落球法（也称斯托克斯法）是最基本的一种. 它是利用液体对固体的摩擦阻力来确定黏度的，可用来测量黏度较大的液体.

一、实验目的

1. 用斯托克斯公式采用落球法测量油的黏度；
2. 研究不同温度下液体黏度的变化情况；
3. 学习激光光电传感器测量时间和物体运动速度的实验方法；
4. 观测落球法测量液体黏度的实验条件是否满足，必要时进行修正；
5. 了解我国的工业生产中用到液体黏度的情况.

二、实验原理

当金属小球在黏性液体中下落时，它受到三个竖直方向的力：小球的重力 mg（m 为小球质量）、液体作用于小球的浮力 $\rho g V$（V 是小球体积，ρ 是液体密度）和黏性力 F（其方向与小球运动方向相反）. 如果液体无限深广，在小球下落速度 v 较小情况下，有

$$F = 6\pi\eta r v \tag{4.7.1}$$

上式称为斯托克斯公式，其中 r 是小球的半径；η 称为液体的黏度，其单位是 $\mathrm{Pa \cdot s}$.

小球开始下落时，由于速度尚小，所以阻力也不大；但随着下落速度的增大，阻力也随之增大. 最后，三个力达到平衡，即

$$mg = \rho g V + 6\pi\eta r v \tag{4.7.2}$$

于是，小球作匀速直线运动，由上式可得

$$\eta = \frac{(m - V\rho)g}{6\pi v r} \tag{4.7.3}$$

令小球的直径为 d，并用 $m = \frac{\pi}{6}d^3\rho'$，$v = \frac{l}{t}$，$r = \frac{d}{2}$ 代入上式得

$$\eta = \frac{(\rho' - \rho)g d^2 t}{18l} \tag{4.7.4}$$

其中 ρ' 为小球材料的密度，l 为小球匀速下落的距离，t 为小球下落 l 距离所用的时间.

实验时，待测液体必须盛于容器中，故不能满足无限深广的条件，实验证明，若小球沿筒的中心轴线下降，（4.7.4）式须作如下改动方能符合实际情况：

$$\eta = \frac{(\rho'-\rho)gd^2t}{18l}\cdot\frac{1}{\left(1+2.4\dfrac{d}{D}\right)\left(1+1.6\dfrac{d}{H}\right)} \tag{4.7.5}$$

其中 D 为容器内径，H 为液柱高度.

黏度由液体的性质和温度决定. 随着液体温度的升高，其黏度会迅速减小（本实验温度和黏度的关系非常密切，温度的测量应准确可靠）. 蓖麻油的黏度 η 随温度 θ 的变化近似满足指数衰减关系，即

$$\eta = Ae^{-B\theta} \tag{4.7.6}$$

其中系数 A、B 均为正常量.

三、实验仪器

FD-VM-C 型变温黏度测试实验仪、激光光电计时器、液体密度计、螺旋测微器、温度计、钢球、待测液体蓖麻油、秒表等.

四、实验内容

1. 变温黏度测试实验仪调整

（1）将仪器放在平整的桌面上，将待测液体注满样品管容器，用底脚螺母调节平台水平，即样品管容器竖直，见图 4.14.

（2）仪器组装完成后，往样品管容器中加入适量的待测液体（高度比出水管口低 1~2 cm 为宜），往水箱中加入适量的水. 连接好主机和水泵的电源线、计时数据传输线、温度数据传输线（把温度传感器放入水中）、进水管和出水管. 开启水泵电源为加热水套灌水，此时最好将出水管拔出水面，尽量避免水箱中水泡的产生，以便水泵的正常工作和观测计时的正常进行. 当水灌满后，把出水管浸没在水中并调整好温度传感器的位置，让它们不要碰到加热器.

（3）打开主机（面板示意图见图4.15）电源，可看见实验架上的上、下两个激光发射器发出红光. 在仪器横梁中间部位放重锤部件，调节上、下两个发射

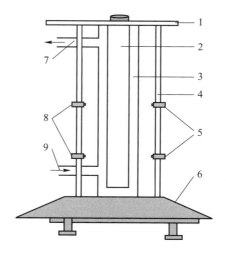

1—横梁；2—样品管；3—加热水套；4—支架；
5—接收激光器；6—底座；7—出水管；
8—发射激光器；9—进水管

图 4.14　变温黏度测试实验仪示意图

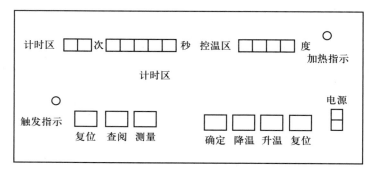

图 4.15　主机面板示意图

器，使其红色激光束对准锤线（也是小球下落路径）. 两发射器摆放位置稍微靠下，以保证计时阶段小球已是匀速下落；两光束间距尽量大些，以减小计时和下落距离测量的相对误差.

（4）收回重锤部件，调节上、下两个接收器，使红色激光束对准接收孔. 当主机面板上触发指示灯亮时，就表示两接收器同时接收到了光束. 尽量使光束从接收孔中心垂直射入，以减少气泡对计时的干扰.

2. 实验测量

（1）在主机上设置好要达到的温度值，按确定按钮后仪器开始给循环水加热. 每隔 3 min 用搅拌棒伸入待测液中搅拌 0.5 min（先把铜质球导管和横梁小心取下），加快待测液的升温速率、缩短热量扩散达到均匀的时间. 等主机温度表稳定显示预期温度以及待测液温度稳定不变时，记下此时待测液的温度（待测液温度一般小于设定的水温值）.

（2）在仪器横梁中间部位放入铜质球导管，让小球从铜质球导管中下落，记录每次小球下落距离 l 的时间 t，取各次计时的平均值作为下落时间.

（3）测量同一温度下不同直径小球下落距离 l 所需的时间 t.

（4）改变待测液体温度，重复(2)中步骤得到不同温度时不同小球的下落时间.

（5）记录实验时待测液的深度 H，并将测量数据填入表 4.7.1 中.

（6）验证小球在计时阶段已是匀速下落（选做）.

当待测液稳定在某温度时，先按上面步骤测得小球下落距离 L 所用的时间 T_1，然后把上面一组激光发射器、接收器下移，使得两激光束之间的距离变为 $L/2$，继续重复上面步骤测得小球下落的半程时间 T_2. 比较 T_1 和 T_2，若两者近似相等，则说明小球在计时阶段已是匀速下落.

五、注意事项

1. 调节底脚螺母使基座水平. 应让小球沿圆筒中心轴线保持竖直下落.

2. 需小心操作，以免损坏仪器.

3. 加热液体不能超过 50 ℃.

4. 温度间隔不能太大，一般 2~3 ℃.

5. 达到保温状态后，须等待一段时间(3 min 左右)再进行实验.

六、数据记录

1. 球的密度 $\rho' = 7.86 \times 10^3$ kg/m³，油的密度 $\rho = 0.960 \times 10^3$ kg/m³，量筒内径 $D = 60$ mm.

$l = $ _____ mm，小球直径 $d = $ _____ mm，油高 $H = $ _____ mm.

表 4.7.1　不同温度下蓖麻油黏度测量数据

温度/℃	l/mm	t_1/s	t_2/s	t_3/s	t_4/s	t_5/s	$\bar{t}$/s	η/(Pa·s)	$\bar{\eta}$/(Pa·s)

2. 计算不同直径小球在不同温度下的黏度，并计算其相对误差.

七、思考题

1. 实验中哪些量的测量对总误差影响较大？如何减小误差？
2. 出水管口与待测液液面之间的距离如何选择最好？
3. 如何判断小球在作匀速运动？
4. 举例说明工业生产中哪些地方需要知道液体黏度.

实验 8　空气摩尔热容比的测量

气体的摩尔定压热容与摩尔定容热容之比称为气体的摩尔热容比，它是一个重要的热力学常量，在热力学方程中经常用到．本实验用新型扩散硅压力传感器测空气的压强，用电流型集成温度传感器测量空气的温度变化，从而得到空气的摩尔热容比．

一、实验目的

1. 用绝热膨胀法测定空气的摩尔热容比；
2. 观测热力学过程中状态变化及基本物理规律；
3. 了解压力传感器和电流型集成温度传感器的工作原理及使用方法；
4. 培养学生一丝不苟、刻苦钻研的精神和实事求是的优良作风．

二、实验原理

理想气体的摩尔定压热容 $C_{p,\mathrm{m}}$ 与摩尔定容热容 $C_{V,\mathrm{m}}$ 之间的关系用迈耶公式表示：$C_{p,\mathrm{m}} - C_{V,\mathrm{m}} = R$（$R$ 为摩尔气体常量）．气体的摩尔热容比 γ 定义为 $\gamma = C_{p,\mathrm{m}}/C_{V,\mathrm{m}}$．气体的摩尔热容比在热力学过程特别是绝热过程中是一个很重要的物理量．

对理想气体，$C_{p,\mathrm{m}} = \left(1 + \dfrac{i}{2}\right) R$，$C_{V,\mathrm{m}} = \dfrac{i}{2} R$，$i$ 为气体分子的能量自由度．对刚性双原子分子，$i = 5$．所以，刚性双原子分子气体的摩尔热容比 γ 理论值约为 1.4．对空气而言，理论值 $\gamma = 1.402$．

如图 4.16 所示，以储气瓶内空气（近似为理想气体）作为研究对象，设 p_0 为环境大气压强，T_0 为室温，V_2 为储气瓶体积，进行如下实验过程：

1. 首先打开放气阀 A，使储气瓶与大气相通，再关闭 A，则瓶内将充满与周围空气等温等压的气体．

2. 打开充气阀 B，用充气球向瓶内打气，充入一定量的气体，（注意压力传感器输出电压不超过 130 mV）然后关闭充气阀 B．此时瓶内空气被压缩，压强增大，温度升高．等待内部气体温度稳定，且达到与周围环境温度相等，定义此时的气体处于状态 I(p_1, V_1, T_0)，此时 $V_1 > V_2$．

3. 迅速打开放气阀 A，使瓶内气体与大气相通，当瓶内压强降至 p_0 时，立刻关闭放气阀 A，由于放气过程较快，瓶内气体来不及与外界进行热交换，可以

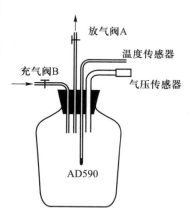

放气阀A

温度传感器

充气阀B

气压传感器

AD590

图 4.16　实验仪器图

近似视为一个绝热膨胀的过程. 此时, 气体由状态 I(p_1, V_1, T_0) 转变为状态 II(p_0, V_2, T_1).

4. 由于瓶内气体温度 T_1 低于室温 T_0, 所以瓶内气体慢慢从外界吸热, 直至达到室温 T_0 为止, 此时瓶内气体压强也随之增大为 p_2, 气体状态变为 III(p_2, V_2, T_0). 从状态 II→状态 III 的过程可以看成一个等容吸热的过程.

气体从状态 I→状态 II→状态 III 的过程如图 4.17 所示.

状态 I→状态 II 是绝热过程, 由绝热过程方程得

$$p_1 V_1{}^{\gamma} = p_0 V_2{}^{\gamma}$$

状态 I 和状态 III 的温度均为 T_0, 由气体物态方程得

$$p_1 V_1 = p_2 V_2$$

消去 V_1, V_2 得

$$\gamma = \frac{\ln p_1 - \ln p_0}{\ln p_1 - \ln p_2} = \frac{\ln(p_1/p_0)}{\ln(p_1/p_2)}$$

由此可以看出, 只要测得 p_1、p_2(p_0 由实验室提供), 就可求得空气的摩尔热容比 γ.

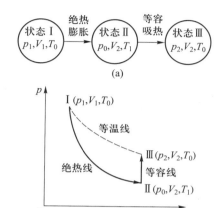

图 4.17　气体状态过程变化

三、实验仪器

本实验仪器有测试仪、扩散硅压力传感器、AD590 电流集成温度传感器、充气阀、放气阀、充气球、玻璃储气瓶(如图 4.18 所示).

1. 扩散硅压力传感器

扩散硅压阻式压力传感器是利用单晶硅的压阻效应制成的器件, 也就是在单晶硅的基片上用扩散工艺(或离子注入及溅射工艺)制成一定形状的应变元件, 当它受到压力作用时, 应变元件的电阻发生变化, 从而使输出电压变化. 本仪器将输出电压进行放大, 与 3 位半 200 mV 数字电压表相连, 它显示的是容器内的气体压强大于容器外环境大气压的压强差值, 灵敏度为 20 mV/kPa. 设外界环境大气压为 p_0, 容器内气体压强为 p, 则

$$p = p_0 + \frac{U}{2\,000} \times 10^5$$

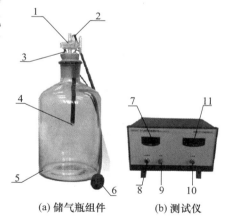

(a) 储气瓶组件　(b) 测试仪

1—放气阀 A; 2—充气阀 B; 3—扩散硅压力传感器; 4—AD590 电流集成温度传感器; 5—玻璃储气瓶; 6—充气球; 7—压强显示电压表; 8—扩散硅压力传感器接口; 9—调零电位器; 10—温度传感器接口; 11—温度显示电压表

图 4.18　空气摩尔热容比测试仪

其中电压 U 的单位为 mV，压强 p、p_0 的单位为 Pa.

2. AD590 电流集成温度传感器

AD590 是一种新型的半导体温度传感器，测温范围为 $-50 \sim 150$ ℃．加上电压后，这种传感器起恒流源的作用，其输出电流与传感器所处的温度为线性关系．若用 t 表示温度，则输出电流为

$$I = Kt + I_0$$

式中：$K = 1$ μA/℃，I_0 标称值为 273.2 μA，实际略有差异.

本仪器的测温原理图如图 4.19 所示，在回路中串接一个电阻 $R = 5$ kΩ，测出电压 U，由公式 $I = \dfrac{U}{R}$ 算出输出的电流，从而得出温度值．仪器内部串接 $R = 5$ kΩ 的标准电阻，可产生 5 mV/℃ 的电压信号，将此电压接 2 V 量程 4 位半数字电压表（最小分辨率为 0.1 mV），则测温最小分辨率为 0.02 ℃．

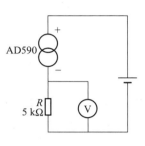

图 4.19　AD590 电流集成温度传感器测量原理图

四、实验内容

1. 按图 4.19 原理连接实验电路，电源机箱后面的开关拨向"内接"，即温度传感器取样标准电阻内接 5 kΩ．打开放气阀 A，使储气瓶内空气压强与外界环境空气压强相等．开启电源，让测试仪预热 20 min，然后调节调零电位器，使测量空气压强的 3 位半数字电压表 U_p 显示为"000.0"，并记录此时测量温度的 4 位半数字电压表 U_{T0}(mV)．（也可以用实验室标准气压计测定环境大气压强 p_0，用水银温度计测量环境温度 T_0.）

2. 关闭放气阀 A，打开充气阀 B，用充气球向储气瓶内注气，使压强测试电压表示值升高到 $100 \sim 130$ mV．然后关闭充气阀 B，观察 U_T 和 U_p 的变化，经历一段时间后，当 U_T 和 U_p 指示值均不变时，记下此时的 U_{T1} 和 U_{p1}（单位为 mV），此时瓶内气体近似为状态 I(p_1, T_1)．（T_1 近似为 T_0，但往往略高于 T_0，因为稳态平衡时间很长.）

3. 迅速打开放气阀 A，当瓶内空气压强降至环境大气压强 p_0 时（放气声结束），立刻关闭放气阀 A，这时瓶内气体温度降低，状态变为 II(p_0, V_2, T_1).

4. 瓶内空气的温度上升至温度 T_0，且压强稳定后，记下此时的 U_{T2} 和 U_{p2}（单位为 mV），此时瓶内气体近似为状态 III(p_2, V_2, T_2)．（T_2 近似为 T_0.）

5. 打开放气阀 A，使储气瓶与大气相通，以便于下一次测量.

6. 记录测得的电压值 U_{p1}、U_{T1}、U_{p2}、U_{T2}，并利用公式 $p = p_0 + \dfrac{U}{2\,000} \times 10^5$ 计算出对应的气体压强 p_1 和 p_2.

7. 重复步骤 2—6，进行多次测量，比较多次测量中气体的状态变化有何异同，并计算 $\bar{\gamma}$.

根据测得的 $\overline{\gamma}$ 和理论值 $\gamma = 1.402$，求测量值与理论值的百分比误差.

五、预习思考题

1. 怎样控制放气时间？控制放气时间是要达到什么目的？

2. 关闭阀门停止放气，若发现气压并不稳定，而是上升的，能否说明放气时间控制不准？为什么？

3. 实验中若放气不充分，所测空气摩尔热容比的值是偏大还是偏小？为什么？

六、注意事项

1. 妥善放置储气玻璃瓶以及玻璃阀门，避免破损.

2. 实验前应检查系统是否漏气，方法是关闭放气阀 A，打开充气阀 B，用充气球向瓶内打气，使瓶内压强升高一定压强，关闭充气阀 B，观察压强是否稳定，若始终下降则说明系统有漏气之处.

3. 打开放气阀 A，当放气结束后要迅速关闭放气阀，提前或推迟关闭阀门都将引入较大误差. 一般放气时间约零点几秒，可以通过放气声音进行判断.

4. 请不要在阳光直射情况或者温度变化较快的环境中开展实验.

5. 充气或放气后，储气瓶中气体温度恢复至室温需要较长时间，且需保证此过程中环境温度不发生变化. 当储气瓶温度变化趋于停止时，温度已接近环境温度.

6. 扩散硅压力传感器参量存在差异，需与测试仪配套对应.

7. 注意充气球与充气阀之间的接口安全.

8. 充气时压力传感器输出电压不能超过 130 mV.

9. 实验结束后要打开放气阀门以保护压力传感器.

实验 9　用电流场模拟静电场

任何电荷或带电体周围的空间均存在电场. 相对于观察者静止的电荷在其周围激发的电场, 称为静电场. 电场是物质存在的一种形态, 电荷之间的相互作用就是通过电场来实现的.

电场强度和电势是描述静电场的两个基本物理量, 但我们很难直接对它们进行测量: 一是场源电荷的电荷量很难保持不变; 二是测量仪器一般由导体或电介质制成, 与仪器相连的导线或探针必是良导体, 把它们移入待测静电场时, 由于静电感应作用, 探针上感应电荷产生的静电场会改变原静电场的分布. 为了准确描述带电体的电场分布, 可以利用模拟法, 此法简单方便且十分有效.

一、实验目的

1. 学习用模拟法来测绘具有相同数学形式的物理场;
2. 描绘出分布曲线及场量的分布特点;
3. 加深对各物理场概念的理解;
4. 初步学会用模拟法测量和研究二维静电场.

二、实验原理

1. 恒定电流场与静电场

恒定电流场与静电场是两种不同性质的场, 但是它们两者在一定条件下具有相似的空间分布, 即两种场遵守的规律在形式上相似, 都可以引入电势 U, 电场强度 $E = -\nabla U$, 都遵循高斯定理.

对于静电场, 电场强度在无源区域内满足以下积分关系:

$$\oint_S \boldsymbol{E} \cdot \mathrm{d}\boldsymbol{S} = 0, \quad \oint_L \boldsymbol{E} \cdot \mathrm{d}\boldsymbol{l} = 0$$

对于恒定电流场, 电流密度 $\boldsymbol{j}$ 在无源区域内也满足类似的积分关系:

$$\oint_S \boldsymbol{j} \cdot \mathrm{d}\boldsymbol{S} = 0, \quad \oint_L \boldsymbol{j} \cdot \mathrm{d}\boldsymbol{l} = 0$$

由此可见, $\boldsymbol{E}$ 和 $\boldsymbol{j}$ 在各自区域中满足同样的数学规律. 在相同边界条件下, 具有相同的解析解. 因此, 我们可以用恒定电流场来模拟静电场.

2. 模拟条件

模拟法的使用有一定的条件和范围, 不能随意推广, 否则将得到荒谬的结论. 用恒定电流场模拟静电场的条件可以归纳为下列三点:

（1）恒定电流场中的电极形状应与被模拟的静电场中的带电体几何形状相同;

（2）恒定电流场中的导电介质是不良导体且电导率分布均匀, 并满足 $\sigma_{电极} \gg \sigma_{导电质}$ 才能保证电流场中的电极 (良导体) 的表面也近似一个等势面;

（3） 模拟所用电极系统与被模拟电极系统的边界条件相同. 在任何一个考察点，均应有 "$U_{恒定} = U_{静电}$" 或 "$E_{恒定} = E_{静电}$".

下面具体就本实验来讨论这种等效性.

3. 同轴电缆及其静电场分布

如图 4.20(a)所示，在真空中有一半径为 r_a 的长圆形导体 A 和一内半径为 r_b 的长圆筒形导体 B，它们同轴放置，分别带等量异号电荷. 由高斯定理知，在垂直于轴线的任一截面 S 内，都有均匀分布的辐射状电场线，这是一个与坐标 z 无关的二维场. 在二维场中，电场强度 E 平行于 Oxy 平面，其等势面为一簇同轴圆柱面. 因此只要研究 S 面上的电场分布即可.

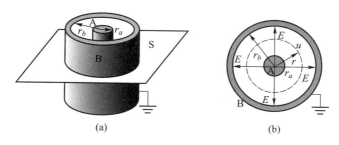

图 4.20　同轴电缆及电场分布

由静电场中的高斯定理可知，距轴线的距离为 r 处，如图 4.20(b)所示的各点电场强度的大小为

$$E = \frac{\lambda}{2\pi\varepsilon_0 r} \tag{4.9.1}$$

(4.9.1)式中 λ 为柱面的线电荷密度，其电势为

$$U_r = U_a - \int_{r_a}^{r} E \cdot \mathrm{d}r = U_a - \frac{\lambda}{2\pi\varepsilon_0}\ln\frac{r}{r_a} \tag{4.9.2}$$

设 $r = r_b$ 时，$U_b = 0$，则有

$$\frac{\lambda}{2\pi\varepsilon_0} = \frac{U_a}{\ln\dfrac{r_b}{r_a}} \tag{4.9.3}$$

将(4.9.3)式代入(4.9.2)式，得

$$U_r = U_a\left(1 - \frac{\ln\dfrac{r}{r_b}}{\ln\dfrac{r_b}{r_a}}\right) = U_a\frac{\ln\dfrac{r_b}{r}}{\ln\dfrac{r_b}{r_a}} \tag{4.9.4}$$

由上式可得电流场中等势线半径：

$$r = r_b\left(\frac{r_b}{r_a}\right)^{-\frac{U_r}{U_a}} = r_b\left(\frac{r_a}{r_b}\right)^{\frac{U_r}{U_a}} \tag{4.9.5}$$

$$E_r = -\frac{\mathrm{d}U_r}{\mathrm{d}r} = \frac{U_a}{\ln\dfrac{r_b}{r_a}} \cdot \frac{1}{r} \tag{4.9.6}$$

4. 同轴圆柱面电极间的电流分布

若上述圆柱形导体 A 与圆筒形导体 B 之间充满了电导率为 σ 的不良导体，A、B 与电流电源正负极相连接（见图 4.21），A、B 间将形成径向电流，建立恒定电流场 E_r'，可以证明在均匀的导体中的电场强度 E_r' 与原真空中的静电场 E_r 的分布规律是相似的.

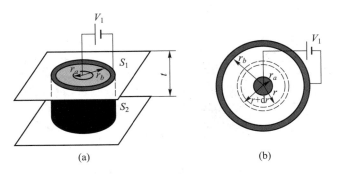

图 4.21 同轴电缆的模拟模型

取厚度为 t 的同轴圆柱形不良导体片为研究对象，设材料电阻率为 $\rho (\rho = 1/\sigma)$，则任意半径 r 到 $r+\mathrm{d}r$ 的圆周间的电阻是

$$\mathrm{d}R = \rho\frac{\mathrm{d}r}{S} = \rho\frac{\mathrm{d}r}{2\pi rt} = \frac{\rho}{2\pi t}\frac{\mathrm{d}r}{r} \tag{4.9.7}$$

则半径为 r 到 r_b 之间的圆柱片的电阻为

$$R_{r\to r_b} = \frac{\rho}{2\pi t}\int_r^{r_b}\frac{\mathrm{d}r}{r} = \frac{\rho}{2\pi t}\ln\frac{r_b}{r} \tag{4.9.8}$$

总电阻为（半径 r_a 到 r_b 之间圆柱片的电阻）

$$R_{r_a\to r_b} = \frac{\rho}{2\pi t}\ln\frac{r_b}{r_a} \tag{4.9.9}$$

设 $U_b = 0$，则两圆柱面间所加电压为 U_a，径向电流为

$$I = \frac{U_a}{R_{r_a\to r_b}} = \frac{2\pi tU_a}{\rho\ln\dfrac{r_b}{r_a}} \tag{4.9.10}$$

距轴线 r 处的电势为

$$U_r' = IR_{r\to r_b} = U_a\frac{\ln\dfrac{r_b}{r}}{\ln\dfrac{r_b}{r_a}} \tag{4.9.11}$$

则 E_r' 为

$$E'_r = -\frac{\mathrm{d}U'_r}{\mathrm{d}r} = \frac{U_a}{\ln\dfrac{r_b}{r_a}}\frac{1}{r} \qquad (4.9.12)$$

由以上分析可见，U_r 与 U'_r，E_r 与 E'_r 的分布函数完全相同. 为什么这两种场的分布相同呢？我们可以从电荷产生场的观点加以分析. 在导电介质中没有电流通过，其中任一体积元（其内仍包含大量原子）内正负电荷数量相等，没有净电荷，呈电中性. 当有电流通过时，单位时间内流入和流出该体积元的正或负电荷数量相等，净电荷为零，仍然呈电中性. 因而，整个导电介质内有电场通过时也不存在净电荷. 这就是说，真空中的静电场和有恒定电流通过时导电介质中的场都是由电极上的电荷产生的. 事实上，真空中电极上的电荷是不动的，在有电流通过的导电介质中，电极上的电荷一边流失，一边由电源补充，在动态平衡下保持电荷的数量不变. 所以这两种情况下电场分布是相同的. 图 4.22 给出了几种典型静电场的模拟电极形状及相应的电场分布.

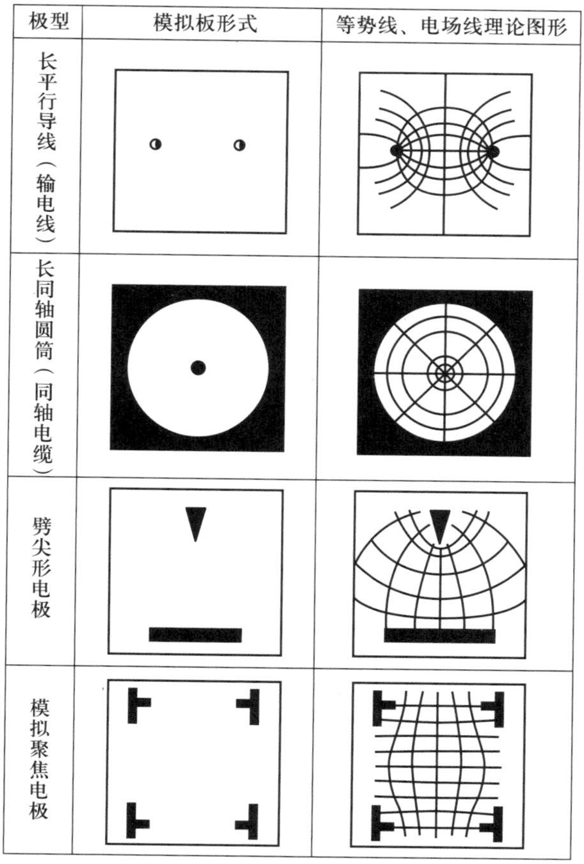

图 4.22　几种典型静电场的模拟电极形状及相应的电场分布

5. 描绘方法

电场强度 E 在数值上等于电势梯度，方向指向电势降落方向. 考虑到 E 是矢量，而电势 U 是标量，从实验测量来讲，测定电势比测定电场强度容易实现，所以可先测绘等势线，然后根据电场线与等势线正交的原理，画出电场线. 这样就可由等势线的间距确定电场线的疏密和指向，将抽象的电场形象地反映出来.

方法（一）

三、实验仪器

GVZ-3 型导电微晶静电场描绘仪：导电微晶、双层固定支架、同步探针、描绘仪电源.

四、实验内容

1. 按照要求连接线路，如图 4.23 所示.

GVZ-3 型导电微晶静电场描绘仪，支架采用双层式结构，上层放记录纸，下层放导电微晶. 接通直流电源（10 V）就可进行实验. 通过金属探针臂把两同步探针固定在同一手柄座上，两同步探针始终保持在同一竖直线上. 移动手柄座时，可保证两同步探针的运动轨迹是一样的. 由导电微晶上方的同步探针找到待测点后，按一下记录纸上方的同步探针，在记录纸上留下一个对应的标记. 移动同步探针在导电微晶上找出若干电势相同的点，即可描绘出等势线.

图 4.23　GVZ-3 型导电微晶静电场描绘仪连接图

2. 描绘同轴电缆的静电场分布

利用图 4.21(b)所示模拟模型，将导电微晶上内外两电极分别与直流稳压电源的正负极相连接，电压表正负极分别与同步探针及电源负极相连接（如图 4.23 所示），移动同步探针测绘同轴电缆的等势线簇. 要求相邻两等势线间的电势差为 1 V. 在 1 V 的等势点中，先仔细观察，找出其中四个误差最小的点，作两条线段，用圆规和直尺作这两条线段的垂直平分线交于一点. 如果垂直平分线交点和 1 V 等势点的共同圆心无明显偏差，即可作为所有等势线的共同圆心. 若垂直平分线交点明显偏离同心圆簇的共同圆心，则重新再找合适的等势点作垂直平分线. 以每条等势线上各点到原点的平均距离 r 为半径画出等势线的同心圆簇. 然后根据电场线与等势线正交原理，画出电场线，并指出电场强度方向，即可得到一张完整的电场分布图. 在坐标纸上作出相对电势 $\dfrac{U_r}{U_a}$ 和 $\ln r$ 的关系曲线，并与理论结果比较，再根据曲线的性质说明等势线是以内电极中心为圆心的同心圆（注：$r_a = 1.00$ cm, $r_b = 7.00$ cm, $U_a = 10.00$ V；每条等势线上描绘 16 个点）.

五、数据处理

1. 用圆规及直尺找出实验点的共同圆心.

2. 以圆心量出测量点的半径，计算 $\bar{r}_实$，并填入表 4.9.1 中.

3. 计算相应的 $r_理$，填入表 4.9.1 中，并计算百分误差.

4. 以 $\bar{r}_实$ 的值，用圆规画出各等势线；根据电场线与等势线的关系，画出电场线.

5. 描绘机翼周围的速度场（选做）.

表 4.9.1

U_r/V	8.00	6.00	5.00	4.00	3.00	2.00	1.00
$\bar{r}_实/\text{cm}$							
$r_理/\text{cm}$							
$\left\| \dfrac{r_理 - \bar{r}_实}{r_理} \right\| \times 100\%$							

方法（二）

六、实验仪器

GVZ-4 型导电微晶静电场描绘仪（包括导电微晶四种电极板,在箱体内上下固定,单笔探针）,描绘仪电源.

主要技术参量:

1. GVZ-4 型为箱体和电源分离式描绘仪，采用单笔测试方式，内置四种电极（同心圆、平行导线、聚焦、劈尖形电场）.

2. 同心圆印有极坐标（大 $r = 6.50$ cm, 小 $r = 1.00$ cm）,其他电极距离为 8.00 cm.

3. 电源输出范围（直流）为 7.00 ~ 13.00 V，分辨率为 0.01 V（配 3 位半数码管）.

4. 采用多圈电位器调节电压，调节细度可达 0.01 V.

同心圆采用极坐标，其他电极采用直角坐标，电极已直接集成在导电微晶上，并将电极引线直接引出到外接线柱上，电极间充有导电率远小于电极且各项均匀的导电介质.

七、实验内容

1. 接线

静电场专用稳压电源输出+(红)接线柱用红色电线连接箱体上(红)接线柱、–(黑)接线柱用黑色电线连接箱体上(黑)接线柱. 专用稳压电源测量笔输入+(红色)接线柱用红色电线连接测量笔接线柱. 并将测量笔置于导电微晶电极上,启动开关,先校正,后测量. 如图 4.24 所示.

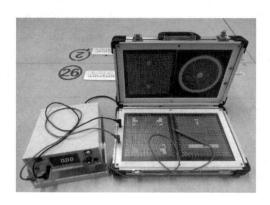

图 4.24   GVZ–4 型导电微晶静电场描绘仪连接图

2. 描绘同轴电缆的静电场分布

利用图 4.21(b)所示模拟模型,将电源电压调到 10 V. 从 1 V 开始,用移动测试笔在导电微晶上方找到等势点后,在坐标纸上对应位置留下一个标记,测出一系列等势点,共测 9 条等势线,每条等势线上找 10 个以上的点. 以每条等势线上各点到原点的平均距离 $\bar{r}$ 为半径画出等势线的同心圆簇. 然后根据电场线与等势线正交原理,再画出电场线,并指出电场强度方向,由此得到一张完整的电场分布图.

在坐标纸上作出相对电势 U_R/U_a 和 $\ln \bar{r}$ 的关系曲线,并与理论结果比较,再根据曲线的性质说明等势线是以内电极中心为圆心的同心圆.

若测出内、外两圆柱形电极电势和半径 r_a 和 r_b,可以在半对数坐标纸上把各等势线的电势与其半径的关系进行定量分析.

3. 描绘一个劈尖形电极(如图 4.25 所示)和一个条形电极形成的静电场分布

将电源电压调到 10 V,将坐标纸铺在平板上,从 1 V 开始,测试笔在导电微晶上方找到等势点后,在坐标纸上留下一个对应的标记,测出一系列等势点,共测 9 条等势线,每条等势线上找 10 个以上的

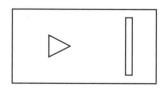

图 4.25   劈尖形电极

点,在电极端点附近应多找几个等势点. 画出等势线,再作出电场线,作电场线时要注意:电场线与等势线正交,导体表面是等势面,电场线垂直于导体表面,

电场线发自正电荷而中止于负电荷，疏密要表示出电场强度的大小，根据电极正、负画出电场线方向.

4. 描绘模拟聚焦电极和长平行导线间的电场分布图

在导电微晶上用测试笔找到测点后，在坐标纸上留下一个对应的标记. 移动测试笔在导电微晶上找出若干电势相同的点，再将这些点连成光滑的曲线即可得到此等势线，再画出电场线，并指出电场强度方向.

八、思考题

1. 根据测绘所得等势线和电场线分布，分析哪些地方电场强度较强，哪些地方电场强度较弱.

2. 从实验结果能否说明电极的电导率远大于导电介质的电导率？若不满足这条件，会出现什么现象？

3. 由导电微晶测量记录，能否模拟出点电荷激发的电场或同心圆球壳带电体激发的电场？为什么？

4. 能否用恒定电流场模拟稳定的温度场？为什么？

5. 在描绘同轴电缆的等势线簇时，如何正确确定圆形等势线簇的圆心？如何正确描绘圆形等势线？

实验 10　示波器的使用

　　阴极射线示波器是一种用途极广的电子测量仪器，能直接观察电信号的波形，测量电流、电压、相位和频率，凡是可转换为电压（或电流）的电学量和非电学量都能直接用示波器来观察. 示波器是测量电学量以及研究可转化为电压变化的其他非电学量的重要工具之一，在电子领域、传感器、无线通信等方面有着广泛的应用. 示波器的具体电路比较复杂，需要具备一定的电子学基础知识才能懂得，故本实验对示波器电路不作详细介绍，仅限于初步学习示波器的使用.

一、实验目的

1. 初步了解示波器的工作原理和使用方法；
2. 学会使用示波器观察各种电信号的波形；
3. 了解示波器在生活中的应用.

二、实验原理

　　示波器的规格和型号很多，但不论什么示波器都包括如图 4.26 所示的几个基本组成部分：示波管（又称作阴极射线管）、放大与衰减电路、锯齿波发生器、整流电源等.

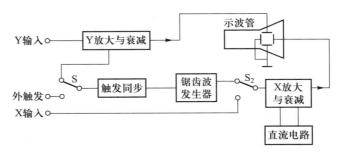

图 4.26　示波器的组成

　　1. 示波器的结构及其作用
　　示波管是示波器的心脏，基本结构如图 4.27 所示. 主要包括电子枪、偏转系统和荧光屏三部分，全部密封在玻璃外壳内，里面抽成高真空.
　　2. 偏转板对电子束的作用——扫描原理
　　（1）当 X 轴、Y 轴偏转板上的电压 $U_x = 0$，$U_y = 0$ 时，电子束打在荧光屏的中心点.
　　（2）当 $U_x > 0$，$U_y = 0$ 时，电子束将受电场作用力，向正极偏转，则光点将由中心点移动到右边. 若 $U_x < 0$，$U_y = 0$，则光点移动到左边.
　　（3）当 $U_x = 0$，$U_y > 0$ 时，光点向上移动. 若 $U_x = 0$，$U_y < 0$，光点向下移动.
　　光点移动的距离大小与偏转板上所加电压成正比，即光点沿 Y 轴方向上下移

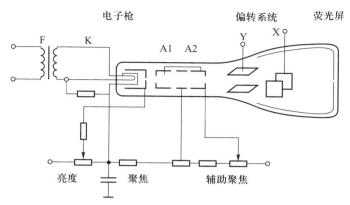

电子枪　　　　　　　偏转系统　　荧光屏

F—灯丝；K—阴极；G—控制栅极；A1—第一阳极；
A2—第二阳极；Y—竖直转板；X—水平转板

图 4.27　示波管结构

动的距离正比于 U_y，沿 X 轴方向左右移动的距离正比于 U_x.

（4）若在 Y 轴偏转板上加正弦波电压（$U_y = U\sin \omega t$），X 轴偏转板不加电压（$U_x = 0$），此时光点将沿 Y 轴方向作简谐振动. 因为 $U_x = 0$，所以光点在 X 轴方向无移动，由于存在余晖和视觉停留，在荧光屏上只能看到一条沿 Y 轴方向的线段［图 4.28（a）］，而不是正弦波. 如何才能在荧光屏上展现正弦波呢？那就需要将光点沿 X 轴方向拉开，所以必须在沿 X 轴偏转板上也加上电压. 由于 Y 轴上加的电压波形是随时间变化的，所以就要 X 轴光点的移动代表时间 t，因此就希望 X 轴的电压（U_x）随时间变化关系是线性的［如图 4.28（b）所示］. 这样，可用图示法将电子束受 U_x 和 U_y 的电场力作用的轨迹表示为图 4.28（c）.

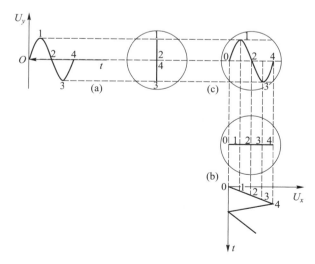

图 4.28　扫描原理

3. 整步(或同步)作用——稳定波形

只有当 X 轴信号频率 f_x 和 Y 轴信号频率 f_y 是整数倍时，波形才是稳定的正弦波. 但 f_y 是由被测电压决定的，而 f_x 是由示波器内锯齿波发生器决定的，二者相互无关，虽然可以调节锯齿波的"扫描范围"和"扫描微调"，使 $f_y = nf_x$，但由于 f_x 和 f_y 来自两个不同的系统，在实验中不可避免地会有所变化，因此不容易长久地维持 $f_y = nf_x$，也就是说波形是不稳定的，当 f_y 小于 nf_x 时，波形会向右"走动". 如图 4.29 所示，在第一个扫描周期内，屏上显示正弦信号 0~4 点之间的曲线段；起点在 0′处；在第二周期内，显示 4~8 点之间的曲线段. 起点在 4′处，第三个周期内，显示 8~12 点之间的曲线段，起点在 8′处. 这样屏上显示的波形每次都不重叠，好像波形在向右移动. 同理，如果 X 轴信号周期 T_x 比 Y 轴信号周期 T_y 稍大，则好像在向左移动.

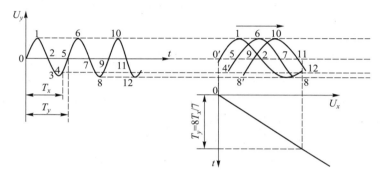

图 4.29　波形的稳定

为了得到稳定的波形，采用整步的方法，即把 Y 轴信号电压接至锯齿波发生器电路中，强迫 f_x 跟随信号频率 f_y 的变化而变化，保证 $f_y = nf_x$，荧光屏上的波形即可稳定. 若需要观察信号频率是 50 Hz，则整步选择开关应放在"电源"的位置，一般情况下放在"内"的位置即可.

三、实验仪器

DF4328 型双踪示波器、XD-2 低频信号发生器、ZL-I 整流波形仪.

四、示波器键盘说明

通用示波器的品种繁多、型号各异，但基本结构相同. DF4328 型双踪示波器的前面板如图 4.30 所示，后面板如图 4.31 所示，各控件名称及功能见表 4.10.1.

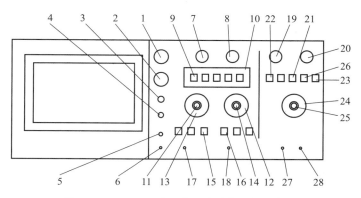

图 4.30 DF4328 型双踪示波器前面板示意图

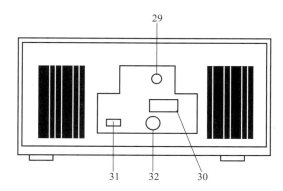

图 4.31 DF4328 型双踪示波器后面板示意图

表 4.10.1 各控件名称及功能

序号	控制件名称	功能
1	亮度调节(INTENSITY)	轨迹亮度调节
2	聚集调节(FOCUS)	调节光点的清晰度，使其既圆又小
3	轨迹调节(TRACE ROTATION)	调节轨迹与水平刻度线平行
4	电源指示灯(POWER INDECATION)	电源接通时该指示灯亮
5	电源开关(POWER)	按下时电源接通，弹出时关闭
6	校准信号(PROBE ADJUST)	提供幅度为 0.5 V，频率为 1 kHz 的方波信号，用于调整探头的补偿和检测垂直和水平电路的基本功能
7、8	垂直位移(VERTICAL POSITION)	调整轨迹在屏幕中垂直位置

序号	控制件名称	功能
9	垂直工作方式选择 （VERTICAL　MODE）	CH1 或 CH2：通道 1 或通道 2 单独显示 ALT：两个通道交替显示 CHOP：两个通道断续显示，用于在扫描速度较低时的双踪显示 ADD：用于显示两个通道的代数和(叠加显示)
10	X＝Y 方式选择	水平方式在"TIME"时，X 轴为扫描工作状态. 按下"X–Y"时 X 轴从 CH1 输入信号. 此方式可观察李萨如图形
11、12	灵敏度调节（VOLTS/DIV）	CH1 和 CH2 通道灵敏度调节
13、14	灵敏度微调（VARIABLE）	用于连续微调 CH1 和 CH2 的灵敏度
15、16	输入耦合方式（AC-GND-DC）	DC 时输入信号直接耦合到 CH1 或 CH2 通道；AC 时输入信号交流耦合到 CH1 或 CH2 通道；GND 时通道输入端接地
17、18	CH1　OR　X；CH2　OR　Y	被测信号的输入端口
19	水 平 位 移（HORIZONTAL POSI-TION）	用于调节轨迹在屏幕中的水平位置
20	触 发 电 位 调 节（LEVEL）/锁 定（LOCK）	用于调节被测信号在某一电平触发扫描. 当顺时针调节电位器到底时，触发电平处于锁定(lock)状态. 在该状态下可稳定观察任意频率的波形 注意：一般在无被测信号加入时，触发电平不处在锁定状态
21	触发极性（SLOPE）	用于选择信号上升沿或下降沿触发扫描
22	扫描方式选择 （SWEEP MODE）	扫描方式选择： 自动（AUTO）：信号频率在 50 Hz 以上时常用的一种工作方式 常态（NORM）：无触发信号时，屏幕中无轨迹显示，在被测信号频率较低时选用
23	内触发源选择 （INT TRIGGER LOURCE）	选择 CH1 或 CH2 的信号作为扫描触发源
24	扫描速度选择（SEC/DIV）	用于选择扫描速度
25	微调、扩展调节 （VARIABLE PULL×10）	用于连续选择扫描速度，在旋钮拉出时，扫描速度被扩大 10 倍
26	触发源选择 （TRIGGER SOURCE）	用于选择产生触发的内、外源信号

续表

序号	控制件名称	功能
27	接地	安全接地，可用于信号的选择
28	外触发输入（EXT INPUT）	在选择外触发方式时触发信号插座
29	Z 轴输入连接器（Z AXIS INPUT）	Z 轴输入端加入正信号时，辉度降低，加入负信号时，辉度增加常态下的 $5\,V_{p-p}$ 的信号就能产生明显调辉
30	电源插座	电源输入插座
31	电源设置	110 V 或 220 V 电源设置
32	保险丝座	电源保险丝座

五、操作方法

1. 电源电压的设置

本示波器具有两种电源设置，在接通电源前，应根据当地标准参量仪器后盖显示将开关置合适挡位，并选择合适的保险丝装入保险丝盒.

2. 面板一般功能的检查

（1）将有关控制件置表 4.10.2 所示的位置.

（2）接通电源，电源指示灯亮，稍等预热，屏幕中出现光迹，分别调节亮度和聚集旋钮，使光迹的亮度适中、清晰.

（3）接电缆将本机校准信号输入 CH1 通道.

（4）调节触发电位调节旋钮使波形稳定，分别调节垂直位移和水平位移，使图形与图 4.32 吻合.

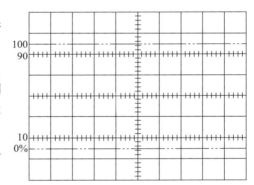

图 4.32　校准信号波形

（5）将连接电缆换至 CH2 通道，垂直方式置 CH2，重复（4）操作.

表 4.10.2　控　制　件

控制件名称	作用位置	控制件名称	作用位置
亮度调节（INTENSITY）	居中	输入耦合方式	DC
聚集调节（FOCUS）	居中	扫描方式选择	自动
移位（三只）	居中	触发极性（SLOPE）	+
垂直工作方式选择	CH1	SEC/DIV	0.5 ms
灵敏度调节	0.1 V(X)	触发源选择	内
微调（VARIABLE）	顺时针旋足	内触发源选择	CH1

3. 亮度控制

调节辉度电位器，使屏幕显示的轨迹亮度适中. 一般轨迹不宜太亮，以避免荧光屏过早老化，高亮度的显示用于观察一些低重复频率信号的快速显示.

4. 垂直系统的操作

（1）垂直方式的选择

当只需观察一路信号时，将"MODE"开关按入"CH1"或"CH2"，此时被选中的通道有效，被测信号可从通道端口输入；当需要同时观察两路信号时，将"MODE"开关置交替"ALT"，该方式使两个通道的信号被得到交替的显示，交替显示的频率受扫描周期控制. 当扫描在低速挡时，交替方式的显示将会出现闪烁，此时应将开关置连续"CHOP"位置；当需要观察两路信号的代数和时，将"MODE"开关置"ADD"位置，在选择该方式时，两个通道的衰减设置必须一致.

（2）输入耦合选择

直流(DC)耦合：用于观察包含直流成分的被测信号，如信号的逻辑电平和静态信号的直流电平，当被测信号的频率很低时，也必须采用该方式.

交流(AC)耦合：信号中的直流成分被隔断，用于观察信号的交流成分，如观察较高直流电平中的小信号.

接地(GND)：通道输入端接地(输入信号断开)用于确定输入为零时光迹所在的位置.

5. 水平系统的操作

扫描速度的设定：扫描速度范围从 0.5 μs/div 到 0.5 s/div 按 1，2，5 进位分 18 挡步进. 微调"VARIABLE"提供至少 2.5 倍的连续调节，根据被测信号频率的高低，选择合适的挡级，在微调旋钮顺时针旋足至校正位置时，可根据刻度盘的指示值和波形在水平面轴方向上的距离读出被测信号的时间参量，当需要观察波形的某一个细节时，可拉出扩展调节旋钮，此时原波形在水平方向被扩展 10 倍.

6. 触发控制

（1）扫描方式的选择(SWEEP MODE)

自动(AUTO)：当无触发信号输入时，屏幕上显示扫描光迹，一旦有触发信号输入，电路自动转化为触发扫描状态，调节电压可使波形稳定地显示在屏幕上，此方式是观察频率在 50 Hz 以上的信号最常用的一种方式.

常态(NORM)：无信号输入时，屏幕上无光迹显示，有信号输入时，触发电位调节在合适的位置上，电路被触发扫描，当被测信号频率低于 50 Hz 时，必须选择该方式.

（2）触发源的选择(TRIGGER SOURCE)

触发源有四种方式选择：

当垂直方式工作于"交替"或"断续"时，触发源选择某一通道，可用于两通道时间或相位的比较.

在单踪显示时选择 CH1，其触发信号来自 CH1；选择 CH2，其触发信号来自 CH2.

（3）极性的选择（SLOPE）

用于选择触发信号的上升沿或下降沿去触发扫描.

（4）电压的设置（LEVEL）

用于调节被测信号在某一合适的电压上起动扫描.

7. 信号选择

（1）探极操作

本示波器附件中有两根衰减比为 10∶1 和 1∶1 可转换的探极，为了减少对被测电路的影响，一般使用时应将衰减比置 10∶1 位置，此时探极的输入阻抗为 10 MΩ/16.2 pF；衰减比值为 1∶1 时，可用于观察一些微弱信号，但此时的输入阻抗被降低为 1 MΩ，输入电容将达到 27 pF，因此在测量时，应考虑对被测电路的影响.

为了提高测量精度，探极的接地和被测电路应采取最短的连接. 对于一些较大信号的粗略测量，例如 5 V 逻辑电压，可将仪器前面板接地插座与被测电路的接地连接，探头的接地线可以不用，但这种连接方式在测量快速信号时将会产生较大的误差.

（2）探极的调整

由于示波器输入特性的差异，在使用探极（10∶1）测量以前，应首先对探极补偿进行检查或调整.

六、实验内容

观察交流电、滤波电压的波形.

按照前面的操作方法，利用示波器和 ZL-1 整流波形仪观察交流电的正弦波，全波整流的各种波形（半波、全波、一次和二次滤波）.

七、注意事项

1. 荧光屏上的光点亮度不可太强，并且不可固定在荧光屏上一点过久，以免烧坏荧光屏.

2. 示波器上所在开关及旋钮都有一定的调节角度，不能用力过猛.

3. X 轴、Y 轴输入端有一公共接地端，接地线时应防止将外电路短路.

实验 11　用霍耳传感器测量螺线管磁场

霍耳效应是导电材料中的电流与磁场相互作用而产生电动势的效应. 1879 年，美国霍普金斯大学研究生霍耳在研究金属导电原理时发现了这种电磁现象，故称霍耳效应. 后来曾有人利用霍耳效应制成测量磁场的磁传感器，但因金属的霍耳效应太弱而未能得到实际应用. 随着半导体材料和制造工艺的发展，人们又利用半导体材料制成霍耳元件，因其霍耳效应显著而得到实用发展，现在广泛用于非电学量的测量、电动控制、电磁测量和计算装置等方面. 在电流体中的霍耳效应也是目前"磁流体发电"的理论基础. 近年来，霍耳效应实验不断有新发现. 1980 年，德国物理学家冯·克利青研究二维电子气系统的输运特性，在低温和强磁场情况下发现了量子霍耳效应，这是凝聚态物理领域最重要的发现之一. 目前人们对量子霍耳效应正在进行深入研究，其取得了重要应用，例如用于确定电阻的自然基准，可以极为精确地测量光谱精细结构常量等. 近年来，在科研和工业领域，集成霍耳传感器被广泛应用于磁场测量，它测量灵敏度高，体积小，易于在磁场中移动和定位.

本实验用集成霍耳传感器测量通电螺线管内直流电流与霍耳传感器输出电压之间的关系，证明霍耳电势差与螺线管内部磁感应强度成正比，使学生了解和熟悉霍耳效应的重要物理规律；用通电长直螺线管中心磁感应强度理论计算值作为标准值来校准集成霍耳传感器的灵敏度，熟悉集成霍耳传感器的性质和应用；用该集成传感器测量通电螺线管内部磁感应强度和位置的关系，作出磁感应强度和位置的关系图，从而学会用霍耳元件测量磁感应强度的方法.

一、实验原理

霍耳传感器是利用霍耳效应制成的传感器. 霍耳效应如图 4.33 所示，若电流 I 流过厚度为 d 的半导体薄片，且磁场 B 垂直作用于该半导体，则电子流方向由于受洛伦兹力作用而发生偏转，在薄片两个横向面 a、b 之间产生电势差，通常用 U_H 表示，霍耳效应公式为

$$U_H = \frac{R_H I B}{d} = K_H I B \tag{4.11.1}$$

其中，R_H 是半导体本身电子迁移率决定的物理常量，称作霍耳系数. B 为磁感应强度，I 为流过霍耳元件的电流，K_H 称为霍耳元件的灵敏度.

虽然从理论上讲，霍耳元件在无磁场作用($B=0$)时，$U_H=0$，但是实际情况中用数字电压表测量并不等于零，这是由半导体材料结晶不均匀、各电极不

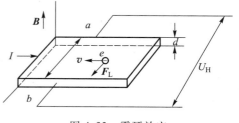

图 4.33　霍耳效应

对称引起的附加电势差, 该电势差 U_0 称为剩余电压.

本实验采用的 SS95A 型集成霍耳传感器是一种高灵敏度的集成霍耳传感器. 它由霍耳元件、放大器和薄膜电阻剩余电压补偿器组成. 测量时输出信号大, 且剩余电压的影响被消除.

一般霍耳元件有四根引线, 其中两根为输入霍耳元件电流的"电流输入端", 接在可调的电源回路内; 另两根为霍耳元件的"霍耳电压输出", 接到数字电压表上. SS95A 型集成霍耳传感器与一般霍耳元件有所不同, 它只有三根引线, 分别是"V_+""V_-""0", 其中"V_+"和"V_-"构成"电流输入端", "V_-"和"0"构成"电压输入端". 在本实验中, 由于 SS95A 型集成霍耳传感器的工作电流已经设定, 被称为标准工作电流, 使用传感器时, 必须处于该标准状态. 在实验时, 只要在磁感应强度为零(零磁场)的条件下, 调节"V_+"和"V_-"所接的电源电压, 使输出电压为 2.500 V, 传感器就可以处在标准工作状态之下.

当螺线管内有磁场且集成传感器在标准工作电流下工作时, 由(4.11.1)式可得

$$B = \frac{(U-2.500\ \text{V})}{K} = \frac{U'}{K} \tag{4.11.2}$$

在(4.11.2)式中, U 为集成霍耳传感器的输出电压(单位为"V"), K 为传感器灵敏度(单位为"V/T"), U' 是用 2.500 V 外接电压补偿后, 由数字电压表测出的传感器输出电压值(单位为"V").

二、实验仪器

螺线管磁场测定实验仪器如图 4.34 所示, 它带有集成霍耳传感器探测的螺线管、直流稳流电源(0~500 mA)、直流稳压电源(输出两挡:4.8~5.2 V 和 2.4~2.6 V)、数字电压表(测量范围两挡:0~20 V 和 0~20 mV)、单刀开关 S_1、双刀换向开关 S_2 以及若干导线.

三、实验内容

1. 按照线路图 4.34 接好线路. 开关 S_1、S_2 均处于断开状态.

2. 在集成传感器处于零磁场条件下, 将开关 S_1 指向 1, 调节 4.8~5.2 V 电源的电压输出, 使得数字电压表显示"0"和"V_-"的电压指示值为 2.500 V, 这时集成霍耳元件便达到了标准工作状态, 即霍耳传感器的霍耳元件通过电流达到规定的数值, 且剩余电压恰好被补偿, 即 $U_0 = 0$ V.

3. 在保证"V_+"和"V_-"电压不变的情况下, 把开关 S_1 指向 2, 调节 2.4~2.6 V电压的输出电压, 使数字电压表输出数值为 0(这时应将数字电压表量程开关指向 mV 挡), 也就是用一个外接 2.500 V 的电势差与传感器输出 2.500 V 电势差进行补偿, 这样可直接用数字电压表读出集成霍耳传感器电势差的值 U'.

4. 测定霍耳传感器的灵敏度 K.

(1) 将传感器置于螺线管中央位置, 改变输入螺线管的直流电流 I_M, 测量

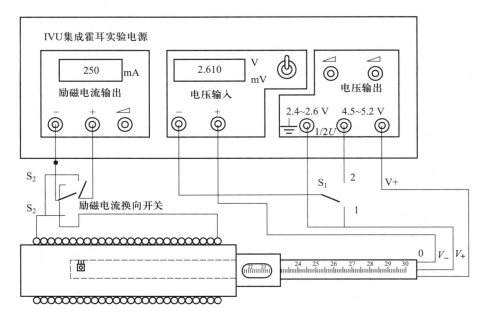

图 4.34　螺线管磁场测定实验仪

U'-I_M 关系，记录 10 组数据，I_M 的范围在 $0 \sim 500$ mA，每隔 50 mA 测量一次.

（2）用作图法求出 U'-I_M 直线的斜率 $K' = \dfrac{\Delta U'}{\Delta I_\mathrm{M}}$.

（3）利用长直螺线管理论公式计算 B，从而求出霍耳灵敏度 $K = \dfrac{\Delta U'}{\Delta B}$.

说明：由于实验中所用螺线管参量不是无限长，因此须用公式 $B = \mu_0 \dfrac{N}{\sqrt{L^2 + \overline{D}^2}} I_\mathrm{M}$

进行计算，即 $K = \dfrac{\Delta U'}{\Delta B} = \dfrac{\sqrt{L^2 + \overline{D}^2}}{\mu_0 N} \dfrac{\Delta U'}{\Delta I_\mathrm{M}} = \dfrac{\sqrt{L^2 + \overline{D}^2}}{\mu_0 N} K'$（单位：V/T）.（公式中，$L$ 为螺线管的长度，$\overline{D}$ 为平均直径，N 是线圈匝数.）

5. 测量螺线管中的磁场分布

（1）在螺线管中电流 I_M 恒定（例如 100 mA）的条件下，移动传感器在螺线管上的位置 x，测量 U'-x 关系. x 的范围是 $0 \sim 30$ cm，两端的测量数据应该比中心位置附近的测量数据点密集些.（为什么？）

（2）利用上面测量的 K 计算 B，并作出 B-x 分布图.

（3）设磁场变化小于 1% 的范围为均匀区，求其磁感应强度的平均值 $\overline{B_0'}$ 及均匀区范围（包括位置与长度）. 与产品说明书上标示的均匀区进行比较.

（4）一般定义在磁感应强度下降为中心位置处磁感应强度的一半处为螺线管的"边界点"，记为 P 和 P'，即 $B_P = B_{P'} = \dfrac{1}{2}\overline{B_0}$. 在图上标出位置坐标，量出 P

和 P' 点的距离，与螺线管的长度 L 作比较.

四、预习思考题

1. 什么是霍耳效应？它在科研中有什么用途？

2. 如果螺线管在绕制过程中两边单位长度的匝数不同或者绕制不均匀，会引起什么情况？

3. 在螺线管中电流 I_M 恒定（例如 100 mA）的条件下，移动传感器在螺线管上的位置 x，测量 U'-x 关系. x 的范围是 0~30 cm，为什么两端的测量数据比中心位置附近的测量数据点密集？

4. 如何测量不同长度的螺线管的磁场分布？（考察均匀区与长度的关系，可以设计一下实验.）

五、注意事项

1. 检查 $I_M = 0$ 时，传感器输出电压是否为 2.500 V.

2. 读集成霍耳传感器的电势差的值 U'，这时应将数字电压表量程开关指向 mV 挡.

3. 实验完毕后，将三个旋钮逆时针旋转到初始位置.

实验 12　霍耳效应实验及螺线管磁场的测量

霍耳效应由美国物理学家霍耳于 1879 年对铜箔做实验时首次发现. 当通有电流的导体或半导体置于与电流方向垂直的磁场中时, 在垂直于电流和磁场的方向, 物体两侧之间会产生电势差, 这种现象称为霍耳效应. 霍耳效应从本质上讲, 是运动的带电粒子在磁场中受洛仑兹力的作用而发生偏转, 从而在垂直于电流和磁场的方向产生附加电场.

近年来, 霍耳效应实验不断有新发现. 量子霍耳效应是整个凝聚态物理领域最重要、最基本的量子效应之一. 它是一种典型的宏观量子效应, 是微观电子世界的量子行为在宏观尺度上的体现. 在霍耳效应被发现约 100 年后, 德国物理学家克利青等在研究极低温度和强磁场中的半导体时发现了整数量子霍耳效应, 这是当代凝聚态物理学令人惊异的进展之一, 克利青为此获得了 1985 年的诺贝尔物理学奖. 之后, 美籍华裔物理学家崔琦和美国物理学家劳克林、施特默在更强磁场下研究量子霍耳效应时发现了分数量子霍耳效应, 这个发现使人们对量子现象的认识更进一步, 他们为此获得了 1998 年的诺贝尔物理学奖. "量子自旋霍耳效应" 最先由张首晟教授预言, 之后被实验证实. 这一成果是美国《科学》杂志评出的 2007 年十大科学进展之一. 由清华大学薛其坤院士领衔, 清华大学、中国科学院物理研究所和斯坦福大学研究人员联合组成的团队在量子反常霍耳效应研究中取得重大突破, 他们从实验中首次观测到量子反常霍耳效应, 这是中国科学家从实验中观测到的一个重要物理现象, 也是物理学领域基础研究的一项重要科学发现. 在美国物理学家霍耳 1880 年发现反常霍耳效应 133 年后, 终于实现了反常霍耳效应的量子化.

在磁场、磁路等磁现象的研究和应用中, 霍耳效应及其元件是不可缺少的, 利用它观测磁场具有直观、干扰小、灵敏度高、效果明显等优势. 霍耳效应传感器可以作为开/关传感器或者线性传感器, 如: 在分电器上做信号传感器、速度传感器、液体物理量检测器、发动机转速及曲轴角度传感器等.

一、实验目的

1. 了解霍耳效应的原理及霍耳元件有关参量的含义和作用;
2. 测绘霍耳元件的 V_H-I_S, V_H-I_M 曲线, 了解霍耳电势差 V_H 与霍耳元件工作电流 I_S、磁感应强度 B 及励磁电流 I_M 之间的关系;
3. 学习利用霍耳效应测量磁感应强度 B 及磁场分布;
4. 测量螺线管磁场分布.

二、实验原理

霍耳效应从本质上讲, 是运动的带电粒子在磁场中受洛仑兹力的作用而发生偏转. 当带电粒子(电子或空穴)被约束在固体材料中时, 这种偏转就导致在垂直电流和磁场的方向上的正负电荷在不同侧发生聚积，从而形成附加的横向电场.

如图 4.35 所示，磁场 $\boldsymbol{B}$ 方向沿 Z 轴的正向，与之垂直的半导体薄片上沿 X 轴正向通以电流 I_S（称为工作电流），假设载流子为电子（n 型半导体材料），它沿着与电流 I_S 相反的 X 轴负方向运动.

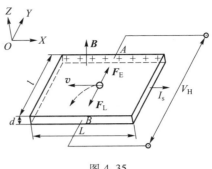

图 4.35

由于洛伦兹力 $\boldsymbol{F}_\mathrm{L}$ 作用，电子即向图中虚线箭头所指的位于 Y 轴负方向的 B 侧偏转，并使 B 侧形成电子积累，而相对的 A 侧形成正电荷积累. 与此同时，运动的电子还受到由两种积累的异种电荷形成的反向电场力 $\boldsymbol{F}_\mathrm{E}$ 的作用. 随着电荷积累的增加，$\boldsymbol{F}_\mathrm{E}$ 增大，当两力大小相等（方向相反）时，$\boldsymbol{F}_\mathrm{L}=-\boldsymbol{F}_\mathrm{E}$，电子积累便达到动态平衡. 这时在 A、B 两端面之间建立的电场称为霍耳电场 E_H，相应的电势差称为霍耳电势 V_H.

设电子按均一速度 $\bar{v}$，向图示的 X 轴负方向运动，在磁场 B 作用下，所受洛伦兹力为

$$F_\mathrm{L}=-e\bar{v}B$$

式中：e 为电子电荷量绝对值，$\bar{v}$ 为电子漂移平均速度，B 为磁感应强度. 同时，电场作用于电子的力为

$$F_\mathrm{E}=eE_\mathrm{H}=eV_\mathrm{H}/l$$

式中，E_H 为霍耳电场强度，V_H 为霍耳电势，l 为霍耳元件宽度.

当达到动态平衡时：

$$\boldsymbol{F}_\mathrm{L}=-\boldsymbol{F}_\mathrm{E}, \quad \bar{v}B=V_\mathrm{H}/l \qquad (4.12.1)$$

设霍耳元件宽度为 l，厚度为 d，载流子数密度为 n，则霍耳元件的工作电流为

$$I_\mathrm{S}=ne\bar{v}ld \qquad (4.12.2)$$

由 (4.12.1) 式、(4.12.2) 式两式可得

$$V_\mathrm{H}=E_\mathrm{H}l=\frac{1}{ne}\frac{I_\mathrm{S}B}{d}=R_\mathrm{H}\frac{I_\mathrm{S}B}{d} \qquad (4.12.3)$$

即霍耳电压 V_H（A、B 间电压）与 I_S、B 的乘积成正比，与霍耳元件的厚度成反比，比例系数 $R_\mathrm{H}=\dfrac{1}{ne}$ 称为霍耳系数（严格来说，对于半导体材料，在弱磁场下应引入一个修正因子 $A=\dfrac{3\pi}{8}$，从而有 $R_\mathrm{H}=\dfrac{3\pi}{8}\dfrac{1}{ne}$），它是反映材料霍耳效应强弱的重要参量，根据材料的电导率 $\sigma=ne\mu$ 的关系，还可以得到

$$R_\mathrm{H}=\mu/\sigma=\mu\rho \quad 或 \quad \mu=|R_\mathrm{H}|\sigma \qquad (4.12.4)$$

式中，ρ 为材料电阻率，μ 为载流子的迁移率，即单位电场下载流子的运动速度，一般电子迁移率大于空穴迁移率，因此制作霍耳元件时大多采用 n 型半导体

材料.

　　当霍耳元件的材料和厚度确定时，设

$$K_H = R_H / d = l/ned \qquad (4.12.5)$$

将(4.12.5)式代入(4.12.3)式中得

$$V_H = K_H I_S B \qquad (4.12.6)$$

式中 K_H 称为元件的灵敏度，它表示霍耳元件在单位磁感应强度和单位控制电流下的霍耳电势大小. 一般要求 K_H 越大越好. 由于金属的电子数密度(n)很高，所以它的 R_H 或 K_H 都不大，因此不适宜用作霍耳元件. 此外元件厚度 d 越小，K_H 越高，所以制做时，往往采用减小 d 的办法来增加灵敏度，但不能认为 d 越小越好，因为此时元件的输入电阻和输出电阻将会增大，这对霍耳元件是不利的. 本实验采用的霍耳元件的厚度 d 为 0.2 mm，宽为 1.5 mm，长度 L 为 1.5 mm.

　　应当注意：当磁感应强度 B 和元件平面法线成一角度时(图 4.36)，作用在元件上的有效磁场是其法线方向上的分量 $B\cos\theta$，此时：

$$V_H = K_H I_S B\cos\theta$$

所以一般在使用时应调整元件两平面方位，使 V_H 达到最大，即 $\theta = 0$，这时有

$$V_H = K_H I_S B\cos\theta = K_H I_S B \qquad (4.12.7)$$

　　由(4.12.7)式可知，当工作电流 I_S 或磁感应强度 B，两者之一改变方向时，霍耳电势 V_H 方向随之改变；若两者方向同时改变，则霍耳电势 V_H 极性不变.

　　霍耳元件测量磁场的基本电路见图 4.37，将霍耳元件置于待测磁场的相应位置，并使元件平面与磁感应强度 B 垂直，在其控制端输入恒定的工作电流 I_S，霍耳元件的霍耳电势输出端接电压表，测量霍耳电势 V_H 的值.

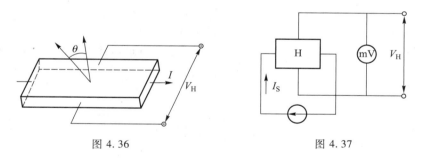

图 4.36　　　　　　　　　　　　　　图 4.37

　　根据毕奥-萨伐尔定律，长度为 $2L$，匝数为 N_1，半径为 R 的螺线管距离中心点 x 处的磁感应强度为

$$B = \frac{u_0 nI}{2}\left(\frac{x+L}{\left[R^2 + (x+L)^2 \right]^{1/2}} - \frac{x-L}{\left[R^2 + (x-L)^2 \right]^{1/2}} \right) \qquad (4.12.8)$$

其中 $\mu_0 = 4\pi \times 10^{-7} \text{N/A}^2$，为真空磁导率；$n = N_1/2L$，为单位长度的匝数，本实验的螺线管的 $N_1 = 1\,800$ 匝.

　　对于"无限长"螺线管，$L \gg R$，所以

$$B = \mu_0 nI$$

对于"半无限长"螺线管，在端点处有 $X=L$，且 $L \gg R$，所以 $B = \dfrac{1}{2}\mu_0 nI$.

三、实验仪器

DH4512 系列霍耳效应实验仪(具体参考附录 DH4512 系列霍耳效应实验仪(后简称实验仪)使用说明).

四、实验内容

1. 测量霍耳元件的零位(不等位)电势 V_0 和不等位电阻 R_0

(1) 将测试仪和实验架的转换开关切换至 V_H，用连接线将中间的霍耳电压输入端短接，调节调零旋钮使电压表显示 0.00 mV；

(2) 将 I_M 电流调节到最小；

(3) 调节霍耳工作电流 $I_S = 3.00$ mA，利用 I_S 换向开关改变霍耳工作电流输入方向，分别测出零位霍耳电压 V_{01}、V_{02}，并计算不等位电阻：

$$R_{01} = \frac{V_{01}}{I_S}, \qquad R_{02} = \frac{V_{02}}{I_S} \qquad\qquad (4.12.9)$$

2. 测量霍耳电压 V_H 与工作电流 I_S 的关系

(1) 先将 I_S，I_M 都调零，调节中间的霍耳电压表，使其显示为 0 mV.

(2) 将霍耳元件移至线圈中心，调节 $I_M = 500$ mA，调节 $I_S = 0.5$ mA，按表中 I_S、I_M 正负情况切换实验架上的方向，分别测量霍耳电压 V_H 值(V_1，V_2，V_3，V_4)填入表 4.12.1. 以后 I_S 每次递增 0.50 mA，测量各 V_1，V_2，V_3，V_4 值. 绘出 I_S-V_H 曲线，验证线性关系.

表 4.12.1　V_H-I_S　　　　　　　　$I_M = 500$ mA

I_S/mA	V_1/mV	V_2/mV	V_3/mV	V_4/mV	$V_H\left(=\dfrac{V_1-V_2+V_3-V_4}{4}\right)$/mV
	$+I_S$，$+I_M$	$+I_S$，$-I_M$	$-I_S$，$-I_M$	$-I_S$，$+I_M$	
0.50					
1.00					
1.50					
2.00					
2.50					
3.00					

3. 测量霍耳电压 V_H 与励磁电流 I_M 的关系

(1) 先将 I_M、I_S 调零，调节 I_S 至 3.00 mA.

(2) 调节 $I_M = 100$ mA、150 mA、200 mA、…、500 mA(间隔为 50 mA)，分别测量霍耳电压 V_H 值填入表 4.12.2 中.

（3）根据表4.12.2中所测得的数据，绘出$I_M - V_H$曲线，验证线性关系的范围，分析在I_M达到一定值以后，$I_M - V_H$直线斜率变化的原因.

表 4.12.2　$V_H - I_M$　　　　　　　$I_S = 3.00$ mA

I_M/mA	V_1/mV	V_2/mV	V_3/mV	V_4/mV	$V_H = \dfrac{V_1 - V_2 + V_3 - V_4}{4}$/mV
	$+I_S,\ +I_M$	$+I_S,\ -I_M$	$-I_S,\ -I_M$	$-I_S,\ +I_M$	
100					
150					
200					
…………					
500					

4. 计算霍耳元件的霍耳灵敏度

如果已知B，根据公式$V_H = K_H I_S B \cos\theta = K_H I_S B$可知

$$K_H = \frac{V_H}{I_S B} \qquad\qquad (4.12.10)$$

使用螺线管做霍耳效应实验时，螺线管中心磁感应强度根据（4.12.8）式计算.

5. 测量样品的电导率 σ

样品的电导率 σ 为

$$\sigma = \frac{I_S L}{V_\sigma l d} \qquad\qquad (4.12.11)$$

式中I_S是流过霍耳元件的电流，单位是 A，V_σ是霍耳元件长度L方向的电压降，单位是 V，长度L、宽度l和厚度d的单位为 m，则σ的单位为 S·m^{-1}（1 S = 1 Ω^{-1}）.

实验时，将测试仪和实验架的转换开关切换至V_σ. 测量V_σ前，先对实验仪的电压表调零. 这时I_M必须为 0，或者断开I_M连线. 将工作电流从最小开始调节，测量V_σ值. 因为霍耳元件的引线电阻相对于霍耳元件的体电阻来说很小，因此测量时引线电阻的影响可以忽略不计.

6. 测量螺线管磁场分布

选定霍耳元件工作电流 3 mA，螺线管线圈上加以 0.1 A、0.2 A、0.3 A、0.4 A、0.5 A 的电流，测量从螺线管中心位置到螺线管外 20 mm 之间的磁场分布.

（1）测绘 $V_H - I_S$ 曲线

保持I_M值不变（取$I_M = 0.5$ A），测绘$V_H - I_S$曲线（反复三次），记入表 4.12.3 中. $I_M = 0.5$ A，I_S取值：1.00~3.00 mA.

表 4.12.3

I_S/mA	1.00	2.00	3.00
V_1/mV			
V_2/mV			
V_3/mV			

（2）测绘 V_H–L 曲线

实验架及测试仪各开关位置同上.

保持值 I_S 不变，（取 $I_S = 3.00$ mA），测绘 $I_M = 0.1$ A、0.2 A、0.3 A、0.4 A、0.5A 条件下 V_H–L 曲线，记入表 4.12.4 中.

I_M 取值：$I_M = 0.100 \sim 0.500$ A，$I_S = 3.00$ mA.

表 4.12.4

L/mm 移动距离	V_1/mV $I_M = 0.1$ A	V_2/mV $I_M = 0.2$ A	V_3/mV $I_M = 0.3$ A	V_4/mV $I_M = 0.4$ A	V_5/mV $I_M = 0.5$ A
0.0					
1.0					
2.0					
…………					

五、实验步骤

按仪器面板上的文字和符号提示将 DH4512 型霍耳效应测试仪与 DH4512 型霍耳效应实验架正确连接成实验仪.

（1）将 DH4512 型霍耳效应测试仪（后简称测试仪）面板右下方的励磁电流 I_M 的直流恒流源输出端（0~0.5 A）接 DH4512 型霍耳效应实验架（后简称实验架）上的 I_M 磁场励磁电流的输入端（将红接线柱与红接线柱对应相连,黑接线柱与黑接线柱对应相连）.

（2）测试仪左下方供给霍耳元件工作电流 I_S 的直流恒流源（0~3 mA）输出端接实验架上 I_S 霍耳片工作电流输入端（将红接线柱与红接线柱对应相连,黑接线柱与黑接线柱对应相连）.

（3）测试仪 V_H、V_σ 测量端接实验架中部的 V_H、V_σ 输出端.

注意：以上三组线千万不能接错，以免烧坏元件.

（4）用一边是分开的接线插头、一边是双芯插头的控制连接线与测试仪背部的插孔相连接（红色插头与红色插座相连,黑色插头与黑色插座相连）.

六、注意事项

1. 当霍耳元件未连接到实验架，并且实验架与测试仪未连接好时，严禁开机通电，否则，极易使霍耳元件遭受冲击电流而使霍耳元件损坏.

2. 霍耳元件较脆易碎、电极易断，严禁用手去触摸，以免损坏. 在需要调节霍耳元件位置时，必须谨慎.

3. 通电前必须保证测试仪的"I_S调节"和"I_M调节"旋钮均置零位（即逆时针旋到底），严禁 I_S、I_M 电流未调到零位就开机.

4. 测试仪的"I_S输出"接实验架的"I_S输入"，"I_M输出"接"I_M输入". 绝不允许将"I_M输出"接到"I_S输入"处，否则一旦通电，就会损坏霍耳元件！

5. 注意：移动尺的调节范围有限！在调节到两边停止移动后，不可继续调节，以免因错位而损坏移动尺.

七、思考题

1. 列出计算螺线管磁感应强度公式.

2. 若存在一个干扰磁场，如何采用合理的测试方法，尽量减小干扰磁场对测量结果的影响?

▎附录

DH4512 系列 霍耳效应实验仪使用说明

一、概述

DH4512 系列霍耳效应实验仪用于研究霍耳效应产生的原理及其测量方法，通过施加磁场，可以测出霍耳电压并计算它的灵敏度，以及可以通过测得的灵敏度来计算线圈附近各点的磁场. DH4512B 型采用螺线管产生磁场.

二、仪器构成

DH4512 型霍耳效应实验仪由实验架和测试仪两个部分组成. 附图 12.1 为 DH4512 型霍耳效应螺线管实验架平面图.

三、主要技术性能

线圈匝数：1 800 匝，有效长度：181 mm，等效半径：21 mm；

移动尺装置：横向移动距离：235 mm，纵向移动距离：20 mm；

霍耳效应元件类型：n 型砷化镓半导体.

DH4512 型霍耳效应测试仪主要由 0~0.5 A 恒流源、0~3 mA 恒流源及 20 mV/2 000 mV 量程 3 位半电压表组成.

1. 霍耳工作电流用恒流源 I_S

工作电压：8 V，最大输出电流：3 mA，3 位半数字显示，输出电流准确度为 0.5%.

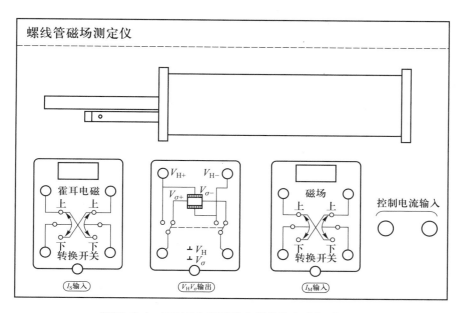

附图 12.1　DH4512 霍耳效应螺线管实验架平面图

2. 磁场励磁电流用恒流源 I_{M}

工作电压：24 V，最大输出电流：0.5 A，3 位半数字显示，输出电流准确度为 0.5%.

3. 霍耳电压不等位电势测量用直流电压表 20 mV 量程，3 位半 LED 显示，分辨率：10 μV，测量准确度为 0.5%

4. 不等位电势测量用直流电压表

量程：2 000 mV，3 位半 LED 显示，分辨率：1 mV，测量准确度为 0.5%.

四、使用说明

1. 测试仪的供电电源为交流 220 V，50 Hz，电源进线为单相三线.

2. 电源插座安装在机箱背面，保险丝最大电流为 1 A，置于电源插座内，电源开关在面板的左侧.

3. 实验架各接线柱连线（附图 12.2）.

（1）连接到霍耳元件的工作电流端（红色插头与红色插座相连，黑色插头与黑色插座相连）；

（2）连接到测试仪上霍耳工作电流 I_{S} 端（红色插头与红色插座相连，黑色插头与黑色插座相连）；

（3）电流换向开关；

（4）连接到霍耳元件霍耳电压输出端（红色插头与红色插座相连，黑色插头与黑色插座相连）；

（5）连接到测试仪上 V_{H}、V_{σ} 测量端（红色插头与红色插座相连，黑色插头与

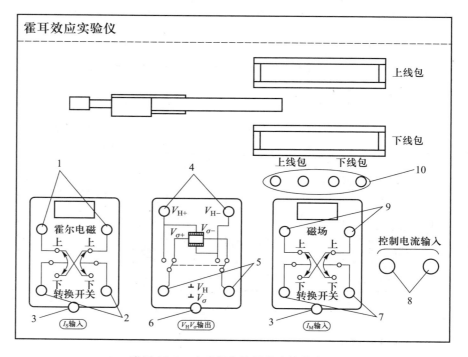

附图 12.2　实验架各接线柱连线说明图

黑色插座相连）；

（6）V_H、V_σ 测量切换开关，测量霍耳电压与测量载流子浓度同一个测量端，按下 V_H、V_σ 转换开关即可；

（7）连接到测试仪磁场励磁电流 I_M 端（红色插头与红色插座相连，黑色插头与黑色插座相连）；

（8）用一边是分开的接线插头、一边是双芯插头的控制连接线与测试仪背部的插孔相连接（红色插头与红色插座相连，黑色插头与黑色插座相连）；

（9）连接到磁场励磁线圈端子，出厂前已在内部连接好，实验时不再接线.

4. 测试仪面板上的 "I_S 输出" "I_M 输出" 和 "V_H、V_σ 测量" 三对接线柱应分别与实验架上的三对相应的接线柱正确连接.

5. 将控制连接线一端插入测试仪背部的二芯插孔，另一端连接到实验架的控制接线端子上.

6. 仪器开机前应将 I_S、I_M 调节旋钮逆时针方向旋到底，使其输出电流处于最小状态，然后再开机.

7. 仪器接通电源后，预热数分钟即可进行实验.

8. "I_S 调节" 和 "I_M 调节" 分别用来控制样品工作电流和励磁电流的大小，其电流随调节旋钮顺时针方向转动而增加，请同学们细心操作.

9. 关机前，应将 "I_S 调节" 和 "I_M 调节" 旋钮逆时针方向旋到底，使其输出电流为零，然后才可切断电源.

10. 继电器换向开关的使用说明

单刀双向继电器的原理如附图 12.3 所示. 当继电器线包不加控制电压时, 动触点与常闭端相连接; 当继电器线包加上控制电压时, 继电器吸合, 动触点与常开端相连接.

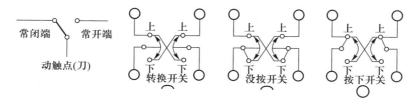

附图 12.3   继电器工作示意图

实验架中, 使用了三个双刀双向继电器组成三个换向电子开关, 换向由转换开关控制.

当未按下转换开关时, 继电器线包不加电压, 常闭端与动触点相连接; 当按下转换开关时, 继电器吸合, 常开端与动触点相连接, 实现连接线的转换. 由此可知, 通过按下、按上转换开关, 可以实现与继电器相连的连接线的换向功能.

实验 13 用静态法测量磁滞回线和磁化曲线

铁磁材料由于其独特的性质应用广泛，适用于汽车、电子和电气产品及其他应用. 从常用的永久磁铁、变压器铁芯到录音、录像、计算机存储用的磁带、磁盘都采用磁性材料. 目前，中国磁性材料产量位居世界第一，是全球磁性材料生产大国和磁性材料产业中心. 随着传感器技术和数字电路技术的发展，一种以霍耳元件为传感器的高精度数字式磁感应强度测定仪（数字式特斯拉计）得以大量生产，为磁性材料的磁特性测量提供了准确度高、稳定可靠、操作简便的测量手段. 本实验用数字式特斯拉计，测量绕有一组线圈的环形磁路极窄间隙中均匀磁场区的磁感应强度. 目前，用霍耳传感器测量铁磁材料磁滞回线的新方法已在科研和生产中得到广泛应用.

一、实验目的

1. 学习和掌握材料剩磁的消磁方法；
2. 观察磁性材料的磁滞现象，精确测量材料的磁滞回线和磁化曲线；
3. 培养学生的创新精神和严谨的科学态度.

二、实验原理

1. 铁磁物质的磁滞现象

铁磁性物质的磁化过程很复杂，这主要是由于它具有磁性. 一般都是通过测量磁化场的磁场强度 H 和磁感应强度 B 之间的关系来研究其磁化规律的.

如图 4.38 所示，当铁磁物质中不存在磁化场时，H 和 B 均为零，在 B-H 图中则相当于坐标原点 O. 随着磁化场 H 的增加，B 也随之增加，但两者之间不是线性关系. 当 H 增加到一定值时，B 不再增加或增加得十分缓慢，这说明该物质的磁化已达到饱和状态. H_m 和 B_m 分别为饱和时的磁场强度和磁感应强度（对应于图中 A 点）. 如果再使 H 逐步退到零，则与此同时，B 也逐渐减小. 然而，其轨迹并不沿原曲线 AO，而是沿另一曲线 AR 下降到 B_r，这说明当 H 下降为零时，铁磁物质中仍保留一定的

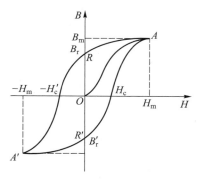

图 4.38 磁滞回线和磁化曲线

磁性. 将磁化场反向，再逐渐增加其强度，直到 $H=-H_m$，这时曲线达到 A' 点（即反向饱和点），然后，先使磁化场退回到 $H=0$；再使正向磁化场逐渐增大，直到饱和值 H_m 为止. 如此就得到一条与 ARA' 对称的曲线 $A'R'A$，而自 A 点出发又回到 A 点的轨迹为一闭合曲线，称为铁磁物质的磁滞回线，此曲线属于饱和磁滞回线. 其中，回线和 H 轴的交点 H_c 和 H'_c 的大小称为矫顽力，回线与 B 轴的交点

大小为 B_r 和 B'_r，称为剩余磁感应强度.

2. 磁化曲线和磁滞回线的测量

在待测的铁磁材料样品上绕上一组磁化线圈，环形样品的磁路中开一极窄均匀间隙，间隙应尽可能小，磁化线圈中，在对磁化电流最大值 I_m 磁锻炼的基础上，对应每个磁化电流 I_k 值，用数字式特斯拉计，测量间隙均匀磁场区中间部位的磁感应强度 B，得到该磁性材料的磁滞回线. 如图 4.38 中的 $ARA'R'A$，组成的曲线为磁滞回线，OA 曲线为材料的初始磁化曲线. 对于一定大小的回线，磁化电流最大值设为 I_m，对于每个不同的 I_k 值，使样品反复磁化，可以得到一簇磁滞回线，如图 4.39 所示. 把每个磁滞回线的顶点以及坐标原点 O 连接起来，得到的曲线称基本磁化曲线.

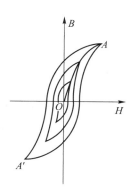

图 4.39 基本磁化曲线

在环形样品的磁化线圈中通过的电流为 I，则磁化场的磁场强度 H 为

$$H = \frac{N}{\bar{e}} I \tag{4.13.1}$$

N 为磁化线圈的匝数，$\bar{e}$ 为样品平均磁路长度，H 的单位为 A/m.

为了从间隙中间部位测得样品的磁感应强度 B 的值，根据一般经验，方形样品截面的长和宽的线度应大于或等于间隙宽度的 8~10 倍，且铁芯的平均磁路长度 $\bar{e}$ 远大于间隙宽度 e_g，这样才能保证间隙中有一个较大区域的磁场是均匀的，测到的磁感应强度 B 的值，才能真正代表样品中磁场在中间部位的实际值.

若铁芯磁路中有 1 个小的平行间隙 e_g，铁芯中平均磁路长度为 $\bar{e}$，而铁芯线圈匝数为 N，通过电流为 I，那么由安培回路定律：

$$\oint \boldsymbol{H} \cdot \mathrm{d}\boldsymbol{l} = \Sigma I \Rightarrow H\bar{e} + H_g e_g = NI \tag{4.13.2}$$

(4.13.2) 式中，H_g 为间隙中的磁场强度. 一般来说，铁芯中的磁感应强度不同于缝隙中的磁感应强度. 但是在缝很窄的情况下，即正方形铁芯截面的长和宽远大于 e_g，且铁芯中平均磁路长度 $e \gg e_g$，此时：

$$B_g \cdot S_g = BS \tag{4.13.3}$$

(4.13.3) 式中 S_g 是缝隙中的磁路截面，S 为铁芯中的磁路截面，在上述条件下，$S_g \approx S$，所以 $B = B_g$，即霍耳传感器在间隙中间部位测出的磁感应强度 B_g，就是铁芯中间部位的磁感应强度 B，在缝隙中：

$$B_g = \mu_0 \mu_r H_g \tag{4.13.4}$$

(4.13.4) 式中，μ_0 为真空磁导率，μ_r 为相对磁导率，在间隙中，$\mu_r = 1$. 所以 $H_g = B/\mu_0$，这样，铁芯中磁场强度 H 与铁芯中磁感应强度 B 及线圈安培匝数 NI 满足：

$$H\bar{e} + \frac{1}{\mu_0} B e_g = NI \tag{4.13.5}$$

$$H = \frac{NI}{\overline{e}} - \frac{B}{\mu_0} \frac{e_\mathrm{g}}{\overline{e}} \tag{4.13.6}$$

在实际测量时，应使待测样品满足 $H\overline{e} \gg \frac{1}{\mu_0} Be_\mathrm{g}$，即线圈的安培匝数 NI 保持不变时，平均磁路总长度 $\overline{e}$ 要足够大，间隙 e_g 尽可能小，这样，$H \approx NI$. 如果 $\frac{1}{\mu_0} Be_\mathrm{g}$ 对 $H\overline{e}$ 不可忽略时，可利用(4.13.5)式对初始磁化曲线中的 H 值进行修正，得出 H 值的准确结果. 代入仪器和样品参量得到计算公式：

$$H = 8\,403I - 6\,686B \tag{4.13.7}$$

(4.13.7)式中 I 的单位为 A，B 的单位为 T，H 的单位为 A/m.

三、实验仪器

实验仪器如图 4.40 所示，它由直流稳流源、交流电压源、数字式特斯拉计(以霍耳传感器为探测器，并有螺旋装置移动)、待测环形磁性材料(上面绕有 2 000 匝线圈，样品的截面为 2.00 cm×2.00 cm，间隙为 0.2 cm)、双刀双掷开关等.

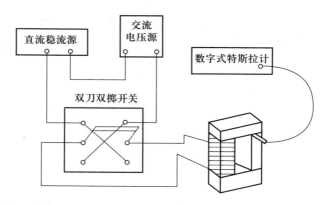

图 4.40　磁滞回线和磁化曲线测量装置

四、实验内容

1. 连接仪器，并预热 10 min. 将数字式特斯拉计的同轴电缆插座与霍耳探头的同轴电缆插头接通，并将传感器的探头置于样品缝隙的中心. 具体方法是将插头缺口对准插座的突出口，手拿住插头的圆柱体往插座方向推入即可，卸下时按住有条纹的外圈套往外拉.

2. 退磁. 测量样品的起始磁化曲线，测量前先对样品进行退磁处理.

方法一：首先判断电流的方向与双刀双掷开关投掷方向一致. 将励磁电流调节到 0 并记下此时的磁感应强度 B_0，然后改变电流方向并增加电流，使磁感应强度反向增加到 $-B_0$；再将励磁电流调节到 0，观察磁感应强度 B 是否为 0；若为 0 说明已退磁，若不为 0 则继续用上述方法反复退磁至 B 为 0.

方法二：将霍耳探头调到样品间隙中间位置，向上闭合双刀双掷开关，调大电流至 600 mA，然后逐渐调小至零，再向下闭合双刀双掷开关，逐渐调大电流使输出电流为 550 mA，再逐渐调至零，以后电流不断反向，逐渐减小线圈电流的绝对值，不断重复上述过程，最终使剩磁降至零，数字式特斯拉计示值也随之趋于零，即完成对样品的退磁.

3. 测量铁磁材料磁化曲线和磁滞回线.

退磁后的样品处于 $H=0$，$B=0$ 的原始状态，将励磁电流从 0 增加到饱和电流 I_m（约 600 mA），测量时在 0~500 mA 范围内大约每隔 50 mA 测一组（I_i, B_i）值，500~600 mA 范围内大约每隔 20 mA 测一组数据. 当电流第一次达到 I_m 时进行磁锻炼，方法是保持此电流 I_m 不变，把双刀双掷开关来回拨动 20 次左右. 磁锻炼后再将电流从 I_m 减小到 0，当电流达到 0 时，改变电流方向使电流从 0 反向增大到 $-I_m$；当电流达到反向饱和电流 $-I_m$ 时，再从 $-I_m$ 减小到 0；电流为 0 后，改变电流方向使励磁电流从 0 增加到 I_m，记录每一个测量点的电流 I 和磁感应强度值 B，填入表 4.13.1 中.

表 4.13.1　实验数据记录表格

I/mA	B/mT	$H/(\text{A} \cdot \text{m}^{-1})$	I/mA	B/mT	$H/(\text{A} \cdot \text{m}^{-1})$

五、数据处理

1. 根据公式(4.13.7)计算 H 值，填入实验表格 4.13.1 中，注意电流 I 和 B 的正负值.

2. 用坐标纸描绘铁磁材料的磁化曲线和磁滞回线，即 $B\text{-}H$ 曲线，并标明 B_m，H_m，B_r，H_c 的值.

六、预习思考题

1. 如果测量磁滞回线过程中操作顺序发生错误，应该怎样操作才能继续测量？

2. 怎样使样品完全退磁，使初始状态在 $H=0$，$B=0$ 的点上？

3. 在什么条件下，环形铁磁材料的间隙中测得的磁感应强度能代表磁路中的磁感应强度？

4. 磁锻炼的作用是什么？开关拉动时，应使触点从接触到断开的时间长些，这是为什么？

实验 14　用动态法测量磁滞回线和磁化曲线

　　磁性材料应用广泛，从常用的永久磁铁、变压器铁芯到录音、录像、计算机存储用的磁带、磁盘等都采用磁性材料. 目前，中国磁性材料产量位居世界第一，是全球磁性材料产业中心. 磁滞回线和基本磁化曲线反映了磁性材料的主要特征. 通过实验研究这些性质不仅能掌握用示波器观察磁滞回线以及基本磁化曲线的基本测绘方法，而且能从理论和实际应用上加深对材料磁特性的认识.

　　铁磁材料分为硬磁和软磁两大类，其根本区别在于矫顽力 H_c 的大小不同. 硬磁材料的磁滞回线宽，剩磁和矫顽力大（$120\ \text{A/m} \sim 2 \times 10^4\ \text{A/m}$），因而磁化后，其磁感应强度可长久保持，适宜作永久磁铁. 软磁材料的磁滞回线窄，矫顽磁力 H_c 一般小于 $120\ \text{A/m}$，但其磁导率和饱和磁感应强度大，容易磁化和去磁，故广泛用于电机、变压器、电器和仪表制造等工业部门. 世界上最大的变压器诞生于中国，容量达到 $1\ 220\ \text{MW}$，几乎是变压器容量的极限. 磁化曲线和磁滞回线是铁磁材料的重要特性，也是设计电磁机构做仪表的重要依据之一.

　　本实验采用动态法测量磁滞回线. 需要说明的是用动态法测量的磁滞回线与静态磁滞回线是不同的，动态测量时除了磁滞损耗还有涡流损耗，因此动态磁滞回线的面积要比静态磁滞回线的面积要大一些. 另外，涡流损耗还与交变磁场的频率有关，所以测量的电源频率不同，得到的 $B\text{-}H$ 曲线是不同的，这可以在实验中清楚地从示波器上观察到.

一、实验目的

　　1. 掌握磁滞、磁滞回线和磁化曲线的概念，加深对铁磁材料的主要物理量：矫顽力、剩磁和磁导率的理解；

　　2. 学会用示波法测绘基本磁化曲线和磁滞回线；

　　3. 根据磁滞回线确定磁性材料的饱和磁感应强度 B_s、剩磁 B_r 和矫顽力 H_c 的数值；

　　4. 研究不同频率下动态磁滞回线的区别，并确定某一频率下的磁感应强度 B_s、剩磁 B_r 和矫顽力 H_c 的数值；

　　5. 改变不同的磁性材料，比较磁滞回线形状的变化；

　　6. 培养学生的团队协作精神.

二、实验原理

1. 磁化曲线

　　如果在通电线圈产生的磁场中放入铁磁物质，则磁场将明显增强，此时铁磁物质中的磁感应强度比单纯由电流产生的磁感应强度大百倍，甚至在千倍以上. 铁磁物质内部的磁场强度 H 与磁感应强度 B 有如下的关系：

$$B = \mu H \qquad\qquad (4.14.1)$$

对于铁磁物质而言，磁导率 μ 并非常量，而是随 H 的变化而改变的物理量，即 $\mu=f(H)$，为非线性函数。所以如图 4.41 所示，B 与 H 也是非线性关系。铁磁材料的磁化过程为：其未被磁化时的状态称为去磁状态，这时若在铁磁材料上加一个由小到大的磁化场，则铁磁材料内部的磁场强度 H 与磁感应强度 B 也随之变大，其 B–H 变化曲线如图 4.41 所示。但当 H 增加到一定值 H_s 后，B 几乎不再随 H 的增加而增加，说明磁化已达饱和，从未磁化到饱和磁化的这段磁化曲线称为材料的起始磁化曲线。如图 4.41 中的 OS 段曲线所示。

2. 磁滞回线

当铁磁材料的磁化达到饱和之后，如果将磁化场减小，则铁磁材料内部的 B 和 H 也随之减小，但其减小的过程并不沿着磁化时的 OS 段退回。从图 4.42 可知，当撤掉磁化场，$H=0$ 时，磁感应强度仍然保持一定的数值 $B=B_r$，称之为剩磁（剩余磁感应强度）。

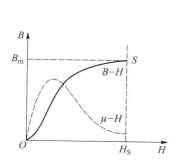

图 4.41　磁化曲线和 μ–H 曲线

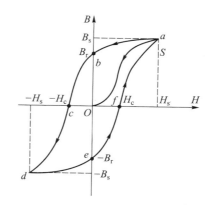

图 4.42　起始磁化曲线与磁滞回线

若要使被磁化的铁磁材料的磁感应强度 B 减小到 0，必须加上一个反向磁场并逐步增大。当铁磁材料内部反向磁场强度增加到 $H=-H_c$ 时（图 4.42 上的 c 点），磁感应强度 B 才等于 0，达到退磁。图 4.42 中的 bc 段曲线称作退磁曲线，H_c 为矫顽力。如图 4.42 所示，当 H 按 $0\rightarrow H_s\rightarrow 0\rightarrow -H_c\rightarrow -H_s\rightarrow 0\rightarrow H_c\rightarrow H_s$ 的顺序变化时，B 相应沿 $0\rightarrow B_s\rightarrow B_r\rightarrow 0\rightarrow -B_s\rightarrow -B_r\rightarrow 0\rightarrow B_s$ 顺序变化。图中的 Oa 段曲线称作起始磁化曲线，所形成的封闭曲线 $abcdefa$ 称为磁滞回线。bc 曲线段称为退磁曲线。由图 4.42 可知：

（1）当 $H=0$ 时，$B\neq 0$，这说明铁磁材料还残留一定值的磁感应强度 B_r，通常称 B_r 为铁磁物质的剩余磁感应强度（简称剩磁）。

（2）若要使铁磁物质完全退磁，即 $B=0$，必须加一个反方向磁场 $-H_c$。这个反向磁场强度 $-H_c$（有时用其绝对值表示），称为该铁磁材料的矫顽力。

（3）B 的变化始终落后于 H 的变化，这种现象称为磁滞现象。

（4）H 上升与下降到同一数值时，铁磁材料内的 B 值并不相同，退磁化过程与铁磁材料过去的磁化经历有关。

（5）当从初始状态 $H=0$，$B=0$ 开始周期性地改变磁场强度的幅值时，在磁场由弱到强地单调增加的过程中，可以得到面积由大到小的一簇磁滞回线，如图 4.43 所示，其中最大面积的磁滞回线称为极限磁滞回线.

（6）由于铁磁材料磁化过程的不可逆性及其具有剩磁的特点，在测定磁化曲线和磁滞回线时，首先必须将铁磁材料退磁，以保证外加磁场 $H=0$，$B=0$；其次，磁化电流在实验过程中只允许单调增加或减少，不能时增时减. 在理论上，要消除剩磁 B_r，只需通一反向磁化电流，使外加磁场正好等于铁磁材料的矫顽力. 实际上，矫顽力的大小通常并不知道，因而无法确定退磁电流的大小. 我们从磁滞回线得到启示，如果使铁磁材料磁化达到磁饱和，然后不断改变磁化电流的方向，与此同时逐渐减少磁化电流，直到等于零，则该材料的磁化过程中就会出现一连串面积逐渐缩小而最终趋于原点的环状曲线，如图 4.44 所示. 当 H 减小到零时，B 亦同时降为零，达到完全退磁.

实验表明，经过多次反复磁化后，B-H 的量值关系形成一个稳定闭合的"磁滞回线". 通常以这条曲线来表示该材料的磁化性质. 这种反复磁化的过程称为"磁锻炼". 本实验使用交变电流，所以每个状态都经过充分的"磁锻炼"，随时可以获得磁滞回线.

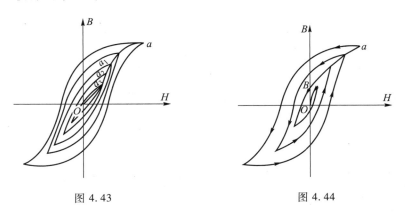

图 4.43   图 4.44

我们把图 4.43 中原点 O 和各个磁滞回线的顶点 a_1，a_2，…，a 所连成的曲线，称为铁磁性材料的基本磁化曲线. 不同铁磁材料的基本磁化曲线是不相同的. 为了使样品的磁特性可以重复出现，也就是指所测得的基本磁化曲线都是由原始状态 $(H=0, B=0)$ 开始，在测量前必须进行退磁，以消除样品中的剩余磁性.

在测量基本磁化曲线时，每个磁化状态都要经过充分的"磁锻炼"，否则，得到的 B-H 曲线即开始介绍的起始磁化曲线，两者不可混淆.

3. 示波器显示 B-H 曲线的原理线路

示波器测量 B-H 曲线的实验线路如图 4.45 所示.

本实验研究的铁磁物质是日字形铁芯试样（如图 4.46 所示）. 在式样上绕有励磁线圈 N_1 匝和测量线圈 N_2 匝. 若在线圈 N_1 中通过磁化电流 I_1，此电流在试样内产生磁场，根据安培环路定律 $HL=N_1 I_1$，磁场强度的大小为

$$H = \frac{N_1 I_1}{L} \tag{4.14.2}$$

其中 L 为日字形铁芯试样的平均磁路长度.（在图 4.46 中用虚线表示.）

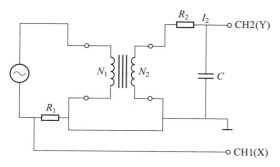

图 4.45 用示波器测量 $B-H$ 曲线的实验线路

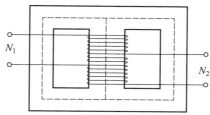

图 4.46 铁芯试样外形

由图 4.45 可知示波器 CH1（X 轴偏转板）输入电压为

$$U_X = I_1 R_1 \tag{4.14.3}$$

由(4.14.2)式和(4.14.3)式得

$$U_X = \frac{LR_2}{N_1} H \tag{4.14.4}$$

上式表明在交变磁场下，任一时刻电子束在 X 轴的偏转正比于磁场强度 H.

为了测量磁感应强度 B，在次级线圈 N_2 上串联一个电阻 R_2 与电容 C 构成一个回路，同时 R_2 与电容 C 又构成一个积分电路. 取电容 C 两端电压 U_C 至示波器 CH2（Y 轴）输入，若适当选择 R_2 与 C，使 $R_2 \gg \frac{1}{\omega C}$，则

$$I_2 = \frac{E_2}{\left[R_2^2 + \left(\frac{1}{\omega C} \right)^2 \right]^{\frac{1}{2}}} \approx \frac{E_2}{R_2} \tag{4.14.5}$$

式中，ω 为电源的角频率，E_2 为次级线圈的感应电动势.

因交变的磁场 H 在样品中产生交变的磁感应强度 B，则

$$E_2 = N_2 \frac{\mathrm{d}\varphi}{\mathrm{d}t} = N_2 S \frac{\mathrm{d}B}{\mathrm{d}t}$$

式中 $S = ab$ 为铁芯试样的截面积，设铁芯的宽度为 a，厚度为 b，则

$$U_Y = U_C = \frac{Q}{C} = \frac{1}{C} \int I_2 \mathrm{d}t = \frac{1}{CR_2} \int E_2 \mathrm{d}t = \frac{N_2 S}{CR_2} \int \mathrm{d}B = \frac{N_2 S}{CR_2} B \tag{4.14.6}$$

上式表明接在示波器 Y 轴输入的 U_Y 正比于 B. $R_2 C$ 电路在电子技术中称为积分电路，表示输出的电压 U_C 是感应电动势 E_2 对时间的积分. 为了如实地绘出磁滞回线，要求 $R_2 \gg \frac{1}{2\pi f C}$；在满足上述条件的情况下，$U_C$ 振幅很小，不能直接

绘出大小适合需要的磁滞回线. 为此, 需将 U_c 经过示波器 Y 轴放大器增幅后输至 Y 轴偏转板上. 这就要求在实验磁场的频率范围内, 放大器的放大系数必须稳定, 不会带来较大的相位畸变. 事实上示波器难以完全达到这个要求, 因此在实验时经常会出现如图 4.47 所示的畸变. 观测时将 X 轴输入选择 "AC", Y 轴输入选择 "DC" 挡, 并选择合适的 R_1 和 R_2 的阻值, 可得到最佳磁滞回线图形, 避免出现这种畸变. 这样, 在磁化电流变化的一个周期内, 电子束的径迹描出一条完整的磁滞回线. 适当调节示波器 X 轴和 Y 轴增益, 再由小到大调节信号发生器的输出电压, 就能在屏上观察到由小到大扩展的磁滞回线图形. 逐次记录其正顶点的坐标, 并在坐标纸上把它连成光滑的曲线, 就得到样品的基本磁化曲线.

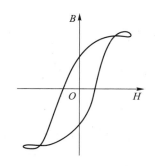

图 4.47   磁滞回线图形的畸变

4. 示波器的定标

从前面说明中可知示波器上可以显示出待测材料的动态磁滞回线, 但为了定量研究磁化曲线和磁滞回线, 必须对示波器进行定标, 即须确定示波器的 X 轴每格代表多少 H 的值(单位:A/m), Y 轴每格实际代表多少 B 的值(单位:T).

一般示波器都有已知的 X 轴和 Y 轴的灵敏度, 可根据示波器的使用方法, 结合实验使用的仪器就可以对 X 轴和 Y 轴分别进行定标, 从而测量出 H 值和 B 值的大小.

设 X 轴灵敏度为 S_X(V/div), Y 轴的灵敏度为 S_Y(V/div)(上述 S_X 和 S_Y 均可从示波器的面板上直接读出), 则

$$U_X = S_X X, \quad U_Y = S_Y Y \tag{4.14.7}$$

式中, X、Y 分别为测量时记录的坐标值(单位:div,注意:指一大格).

由于本实验使用的 R_1, R_2, C 都是阻抗值已知的标准元件, 误差很小, 其中的 R_1, R_2 为无感交流电阻, C 的介质损耗非常小. 所以综合上述分析, 本实验定量计算公式为

$$H = \frac{N_1 S_X}{L R_1} X \tag{4.14.8}$$

$$B = \frac{R_2 C S_Y}{N_2 S} Y \tag{4.14.9}$$

式中, L 为铁芯实验样品平均磁路长度, S 为铁芯实验样品截面积, N_1 为磁化线圈匝数, N_2 为副线圈匝数, R_1 为磁化电流采样电阻, 单位为 Ω, R_2 为积分电阻, 单位为 Ω, C 为积分电容, 单位为 F, S_X, S_Y 单位是 V/div, X、Y 单位是 div, H 的单位是 A/m, B 的单位是 T. 其中, 方形样品参量: $L = 0.084$ m, $S = 2.21 \times 10^{-4}$ m^2, $N_1 = 100$ 匝, $N_2 = 300$ 匝; 环形样品参量: $L = 0.130$ m, $S = 1.24 \times 10^{-4}$ m^2, $N_1 = 100$ 匝, $N_2 = 100$ 匝.

三、实验仪器

FB310 型动态磁滞回线实验仪、双踪示波器.

四、实验内容

（一）显示和观察 2 种样品在 25 Hz，50 Hz，100 Hz，150 Hz 交流信号下的磁滞回线图形

1. 按图 4.48 所示线路接线.

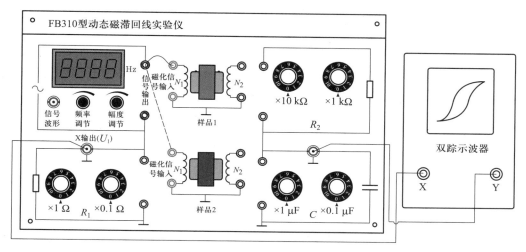

图 4.48　测量系统的连线

（1）逆时针调节幅度调节旋钮到底，使信号输出最小.

（2）调示波器显示工作方式为 X-Y 方式，即图示方式.

（3）示波器 X 输入为 AC 方式，测量采样电阻 R_1 的电压.

（4）示波器 Y 输入为 DC 方式，测量积分电容的电压.

（5）用专用接线接通样品 1（或样品 2）的初级与次级（注：接地端仪器内已连接）.

（6）接通示波器和实验仪电源，适当调节示波器辉度，以免荧光屏中心受损. 预热 10 min 后开始测量.

2. 调节饱和磁滞回线

（1）将 X 输入、Y 输入增益放大器微调关闭（顺时针旋转到底）.

（2）将 X 输入、Y 输入信号接地，并调节示波器图像位移旋钮，使亮点显示在显示器坐标原点位置.

（3）调节频率电位器，显示为 50 Hz，缓慢单调增加磁化电流至样品达到完全磁饱和状态（或幅度调节旋钮顺时针旋转到底），使示波器显示的磁滞回线上 B 的值增加变得缓慢，样品达到完全磁饱和状态.

（4）旋转 X 输入增益旋钮，并同时调节 R_1 的阻值，使磁滞回线图形充满 X

轴，即充满 X 轴（−5.00，5.00）格范围.

（5）旋转 Y 输入增益旋钮，并同时调节 R_2 的阻值及电容值，使磁滞回线图形充满 Y 轴，即充满 Y 轴（−4.00，4.00）格范围.

（6）观察样品在 25 Hz、25 Hz、50 Hz、100 Hz、150 Hz 交流信号下的磁滞回线图形. 比较形状的变化可以发现磁滞回线与信号频率有关，频率越高磁滞回线所包围的面积越大，磁滞损耗也越大.

（二）测量频率为 50 Hz 时样品磁化曲线和磁滞回线

1. 退磁

先调节出美观、典型的饱和磁滞回线，此后，保持示波器上的 X 输入，Y 输入增益波段开关和 R_1、R_2、C 值固定不变，并锁定增益微调电位器（一般为顺时针旋转到底），以便进行 H，B 的标定. 单调缓慢减小磁化电流（即幅度调节旋钮逆时针旋转到底），直到示波器最后显示为一个亮点，并调节 X、Y 位移旋钮，使亮点对准屏幕 X、Y 坐标交点.

2. 磁化曲线测量（即测量大小不同的各个磁滞回线顶点的连线）

单调增加磁化电流，即缓慢顺时针转动幅度调节旋钮，记录磁滞回线顶点在 X 正半轴和 Y 正半轴所对应的坐标，填入表格 4.14.1，单位为格. 磁化电流在 X 轴方向读数为 0、0.20、0.40、0.60、0.80、1.00、2.00、3.00、4.00、5.00，单位为格.（另外一种方法：将 Y 轴输入接地，缓慢单调增加磁化电流，即缓慢顺时针转动幅度调节旋钮，当 X 轴上坐标为某一格数时，弹起 Y 轴输入接地按钮，同时把 X 轴输入接地，测量磁滞回线在 Y 正半轴所对应的格数并填入表 4.14.1，单位为格.）磁化电流在 X 轴方向上的读数为（−5.00，5.00）时，示波器显示典型、美观的磁滞回线图形，并将磁化电流调节至最大.

表 4.14.1　磁化曲线记录表格

序号	1	2	3	4	5	6	7	8	9	10	11	12
X/格	0.00	0.20	0.40	0.60	0.80	1.00	1.50	2.00	2.50	3.00	4.00	5.00
Y/格												

测试条件：

$f=$＿＿ Hz，$S_X=$＿＿ V/div，$S_Y=$＿＿ V/div，$R_1=$＿＿ Ω，$R_2=$＿＿ kΩ，$C=$＿＿ μF.

3. 动态磁滞回线

逆时针沿着饱和磁滞回线，记下磁滞回线上不同位置的坐标并填入表格中，单位为格，即记录示波器显示的磁滞回线在 X 轴坐标为 5.0、4.0、3.0、2.0、1.0、0、−1.0、−2.0、−3.0、−4.0、−5.0、−4.0、−3.0、−2.0、−1.0、0、1.0、2.0、3.0、4.0、5.0 格时所对应的 Y 坐标，记入表格 4.14.2，单位为格.

表 4.14.2　磁滞回线记录表格

X/格	5.00	4.0	3.0	2.0	1.0	0	-1.0	-2.0	-3.0	-4.0	-5.0
Y/格											
X/格	-5.0	-4.0	-3.0	-2.0	-1.0	0	1.0	2.0	3.0	4.0	5.0
Y/格											

显然 Y 的最大值对应饱和磁感应强度 B_S，X 最大值对应饱和磁场强度 H_S；$X=0$，Y 读数对应剩磁 B_r，$-B_r$；$Y=0$，X 读数对应矫顽力 H_c，$-H_c$.

4. 更换样品，重复进行上述实验.

五、注意事项

1. 接通示波器电源后，适当调节示波器辉度，以免荧光屏中心受损.
2. 磁化电流单调递增或递减要缓慢，不能时增时减.
3. 实验结束后，磁化电流幅度调节旋钮逆时针旋转到零.
4. 培养团队协作精神和集体荣誉感.

六、数据处理

1. 测量磁化曲线

根据（4.14.8）式、（4.14.9）式和硅钢片铁芯参量，以及面板 R_1，R_2 和 C 的值，代入灵敏度 S_X、S_Y（单位 V/div）. 根据表 4.14.1 实验数据，得到 H 和 B 的值并填入表格 4.14.3 中，得到一组实测的磁化曲线数据，并作 B-H 磁化曲线.

表 4.14.3　磁化曲线计算表格

序号	1	2	3	4	5	6	7	8	9	10	11	12
X/格	0	0.20	0.40	0.60	0.80	1.00	1.50	2.00	2.50	3.00	4.00	5.00
Y/格	0											
H/(A/m)	0											
B/mT	0											

2. 测量磁滞回线

根据表 4.14.2 的实验数据，利用（4.14.8）式和（4.14.9）式，计算得到 H 和 B 的值，填入表格 4.14.4，并作 B-H 磁滞回线，并求出 H_s，$-H_s$，B_s，$-B_s$，B_r，$-B_r$，H_c，$-H_c$ 的值.

表 4.14.4　磁滞回线计算表格

X/格	5.00	4.0	3.0	2.0	1.0	0	-1.0	-2.0	-3.0	-4.0	-5.0
Y/格											
$H/(A/m)$											
B/mT											
X/格	-5.0	-4.0	-3.0	-2.0	-1.0	0	1.0	2.0	3.0	4.0	5.0
Y/格											
$H/(A/m)$											
B/mT											

七、思考题

1. 什么叫磁滞回线？测绘磁滞回线和磁化曲线为何要先退磁？
2. 怎样使样品完全退磁，使初始状态在 $H=0$，$B=0$ 点上？
3. 用示波器法观测磁滞回线时，通过什么方法获得 B 和 H 两个磁学量？
4. 如何判断磁性材料属于软磁还是硬磁材料？
5. 磁滞回线的形状随交流信号频率如何变化？为什么？

实验 15　用霍耳效应法测量亥姆霍兹线圈磁场

一、实验目的

1. 学习并掌握弱磁场的测量方法；
2. 证明磁场叠加原理；
3. 掌握描绘磁场分布的方法.

二、实验原理

1. 根据毕奥-萨伐尔定律，载流线圈在轴线（通过圆心并与线圈平面垂直的直线）上某点的磁感应强度为

$$B = \frac{\mu_0 \overline{R}^2}{2\,(\overline{R}^2 + x^2)^{3/2}} NI \qquad (4.15.1)$$

式中 μ_0 为真空磁导率，$\overline{R}$ 为线圈的平均半径，x 为圆心到该点的距离，N 为线圈匝数，I 为通过线圈的电流. 因此，圆心处的磁感应强度 B_0 为

$$B_0 = \frac{\mu_0}{2\overline{R}} NI \qquad (4.15.2)$$

2. 亥姆霍兹线圈是一对彼此平行且连通的共轴圆形线圈，两线圈内的电流方向一致，大小相同，线圈之间的距离 d 正好等于圆形线圈的半径 R. 这种线圈的特点是能在其公共轴线中点附近产生较广的均匀磁场区，所以在生产和科研中有较大的使用价值，也常用于弱磁场的计量标准.

设 z 为亥姆霍兹线圈中轴线上某点离中心点 O 处的距离，则亥姆霍兹线圈轴线上任意一点的磁感应强度为

$$B' = \frac{1}{2}\mu_0 NIR^2 \left\{ \left[R^2 + \left(\frac{R}{2} + z \right)^2 \right]^{-3/2} + \left[R^2 + \left(\frac{R}{2} - z \right)^2 \right] \right\} \qquad (4.15.3)$$

而在亥姆霍兹线圈上中心 O 处的磁感应强度 B'_0 为

$$B'_0 = \frac{8}{5^{3/2}} \frac{\mu_0 NI}{R} \qquad (4.15.4)$$

三、实验仪器

1. 圆线圈和亥姆霍兹线圈实验平台，台面上有等距离 1.0 cm 间隔的网格线.
2. 高灵敏度 3 位半数字毫特斯拉计、3 位半数字电流表及直流稳流电源组合仪一台.
3. 传感器探头是由 2 只配对的 95A 型集成霍耳传感器（传感器面积 4 mm×3 mm×2 mm）与探头盒（与台面接触面积为 20 mm×20 mm）.

仪器简图如图 4.49 所示.

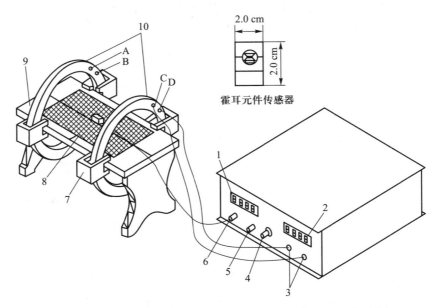

2.0 cm

2.0 cm

霍耳元件传感器

1—毫特斯拉计；2—电流表；3—直流电流源；4—电流调节旋钮；5—调零旋钮；
6—传感器插头；7—固定架；8—霍耳传感器；9—大理石；10—圆线圈

图 4.49

四、使用方法

1. 将两个圆线圈和固定架按照图 4.49 所示简图安装. 大理石台面(图 4.49 中 9 所示有网格线的平面)应该处于线圈组的轴线位置. 根据圆线圈内外半径及沿半径方向的支架厚度，用不锈钢钢尺测量台面至线圈架平均半径端点对应位置的距离 (在 11.2 cm 处)，并适当调整固定架，直至台面通过两圆线圈的轴心位置.

2. 开机后应预热 10 min，再进行测量.

3. 调节和移动四个固定架(图 4.49 中 7 所示)，改变两圆线圈之间的距离，用不锈钢钢尺测量两圆线圈的间距.

4. 圆线圈边上红色接线柱表示电流输入，黑色接线柱表示电流输出. 可以根据两圆线圈串联或并联时，在轴线上中心磁场比单线圈增大还是减小，来鉴别圆线圈通电方向是否正确.

5. 测量时，应将探头盒底部的霍耳元件传感器对准台面上被测量点，并且在两圆线圈断电的情况下，调节调零旋钮(图 4.49 中 5 所示)，使毫特斯拉计显示为零，然后进行实验.

6. 本毫特斯拉计为高灵敏度仪器，可以显示 1×10^{-6} T 磁感应强度的变化. 因而在圆线圈断电的情况下，台面上不同位置，毫特斯拉计所显示的最后一位略有区别，这主要是因为其受地磁场(台面并非完全水平)和其他杂散信号的影响. 因此，应在每次测量不同位置磁感应强度时调零. 实验时，最好在圆线圈通电回路中接一个单刀双向开关，可以方便电流通断，也可以插拔电流插头.

五、实验内容

1. 必做内容：载流圆线圈和亥姆霍兹线圈轴线上各点磁感应强度的测量.

（1）按图 4.49 接线，直流稳流电源中数字电流表已串接在电源的一个输出端，测量电流 $I = 100$ mA 时，单线圈 a 轴线上各点的磁感应强度 $B(a)$，每隔 1.00 cm 测一个数据. 实验中，随时观察毫特斯拉计探头是否沿线圈轴线移动. 每测量一个数据，必须先在直流电源输出电路断开($I = 0$)调零后，才进行测量和记录数据.

（2）将测得的圆线圈中心点的磁感应强度与理论公式计算结果进行比较.

（3）在轴线上某点转动毫特斯拉计探头，观察一下该点的磁感应强度方向.

（4）将两圆线圈间距 d 调整至 $d = 10.00$ cm，这时，它们组成一个亥姆霍兹线圈.

（5）取电流值 $I = 100$ mA，分别测量两圆线圈单独通电时，轴线上各点的磁感应强度 $B(a)$ 和 $B(b)$，然后测亥姆霍兹线圈在通同样电流 $I = 100$ mA 时，在轴线上的磁感应强度 $B(a+b)$，证明在轴线上的点的磁感应强度满足 $B(a+b) = B(a) + B(b)$，即载流亥姆霍兹线圈轴线上任一点的磁感应强度是两个载流单线圈在该点上产生的磁感应强度之和.

（6）分别把亥姆霍兹线圈间距调整为 $d = R/2$ 和 $d = 2R$，测量在电流为 $I = 100$ mA 轴线上各点的磁感应强度.

（7）间距 $d = R/2$，$d = R$，$d = 2R$ 时，作出亥姆霍兹线圈轴线上磁感应强度 B 与位置 z 之间的关系图，即 B-z 图，证明磁场叠加原理.

2. 选做内容：载流圆线圈通过轴线平面上的磁感应线分布的描绘.

把一张坐标纸粘贴在包含圆线圈轴线的水平面上，可自行选择恰当的点，把探测器底部传感器对准此点，然后亥姆霍兹线圈通以 $I = 100$ mA 的电流. 转动探测器，观测毫特斯拉计的读数值，读数值为最大时传感器的法线方向即该点的磁感应强度方向. 比较轴线上的点与远离轴线的点磁感应强度方向的变化情况. 近似画出载流亥姆霍兹线圈磁感应线的分布图.

六、注意事项

1. 实验探测器采用配对 SS95A 型集成霍耳元件传感器，灵敏度高，因而地磁场对实验影响不可忽略，移动探头测量时须注意零点变化，可以通过不断调零以消除此影响(本实验要求每两个点调零一次).

2. 注意准确确定中心轴线.

3. 接线或测量数据时，要特别注意检查在移动两个圆线圈时，是否满足亥姆霍兹线圈的条件.

4. 两个圆线圈采用串接或并接方式与电源相连时，必须注意磁场的方向. 如果接错线有可能使亥姆霍兹线圈中间轴线上的磁场为零或极小.

七、数据处理

1. 载流圆线圈 a 轴线上不同位置磁感应强度 $B(a)$ 的测量结果见表 4.15.1，电流 $I = 100$ mA，线圈平均半径 $\overline{R} = 10.00$ cm，线圈匝数 $N = 500$，并且真空磁导率 $\mu_0 = 4\pi \times 10^{-7}$ H/m.

表 4.15.1

$x/$cm										
$B(a)/$mT										
$x/$cm										
$B(a)/$mT										

根据毕奥–萨伐尔定律，载流圆线圈在线圈轴线（通过圆心并与圆线圈平面垂直的直线）上某点的磁感应强度为

$$B = \frac{\mu_0 \cdot \overline{R}^2}{2\,(\overline{R}^2 + x^2)^{3/2}} NI$$

式中 $\overline{R}$ 为圆线圈的平均半径，N 为线圈匝数，I 为通过圆线圈的电流，x 为圆心到该点的距离. 因此，圆心处的磁感应强度为 $B_0 = \dfrac{\mu_0}{2R} NI$.

2. 直流电通过亥姆霍兹线圈，证明磁场叠加原理成立.

亥姆霍兹线圈通以 $I = 100$ mA 的直流电流，两圆线圈间距 $d = \overline{R} = 10.00$ cm. 取两圆线圈轴线中心点为原点，轴线为轴，所得数据见表 4.15.2，其中 a 表示其中一个单线圈，b 表示另一个单线圈，$(a+b)$ 表示亥姆霍兹线圈.

表 4.15.2

$x/$cm	10	9	8	7	6	5	4	3	2	1
$B(a)/$mT										
$B(b)/$mT										
$[B(a)+B(b)]/$mT										
$B(a+b)/$mT										

$x/$cm	0	-1	-2	-3	-4	-5	-6	-7	-8	-9	-10
$B(a)/$mT											
$B(b)/$mT											
$[B(a)+B(b)]/$mT											
$B(a+b)/$mT											

3. 改变两圆线圈间距 d，使两圆线圈间距分别为 $d=R/2$，$d=R$，$d=2R$，测量轴线上不同位置的磁感应强度，所得数据描绘后如图 4.50 所示.

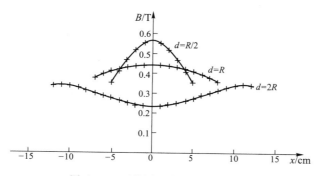

图 4.50　两线圈距离不同时的比较

实验 16　用电磁感应法测量亥姆霍兹线圈磁场

1821 年，奥斯特发现了电流的磁效应，首次揭示了电现象和磁现象之间的相互联系. 之后，许多物理学家便试图寻找它的逆效应，提出了磁能否产生电、磁能否对电作用的问题. 1822 年，阿拉果和洪堡在测量地磁强度时，偶然发现金属对附近磁针的振荡有阻尼作用. 1824 年，阿拉果根据这个现象做了铜盘实验，发现转动的铜盘会带动上方自由悬挂的磁针旋转，但磁针的旋转与铜盘不同步，会稍有滞后. 电磁阻尼和电磁驱动是最早发现的电磁感应现象，但由于没有直接表现为感应电流，当时未能予以说明. 1831 年，法拉第在经历了多次的失败之后，他敏锐地意识到"磁生电"不是一种"恒定"效应，而是"瞬态"效应. 此后，他又进行了各种实验，证实了自己的判断. 法拉第指出，不论任何原因，如果通过导体回路的磁通量发生变化，就会在回路中产生感应电动势.

亥姆霍兹线圈是一种制造小范围区域均匀磁场的器件. 由于亥姆霍兹线圈是开敞的，很容易地可以将其他仪器置入或移出，也可以直接进行观察，所以，是物理实验常用的器件. 亥姆霍兹线圈一般用来产生指定体积比较大、均匀度比较高，但磁场值比较弱的磁场. 其主要用途为：产生标准磁场、地球磁场的抵消与补偿、地磁环境模拟、磁屏蔽效果的判定、电磁干扰模拟实验、磁通门计的校对、石油钻井测斜仪的检验、霍耳探头和各种磁强计的定标、生物磁场的研究及物质磁特性的研究. 因此，在材料、电子、生物、医疗、航空、航天、化学、应用物理等各方面都有广泛的应用.

一、实验目的

1. 学习并掌握亥姆霍兹磁场分布特点和测量方法；
2. 证明磁场叠加原理；
3. 研究励磁电流频率改变对磁场强度的影响.

二、实验原理

1. 载流圆线圈与亥姆霍兹线圈的磁场

一半径为 R，通以电流 I 的圆线圈，轴线上磁感应强度的计算公式为

$$B = \frac{\mu_0 N_0 I R^2}{2 \left(R^2 + X^2 \right)^{3/2}} \tag{4.16.1}$$

式中 N_0 为圆线圈的匝数，X 为轴上某一点到圆心 O 的距离. $\mu_0 = 4\pi \times 10^{-7}$ H/m. 轴线上磁场的分布如图 4.51 所示.

本实验取 $N_0 = 400$ 匝，$R = 105$ mm. 当 $f = 120$ Hz，$I = 60$ mA(有效值)时，在圆心 O 处，$X = 0$，可算得单个线圈的磁感应强度为 $B = 0.144$ mT.

2. 亥姆霍兹线圈

亥姆霍兹线圈为两个相同的线圈彼此平行且共轴，使线圈上通以同方向电流

I，理论计算证明：线圈间距 a 等于线圈半径 R 时，两线圈合磁场在轴上（两线圈圆心连线）附近较大范围内是均匀的，如图 4.52 所示. 这种均匀磁场在工程运用和科学实验中应用十分广泛.

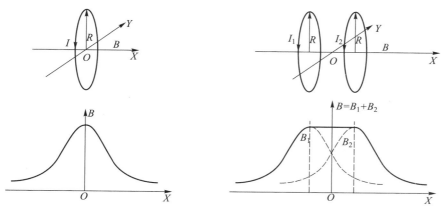

图 4.51 单个圆环线圈磁场分布　　　　图 4.52 亥姆霍兹线圈磁场分布

设 Z 为亥姆霍兹线圈中轴线上某点离中心点 O 的距离，则亥姆霍兹线圈轴线上该点的磁感应强度为

$$B' = \frac{1}{2}\mu_0 NIR^2 \left\{ \left[R^2 + \left(\frac{R}{2} + Z \right)^2 \right]^{-3/2} + \left[R^2 + \left(\frac{R}{2} - Z \right)^2 \right]^{-3/2} \right\} \quad (4.16.2)$$

而在亥姆霍兹线圈轴线上中心 O 处，$Z = 0$，磁感应强度为

$$B'_O = \frac{\mu_0 NI}{R} \times \frac{8}{5^{3/2}} = 0.7155 \frac{\mu_0 NI}{R} \quad (4.16.3)$$

实验取 $N_0 = 400$ 匝，$R = 105$ mm，当 $f = 120$ Hz，$I = 60$ mA（有效值）时，在圆心 O 处，$X = 0$，可算得亥姆霍兹线圈（两个线圈的合成）磁感应强度为 $B'_O = 0.206$ mT.

3. 电磁感应法测磁场

设由交流信号驱动的线圈产生的交变磁场，它的磁感应强度瞬时值为

$$B_i = B_m \sin \omega t$$

式中 B_m 为磁感应强度的峰值，其有效值记为 B，ω 为角频率.

又设有一个探测线圈放在这个磁场中，通过这个探测线圈的有效磁通量为

$$\Phi = NSB_m \cos \theta \sin \omega t$$

式中 N 为探测线圈的匝数，S 为该线圈的截面积，θ 为法线 e_n 与 B_m 之间的夹角，如图 4.53 所示，线圈产生的感应电动势为

$$\mathscr{E} = -\frac{\mathrm{d}\Phi}{\mathrm{d}t} = -NS\omega B_m \cos \theta \cos \omega t$$

$$= -\mathscr{E}_m \cos \omega t$$

式中 $\mathscr{E}_m = NS\omega B_m \cos \theta$ 是线圈法线和磁场成 θ 角时，感应电动势的幅值. 当 $\theta = 0$

时，$\mathscr{E}_{\max}=NS\omega B_{\mathrm{m}}$，这时的感应电动势的幅值最大. 如果用数字式电压表测量此时线圈的电动势，则电压表的示值(有效值)$U_{\max}$为$\dfrac{\mathscr{E}_{\max}}{\sqrt{2}}$，则

$$B=\frac{B_{\mathrm{m}}}{\sqrt{2}}=\frac{U_{\max}}{NS\omega} \tag{4.16.4}$$

式中 B 为磁感应强度的有效值，B_{m} 为磁感应强度的峰值.

4. 探测线圈的设计

实验中磁场具有不均匀性，这就要求探测线圈要尽可能小. 实际的探测线圈又不可能做得很小，否则会影响测量灵敏度. 一般设计的线圈长度 L 和外径 D 的关系为 $L=\dfrac{2}{3}D$，线圈的内径 d 与外径 D 的关系为 $d \leqslant D/3$，尺寸示意图见图 4.54. 线圈在磁场中的等效面积，经过理论计算，可用下式表示：

$$S=\frac{13}{108}\pi D^{2} \tag{4.16.5}$$

这样的线圈测得的平均磁感应强度可以近似看成线圈中心点的磁感应强度. 将(4.16.5)式代入(4.16.4)式得

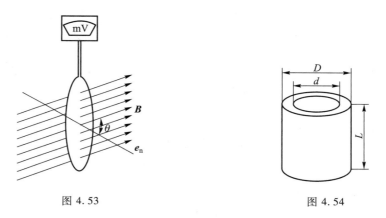

图 4.53　　　　　　　　　　　图 4.54

$$B=\frac{54}{13\pi^{2}ND^{2}f}U_{\max} \tag{4.16.6}$$

本实验的 $D=0.012$ m，$N=1\,000$ 匝. 将不同的频率 f 代入(4.16.6)式就可得出 B 的值.

例如，当 $I=60$ mA，$f=120$ Hz 时，交流电压表读数为 5.95 mV，则可根据(4.16.6)式求得单个线圈的磁感应强度 $B=0.145$ mT.

三、实验仪器

亥姆霍兹实验仪，主要由励磁线圈架部分和磁场测量仪部分构成. 图 4.55 为励磁线圈架部分.

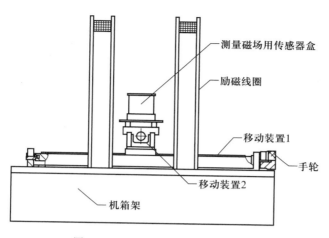

图 4.55　亥姆霍兹励磁线圈架部分

　　亥姆霍兹励磁线圈架部分有一个传感器盒，盒中装有用于测量磁场的感应（探测）线圈. 亥姆霍兹实验仪是集信号发生、信号感应、测量显示于一体的多用途教学实验仪器，可用于研究交流线圈磁场分布、亥姆霍兹线圈磁场分布. 该实验仪具有激励信号的频率可变、输出强度连续可调的特点，可以研究不同激励频率、不同磁场强度下，探测线圈上产生不同感应电动势的情况. 探测线圈由二维移动装置带动，可作横向、径向连续调节，还可作 360°连续旋转，从而实现了探测线圈的三维连续可调. 主要技术性能如下：

　　1. 亥姆霍兹励磁线圈架

　　两个励磁线圈：线圈有效半径 105 mm；

　　　　　　　　　　线圈匝数（单个）400 匝；

　　　　　　　　　　两线圈中心间距 105 mm.

　　移动装置：横向可移动距离 250 mm，纵向可移动距离 70 mm；距离分辨率 1 mm.

　　探测线圈：匝数 1 000 匝，旋转角度 360°.

　　2. DH4501 亥姆霍兹磁场测量仪

　　频率范围：20~200 Hz；频率分辨率：0.1 Hz，测量误差：1%.

　　正弦波：输出电压幅度：最大 20 V_{p-p}；输出电流幅度：最大 200 mA.

　　数显毫伏表电压测量范围：0~20 mV；测量误差：1%，3 位半 LED 数显.

四、使用方法

　　1. 准备工作

　　仪器使用前，请先开机预热 10 min. 这段时间内请使用者熟悉亥姆霍兹励磁线圈架和磁场测量仪上各个接线端子的正确连线方法和仪器的正确操作方法.

　　2. DH4501 亥姆霍兹磁场实验仪连线如图 4.56 所示

　　用随仪器带来连线的一头为插头、另一头为分开的带有插片的连接线（分红、

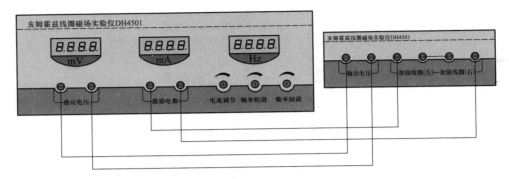

图 4.56　实验连线示意图

黑两种), 将插头插入测量仪的激励电流输出端子, 插片的一头接至励磁线圈架上的励磁线圈端子(分别可以做圆线圈实验和亥姆霍兹线圈实验), 红接线柱用红线连接, 黑接线柱用黑线连接. 将插头插入测量仪的感应电压输入端子, 插片的一头接至励磁线圈测试架上的输出电压端子, 红接线柱用红线连接, 黑接线柱用黑线连接.

3. 移动装置的使用方法

亥姆霍兹励磁线圈架上有一长一短两个移动装置, 如图 4.55 所示. 慢慢转动手轮, 移动装置上装的测量磁场用传感器盒随之移动, 就可将装有探测线圈的传感器盒移动到指定的位置上. 用手转动传感器盒的有机玻璃罩就可转动探测线圈, 改变测量角度.

五、实验内容

1. 测量载流圆线圈轴线上磁场的分布. 按图 4.56 接线. 调节频率调节电位器, 使频率表读数为 120 Hz. 调节磁场实验仪的电流调节电位器, 使励磁电流有效值为 $I = 60$ mA, 以圆线圈中心为坐标原点, 每隔 10.0 mm 测一个 U_{max} 值, 测量过程中注意保持励磁电流的值不变, 并保证探测线圈法线方向与圆线圈轴线的夹角为 0°(从理论上可知, 如果转动探测线圈, 当 $\theta = 0°$ 和 $\theta = 180°$ 时应该得到两个相同的 U_{max} 值, 但实际测量时, 这两个值往往不相等, 这时就应该分别测出这两个值, 然后取其平均值计算对应点的磁感应强度). 同学们在做实验时, 可以把探测线圈从 $\theta = 0°$ 转到 180°, 测量一组数据对比一下, 正、反方向的测量误差如果不大于 2%, 则只测一个方向转动的数据即可, 否则, 应分别按正、反方向测量, 再求出平均值作为测量结果.

2. 测量亥姆霍兹线圈轴线上磁场的分布. 按有关要求, 把磁场实验仪的两个线圈串联起来, 接到磁场测试仪的励磁电流两端. 调节频率调节电位器, 使频率表读数为 120 Hz. 调节磁场实验仪的电流调节电位器, 使励磁电流有效值为 $I = 60$ mA. 以两个圆线圈轴线上的中心点为坐标原点, 每隔 10.0 mm 测一个 U_{max} 值.

3. 测量亥姆霍兹线圈沿径向的磁感应分布. 固定探测线圈法线方向与圆线圈轴线的夹角为 0°, 转动探测线圈径向移动手轮, 每移动 10 mm 测量一个数据, 按正、负方向测到边缘为止, 记录数据并作出磁场分布曲线图.

4. 按实验要求, 把探测线圈沿轴线固定在某一位置, 让探测线圈法线方向与圆线圈轴线的夹角从 0° 开始, 逐步旋转到 90°、180°、270°, 再回到 0°. 每改变 10° 测一组数据.

5. 研究励磁电流频率改变对磁感应强度的影响. 把探测线圈固定在亥姆霍兹线圈中心点, 其法线方向与圆线圈轴线的夹角为 0°(注: 亦可选取其他位置或其他方向), 并保持不变. 调节磁场测试仪输出电流频率, 在 20 ~ 150 Hz 范围内, 每次频率改变 10 Hz, 逐次测量感应电动势的数值并记录.

六、数据处理

1. 对圆线圈轴线上磁场分布的测量数据进行记录, 需要注意的是, 这时坐标原点设在圆心处.(要求列表记录, 表格中包括测点位置, 数字式电压表读数, 以及由 U_{max} 换算得到的 B 的值, 并在表格中表示出各测点对应的理论值, 见表 4.16.1.) 在同一坐标纸上画出实验曲线与理论曲线.

表 4.16.1　　　　　　　$f=$ ＿＿ Hz

轴向距离 X/mm	......	−20	−10	0	10	20	......
U_{max}/mV							
测量值 $B\left(=\dfrac{2.926}{f}U_{max}\right)$/mT							
计算值 $B\left(=\dfrac{\mu_0 N_0 IR^2}{2\,(R^2+X^2)^{3/2}}\right)$/mT							

2. 对亥姆霍兹线圈轴线上磁场分布的测量数据进行记录, 见表 4.16.2, 需要注意的是, 坐标原点设在两个线圈圆心连线的中点 O 处, 在方格坐标纸上画出实验曲线.

表 4.16.2　　　　　　　$f=$ ＿＿ Hz

轴向距离 X/mm	......	−20	−10	0	10	20	......
U_{max}/mV							
测量值 $B\left(=\dfrac{2.926}{f}U_{max}\right)$/mT							

3. 测量亥姆霍兹线圈沿径向的磁场分布，见表 4.16.3.

表 4.16.3 $f=$____ Hz

轴向距离 X/mm	……	−20	−10	0	10	20	……
$U_{\max}$/mV							
测量值 $B\left(=\dfrac{2.926}{f}U_{\max}\right)$ /mT							

4. 验证公式 $\mathscr{E}_{\mathrm{m}}=NS\omega B\cos\theta$（表 4.16.4），以角度为横坐标，以实际测得的感应电压 $U_{\max}$ 为纵坐标作图.

表 4.16.4 $f=$____ Hz

探测线圈转角 θ	0°	10°	20°	30°	40°	……
U/mV						
计算值 $U(=U_{\max}\cdot\cos\theta)$ /mV						

5. 研究励磁电流频率改变对磁场的影响. 调节励磁电流的频率 f 为 20 Hz，调节励磁电流大小为 60 mA. 注意：改变电流频率的同时，励磁电流大小也会随之变化，需调节电流调节电位器固定电流不变（表 4.16.5）. 以频率为横坐标，磁感应强度有效值 B 为纵坐标作图，并对实验结果进行讨论.

表 4.16.5 $I=$____ mA

励磁电流频率 f/Hz	20	30	40	50	……	150
U_{m}/mV						
测量值 $B\left(=\dfrac{2.926}{f}U_{\max}\right)$ /mT						

七、思考题

1. 单线圈轴线上磁场的分布规律如何？亥姆霍兹线圈是怎样组成的？其基本条件有哪些？它的磁场分布特点又是怎样的？

2. 探测线圈放入磁场后，不同方向上电压表指示值不同，哪个方向最大？如何测准 $U_{\max}$ 值？指示值最小表示什么？

3. 分析圆线圈磁场分布的理论值与实验值的误差产生的原因.

实验 17 用双棱镜干涉法测钠黄光波长

1826 年，法国物理学家菲涅耳利用双棱镜实现了与杨氏双缝干涉类似的干涉现象，菲涅耳双棱镜干涉是物理学中一个重要实验. 双棱镜干涉在研究光场的相位和波动性、周期干涉条纹的轴向谐振效应、双棱镜干涉的相衬成像以及数字全息显微术等方面也有广泛的应用.

一、实验目的

1. 观察光的干涉现象、加深对干涉原理的理解；
2. 学习利用干涉现象测量某些物理量；
3. 掌握产生干涉花纹的条件和干涉装置的调节方法；
4. 培养学生严谨细心、实事求是的科学作风.

二、实验原理

两个独立的光源不可能产生干涉，要产生光的干涉现象就需要获得光源. 为此，将一原始光源发出的光分成两个相位差不变的光束，经过不同的途径再会合才能产生干涉. 本实验中是用双棱镜来产生上述"相干光源"的.

两个相距很近、振幅相同的相干点光源发出的光，在其相重叠的区域内互相干涉，这个区域称为干涉场. 在干涉场中各点的振动能量与下式成正比：

$$4A^2 \cos^2\left(\pi\, \frac{d_2 - d_1}{\lambda} + \frac{\varphi}{2}\right)$$

式中 d_1、d_2 分别是场中某一点与两个光源的距离，λ 是光波长，A 是该点振动的振幅，φ 是两光振动的初相位差. 令 $\varphi = 0$，则该点的强度在满足下列条件处，将是极大与极小：

$$\frac{d_2 - d_1}{\lambda} = k\,(\text{极大})\,;\quad \frac{d_2 - d_1}{\lambda} = k - \frac{1}{2}\,(\text{极小})$$

式中 k 是任意整数.

如图 4.57 所示，S_1 与 S_2 为两相干光源，相距为 l. 它们与屏的垂直距离为 D，且 $l \ll D$，则在屏上将出现干涉条纹. 中心 O 点到 S_1、S_2 的距离相等，光程差为 $\Delta = d_2 - d_1 = 0$，故两光干涉加强，形成中央明条纹. 其余的条纹则分布在中央明条纹两侧. 设第 k 条明条纹（P 处）与中心 O 相距为 x_k，S_1 和 S_2 到 P 点的光程差为 Δ，在 $x_k \ll D$、$l \ll D$ 的条件下，就有 $\dfrac{\Delta}{l} = \dfrac{x_k}{D}$，因此 $\Delta = \dfrac{l}{D} x_k$.

当 $\Delta = \pm k\lambda\,(k = 0, 1, 2, \cdots)$ 时，P 处为明条纹，则明条纹位置满足：

$$x_k = \pm k\, \frac{D\lambda}{l}, \quad k = 0, 1, 2, \cdots \tag{4.17.1}$$

同理可得暗条纹位置关系为

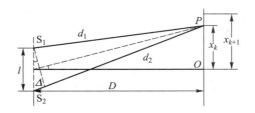

图 4.57　光的干涉原理图

$$x_k = \pm\left(k - \frac{1}{2}\right)\frac{D\lambda}{l}, \quad k = 1, \ 2, \ 3, \ \cdots \tag{4.17.2}$$

由(4.17.1)式、(4.17.2)式两式两式可求出，任何两条相邻的明条纹（或暗条纹）之间的距离是

$$\sigma_x = x_{k+1} - x_k = \frac{D}{l}\lambda$$

所以

$$\lambda = \frac{l}{D}\sigma_x \tag{4.17.3}$$

若能测出 l、D 和 σ_x，就能求出光波的波长了.

三、实验仪器

光具座、钠灯、可调狭缝、双棱镜、测微目镜、凸透镜等.

双棱镜是由两个直角棱镜底面相接而成，如图 4.58 所示，实际做成一个等腰三棱镜，它有两个相等的极小的折射棱角（约 45′）和一个接近 180° 的钝角. 从狭缝 S 发出的光，经过双棱镜折射后被分成两束，这两束光好像由虚光源 S_1、S_2 发出的一样. 它们满足相干光条件，因此在两束光相遇的空间（双棱镜后面斜线区域）内产生干涉，在屏 M 上形成明暗交替的干涉条纹，我们对其观测就可以由(4.17.3)式算出光波波长.

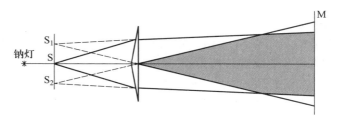

图 4.58　双棱镜干涉

四、实验内容

1. 调节各仪器共轴

调节钠灯、狭缝、双棱镜和测微目镜等高共轴，如图 4.59 所示，并使狭缝

与双棱镜的棱脊大体平行. 为了便于调节和测量, 所有仪器都安放在实验台上并附有标尺, 能读出各元件的位置, 测量时各仪器放置如图 4.60 所示.

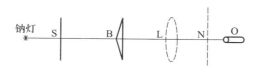

图 4.59 共轴调节

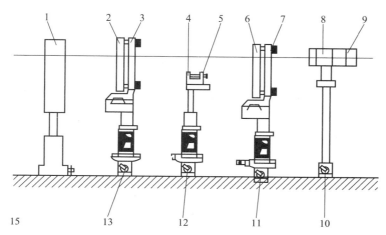

1—钠灯; 2—透镜L($f=50$ mm); 3—二维架(SZ-07); 4—可调狭缝(SZ-27);
5—二维干版架(ZS-18); 6—双棱镜; 7—双棱镜架(SZ-14); 8—测微目镜;
9—测微目镜架(SZ-36); 10—二维平移底座(SZ-02); 11—三维平移底座(SZ-01);
12—二维平移底座(SZ-02); 13—升降调整座(SZ-03), 另备凸透镜($f=100$ mm)

图 4.60 双棱镜干涉仪放置示意图

2. 调节出清晰的干涉条纹

减小狭缝 S 的宽度并调节双棱镜棱脊的方位, 应使棱脊正对狭缝中心, 狭缝很窄而又没有关闭. 让测微目镜紧贴双棱镜, 再缓慢向后移动, 能看见一条黑线, 继续移动测微目镜, 黑线变成亮线, 亮线变成条纹. 当看到有条亮带但又看不清条纹时, 缓慢旋转双棱镜棱脊, 当双棱镜的棱脊与狭缝严格平行时, 从测微目镜中可以观察到清晰条纹. 若条纹不在目镜中心, 可以纵向移动双棱镜, 使干涉条纹呈现在测微目镜中心.

3. 测量条纹的间距 σ_x 和屏缝间的距离 D

适当改变双棱镜和缝的距离, 同时尽可能把测微目镜往后移, 以便能得到宽度和数目适宜的条纹. 固定并记录狭缝、双棱镜和测微目镜的位置, 算出 D 的值. 再用测微目镜测 11 条明条纹的间距 $10\sigma_x$, 保持 D 不变, 重复三次测 $10\sigma_x$, 取平均值, 再除以 10, 就得到相邻两明条纹间的距离 σ_x.

4. 测量两虚光源间的距离 l

保持狭缝 S、双棱镜 B 和测微目镜 O 位置不动, 在 B、O 之间放上透镜 L,

调节 L 使其光轴与原各仪器光轴重合. 移动透镜,从测微目镜 O 中观察到虚光源 S_1 和 S_2 的实像 S_1' 和 S_2',反复改变 L 的位置,使得在 O 中出现清晰的像,其成像光路如图 4.61 所示. 固定并记下透镜 L 的位置,算出 s 和 s' 值. 测出 S_1'、S_2' 之间的距离 l',保持 s 和 s' 不变,重复测量三次 l',取平均值. 根据透镜成像原理

$$l = \frac{s}{s'} l' \qquad\qquad (4.17.4)$$

就可算出 l.

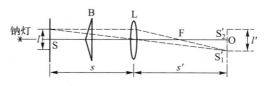

图 4.61   虚光源成像光路示意图

5. 将上述所测各量代入(4.17.3)式,算出钠黄光的平均波长.

五、注意事项

1. 使用测微目镜时,首先要确定测微目镜读数装置的方格精度,要防止回程误差出现,旋转读数鼓轮时动作要平稳、缓慢,测量时装置要保持稳定.

2. 注意基座位置读数,读数时读基座中心位置,否则要扣除偏差.

3. 由于测微目镜的分划平面不和基座的读数准线(支架中心)共面,必须引入相应的修正扣除偏差,即测微目镜读数须扣除某一个值.

六、数据处理

1. 测量条纹的间距.

位置\次数	狭缝/cm	双棱镜/cm	目镜/cm	D/cm	$10\sigma_x$/mm				σ_x/mm
					起	至	差	平均	
1									
2									
3									

2. 测量两虚光源间的距离.

位置\次数	透镜/cm	l'/mm				s/cm	s'/cm	l/cm
		起	至	差	平均			
1								
2								
3								

3. 计算钠黄光的波长 λ，并计算相对误差.

七、思考题

1. 实验中干涉条纹的间距与哪些因素有关？当 S 和 B 的距离加大时，条纹间距是变小还是变大？试说明之.

2. 实验中干涉条纹的宽度和哪些量有关？为获得宽度合适的干涉条纹，应如何调节？

第 5 章
综合性实验

实验 18　用弯曲法测弹性模量

　　固体材料弹性模量的测定是工科院校物理实验中必做的实验之一. 通过该实验，学生可以学习微小位移量测量的方法，提高实验技能. 本实验是在弯曲法测量固体材料弹性模量的基础上，加装了霍耳位置传感器. 学生可在本实验中了解如何建立等梯度变化的磁场，以及霍耳位置传感器的工作原理. 通过霍耳位置传感器的输出电压与位移量线性关系的定标和微小位移量的测量，可以联系科研和生产实际，使学生掌握微小位移量的非电学量电测新方法.

一、实验目的

　　1. 熟悉霍耳位置传感器的特性并对霍耳位置传感器定标；
　　2. 用弯曲法测量黄铜的弹性模量；
　　3. 用霍耳位置传感器测量可锻铸铁的弹性模量.

二、实验原理

　　1. 霍耳元件置于磁感应强度为 B 的磁场中，在垂直于磁场的方向通以电流 I，则与这二者垂直的方向上将产生霍耳电势差 U_H：

$$U_H = KIB$$

式中 K 为元件的霍耳灵敏度. 如果保持霍耳元件的电流 I 不变，而使其在一个均匀梯度的磁场中移动，则输出的霍耳电势差变化量为

$$\Delta U_H = K \cdot I \cdot \frac{\mathrm{d}B}{\mathrm{d}Z} \cdot \Delta Z$$

式中 ΔZ 为位移量，此式说明，若 $\dfrac{\mathrm{d}B}{\mathrm{d}Z}$ 为常量，ΔU_H 与 ΔZ 成正比.

　　为实现均匀梯度的磁场，如图 5.1 所示，两块相同的磁铁（磁铁截面积及表面感应强度相同）相对放置，即 N 极与 N 极相对，两磁铁之间留一等间距间隙，霍耳元件平行于磁铁放在该间隙的中轴上. 间隙越小，磁场梯度就越大，灵敏度就越高. 磁铁截面要远大于霍耳元件，以尽可能减小边缘效应的影响，提高测量精确度.

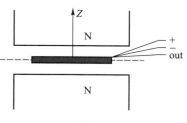

图 5.1

若磁铁间隙内中心截面处的磁感应强度为零，霍耳元件处于该处时，输出的霍耳电势差应该为零．当霍耳元件偏离中心沿 Z 轴发生位移时，由于磁感应强度不再为零，霍耳元件也就产生相应的电势差输出，其大小可以用数字电压表测量．由此可以将霍耳电势差为零时元件所处的位置作为位移参考零点．

霍耳电势差与位移量之间存在一一对应关系，当位移量较小（$<2\ \mathrm{mm}$）时，这个对应关系具有良好的线性．

2. 在测试样品弯曲的情况下，弹性模量 E 可以用下式表示：

$$E = \frac{d^3 mg}{4a^3 b\Delta Z}$$

式中 d 为两刀口之间的距离，m 为所加拉力对应的质量，a 为测试样品的厚度，b 为测试样品的宽度，ΔZ 为测试样品中心由于外力作用而下降的距离，g 为重力加速度．

三、实验仪器

实验装置图见图 5.2，它由底座固定箱、读数显微镜及调节机构、SS495A 型集成霍耳位置传感器、磁体、支架、加力机构以及测试样品等组成．

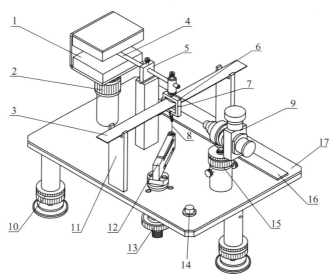

1—磁体(磁铁对)；2—磁体调节结构；3—测试样品；4—铜杠杆(顶端装有SS495A型集成霍耳位置传感器)；5—杠杆支架；6—铜刀口；7—铜刀口上的基线；8—拉力绳；9—读数显微镜；10—水平调节机脚；11—立柱；12—电子秤传感器；13—加力调节旋钮；14—水平泡；15—读数显微镜上下调节结构；16—测试样品；17—平台

图 5.2　实验装置图

测试仪面板图见图 5.3，它由霍耳电压测量系统和电子秤加力系统构成．

调试步骤：

1. 按照图 5.1 所示安装实验仪器．将试样穿在铜刀口内，安放在两立柱的正中央位置．接着装上铜杠杆，有传感器的一端插入磁体中间，铜杠杆圆柱形尖端

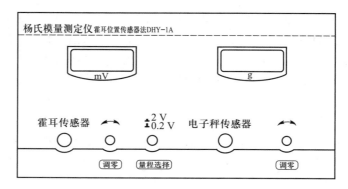

图 5.3 测试仪面板图

支点应在铜刀口上的小圆洞内，传感器若不在磁体中间，可以通过磁体调节结构上下移动磁体.

2. 将铜杠杆上的传感器三芯插座插在立柱的三芯插座上，再用专用连接线与测试仪上的霍耳位置传感器接口相连；将电子秤传感器与铜刀口下端通过拉力绳连接起来，调节加力调节旋钮，使拉力绳上不受力，将电子秤传感器与测试仪对于接口相连；接通电源，调节仪器上调零电位器使在初始条件下霍耳电压指示以及加力指示均为零. 预热 10 min 左右，确保示值稳定后即可开始实验.

3. 调节读数显微镜目镜（读数旋钮朝上），直到眼睛观察镜内的十字线和数字清晰，然后通过读数显微镜上下调节结构以及焦距调节旋钮使通过其能够清楚看到铜刀口上的基线，再转动读数鼓轮使铜刀口上的基线与读数显微镜内十字刻线吻合.

四、实验内容

用直尺测量测试样品的有效长度（两刀口之间的距离）d，游标卡尺测其宽度 b，螺旋测微器测其厚度 a，测量数据（仅供参考）分别为 $d = 23.00$ cm，$b = 2.300$ cm，$a = 0.995$ mm.

1. 测量黄铜样品的弹性模量和霍耳位置传感器的定标

（1）调节铜杠杆使集成霍耳位置传感器探测元件处于磁体中间的位置.

（2）用水平泡观察平台是否处于水平位置，若偏离水平位置，需调节水平调节机脚.

（3）调零霍耳位置传感器测量电压表. 通过磁体调节结构上下移动磁体，当电压表读数值很小时，停止调节并固定螺丝，最后调节调零电位器使电压表读数为零.

（4）调节读数显微镜，使眼睛观察十字线、分划板刻度线和数字清晰. 然后前后移动读数显微镜，使观察者能清晰看到铜刀口上的基线. 转动读数显微镜读数鼓轮使铜刀口上的基线与读数显微镜内十字刻度线吻合，记下初始读数值.

（5）在拉力绳不受力的情况下将电子秤传感器加力系统进行调零.

（6）通过加力调节旋钮（或加砝码）逐次增加拉力（每次增加砝码 10 g），相应从读数显微镜上读出测试样品的弯曲位移 ΔZ_i 及霍耳数字电压表相应的读数值 U_i（mV），以便计算弹性模量和对霍耳位置传感器进行定标.

（7）用逐差法求出 $\overline{\Delta Z}$，再求得黄铜材料的弹性模量，把测量结果与公认值进行比较（黄铜材料的弹性模量标准数据 $E_0 = 10.55 \times 10^{10}$ N/m²）.

（8）用作图法求出霍耳位置传感器的灵敏度 $\Delta U / \Delta Z$.

2. 用霍耳位置传感器测量可锻铸铁的弹性模量

（1）通过加力调节旋钮（或加砝码）逐次增加拉力（每次增加砝码 10 g），相应读出霍耳数字电压表读数值. 用逐差法求出 $\overline{\Delta U}$，再由上个步骤求出的霍耳传感器的灵敏度，计算出 $\overline{\Delta Z}$.

（2）计算可锻铸铁的弹性模量，把测量结果与公认值进行比较（可锻铸铁材料的弹性模量标准数据 $E_0 = 18.15 \times 10^{10}$ N/m²）.

五、注意事项

1. 测试样品的厚度必须准确测量. 用螺旋测微器测待测样品厚度必须不同位置多点测量取平均值. 在用螺旋测微器测量厚度时，在间隙减小时必须用尾端的棘轮旋钮，禁止旋转微分筒. 当听到嗒嗒嗒三声时，停止旋转. 有个别学生实验误差较大，其原因是不熟悉螺旋测微器的使用，将黄铜梁厚度测得偏小.

2. 读数显微镜的准线对准铜刀口上的基线时要注意区别是黄铜样品的边沿还是基线，用读数显微镜测量铜刀口基线位置时，刀口不能晃动.

3. 霍耳位置传感器定标前，应先将霍耳位置传感器调整到零输出位置，这时可调节磁体下的磁体调节结构，达到零输出的目的，另外应使霍耳位置传感器的探头处于两块磁铁的正中间（磁铁上有十字标线）稍偏下的位置，这样测量数据更可靠一些.

4. 实验完成后，调节加力调节旋钮，使加力为零（使拉力绳不受力），或完全取下砝码.

5. 实验开始前，必须检查测试样品是否有弯曲，如有应矫正，譬如可预加一定的力（或砝码）.

6. 加力调节旋钮旁的锁紧螺钉松紧适度，在一次实验过程中加力调节只能朝加力方向调节，不可回调，一次实验完成后放松锁紧螺钉，用手助力使拉力传感器恢复到初始位置.

六、思考题

1. 弯曲法测弹性模量实验，主要测量误差有哪些？请估算各因素的不确定度（即推导弹性模量不确定度的传播公式）.

2. 用霍耳位置传感器法测位移有什么优点？

▌附录

固体、液体及气体在受外力作用时，形状会发生或大或小的改变，这统称为形变. 当外力不太大，因而引起的形变也不太大时，撤掉外力，形变就会消失，这种形变称为弹性形变. 弹性形变分为长变、切变和体变三种.

一段固体棒，在其两端沿轴方向施加大小相等、方向相反的外力 $\boldsymbol{F}$，其长度 l 发生改变 Δl，以 S 表示横截面面积，称 $\dfrac{F}{S}$ 为应力，相对长变 $\dfrac{\Delta l}{l}$ 为应变. 在弹性限度内，根据胡克定律有

$$\frac{F}{S} = E \cdot \frac{\Delta l}{l}$$

E 称为弹性模量，其数值与材料性质有关.

以下具体推导式子 $E = \dfrac{d^3 mg}{4a^3 b \Delta Z}$.

在测试样品发生微小弯曲时，样品中存在一个中性面，面上部分发生压缩，面下部分发生拉伸，所以整体来说，可以理解为测试样品发生长变，即可以用弹性模量来描写材料的性质.

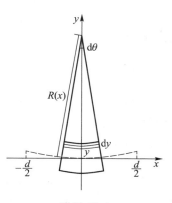

附图 18.1

如附图 18.1 所示，虚线表示弯曲样品的中性面，易知其既不拉伸也不压缩，取弯曲样品长为 $\mathrm{d}x$ 的一小段，设其曲率半径为 $R(x)$，所以对应的张角为 $\mathrm{d}\theta$，再取中性面上部距离为 y 厚为 $\mathrm{d}y$ 的一层面为研究对象，那么，样品弯曲后其长变为 $[R(x)-y]\,\mathrm{d}\theta$，所以，变化量为

$$[R(x)-y]\,\mathrm{d}\theta - \mathrm{d}x$$

又因为

$$\mathrm{d}\theta = \frac{\mathrm{d}x}{R(x)}$$

所以

$$[R(x)-y]\,\mathrm{d}\theta - \mathrm{d}x = [R(x)-y]\,\frac{\mathrm{d}x}{R(x)} - \mathrm{d}x = -\frac{y}{R(x)}\mathrm{d}x$$

所以应变为

$$\varepsilon = -\frac{y}{R(x)}$$

根据胡克定律有

$$\frac{\mathrm{d}F}{\mathrm{d}S} = -E\,\frac{y}{R(x)}$$

又因为

$$dS = bdy$$

所以

$$dF(x) = -\frac{Eby}{R(x)}dy$$

对中性面的转矩为

$$d\mu(x) = |dF|y = \frac{Eb}{R(x)}y^2dy$$

积分得

$$\mu(x) = \int_{\frac{a}{2}}^{\frac{a}{2}}\frac{Eb}{R(x)}y^2dy = \frac{Eba^3}{12R(x)} \tag{1}$$

对样品上各点，有

$$\frac{1}{R(x)} = \frac{y''(x)}{\left[1+y'(x)^2\right]^{\frac{3}{2}}}$$

因样品的弯曲微小：

$$y'(x) = 0$$

所以有

$$R(x) = \frac{1}{y''(x)} \tag{2}$$

样品平衡时，样品在 x 处的转矩应与样品右端支撑力 $\frac{mg}{2}$ 对 x 处的力矩平衡，所以有

$$\mu(x) = \frac{mg}{2}\left(\frac{d}{2}-x\right) \tag{3}$$

根据（1）式、（2）式、（3）式可以得到

$$y''(x) = \frac{6mg}{Eba^3}\left(\frac{d}{2}-x\right)$$

据所讨论问题的性质有边界条件：

$$y(0) = 0,\ y'(0) = 0$$

解上面的微分方程得到

$$y(x) = \frac{3mg}{Eba^3}\left(\frac{d}{2}x^2-\frac{1}{3}x^3\right)$$

将 $x = \frac{d}{2}$ 代入上式，得右端点的 y 值：

$$y = \frac{mgd^3}{4Eba^3}$$

又因为 $y = \Delta Z$，所以，弹性模量为

$$E = \frac{d^3mg}{4a^3b\Delta Z}$$

实验 19　声速的测量

　　声波是一种在弹性介质中传播的机械波，频率低于 20 Hz 的声波称为次声波；频率在 20 Hz～20 kHz 的声波可以被人听到，称为可闻声波；频率在 20 kHz 以上的声波称为超声波.

　　超声波在介质中的传播速度与介质的特性及状态因素有关，因而通过介质中声速的测量，可以了解介质的特性或状态变化. 例如，测氯气（气体）、蔗糖（溶液）的浓度、氯丁橡胶乳液的密度以及输油管中不同油品的分界面等，这些问题都可以通过测量这些物质中的声速来解决. 可见，声速测量在工业生产上具有一定的实用意义. 同时，通过液体中声速的测量，可以了解水下声呐技术应用的基本概念.

一、实验目的

　　1. 了解压电换能器的功能，加深对驻波及振动合成等理论知识的理解；

　　2. 学习用共振干涉法、相位比较法和时差法测量超声波的传播速度；

　　3. 通过用时差法对多种介质的测量，了解声呐技术的原理及其重要的实用意义.

　　4. 培养学生的科学精神和严谨治学的态度.

二、实验原理

　　在波动过程中，波速 v、波长 λ 和频率 f 之间存在着下列关系：$v = f\lambda$. 实验中可通过测量声波的波长 λ 和频率 f 来求得声速. 常用的方法有共振干涉法与相位比较法.

　　声波传播的距离 L 与传播的时间 t 存在下列关系：$L = vt$，只要测出 L 和 t 就可测出声波传播的速度 v，这就是时差法测量声速的原理.

　　1. 共振干涉法（驻波法）测量声速的原理

　　当两束幅度相同，方向相反的声波相交会时，产生干涉现象，出现驻波. 对于波束 1 和波束 2：

$$Y_1 = A\cos(\omega t - 2\pi X/\lambda) \tag{5.19.1}$$

$$Y_2 = A\cos(\omega t + 2\pi X/\lambda) \tag{5.19.2}$$

当它们相交会时，叠加后的波形成波束 3：

$$Y_3 = 2A\cos(2\pi X/\lambda)\cos\omega t \tag{5.19.3}$$

　　这里 ω 为声波的角频率，t 为经过的时间，X 为经过的距离. 由此可见，叠加后的声波幅度，随距离按 $\cos(2\pi X/\lambda)$ 变化，如图 5.4 所示.

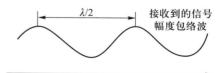

图 5.4　共振干涉法（驻波法）测量原理

实验中常用压电陶瓷换能器 S_1 作为声波发射器. 它由信号源供给频率为数千赫兹的交流电信号，由逆压电效应发出一平面超声波；而换能器 S_2 则作为声波接收器，正压电效应将接收的声压转换成电信号，该信号输入示波器，我们在示波器上可看到一组由声压信号产生的正弦波形. 声源发出的声波，经介质传播到 S_2，S_2 在接收声波信号的同时反射部分声波信号，如果接收面 (S_2) 与发射面 (S_1) 严格平行，则形成驻波. 实际上，在示波器上观察到的是这两个相干波合成后在声波接收器 S_2 处的振动情况. 移动 S_2 的位置（即改变 S_1 与 S_2 之间的距离），在示波器显示上会发现当 S_2 在某些位置时，振幅有最小值或最大值. 根据驻波理论可以知道：任何两相邻的振幅最大值（即波腹）的位置之间（或两相邻的振幅最小值，即波节的位置之间）的距离均为 $\lambda/2$，如图 5.4 所示. λ 为测量声波的波长，可以在观察示波器上声压振幅值的同时，缓慢地改变 S_1 和 S_2 之间的距离. 示波器上就可以看到声振动幅值不断地由最大变到最小再变到最大，两相邻的振幅最大处之间 S_2 移动过的距离亦为 $\lambda/2$. 超声换能器 S_2 至 S_1 之间距离的改变可通过转动螺杆的鼓轮来实现，而超声波的频率又可由声波测试仪信号源频率显示窗口直接读出. 在连续多次测量相隔半波长的 S_2 的位置变化及声波频率 f 以后，可运用测量数据计算出声速，用逐差法处理测量的数据.

2. 相位法测量声速原理

声源 S_1 发出声波后，在其周围形成声场，声场在介质中任一点的振动相位是随时间而变化的. 但它和声源的振动相位差 $\Delta\Phi$ 不随时间变化.

设声源方程为 $F_1 = F_{01}\cos\omega t$，距声源 X 处 S_2 接收到的振动为 $F_2 = F_{02}\cos\omega\left(t - \dfrac{X}{v}\right)$，两处振动的相位差 $\Delta\Phi = \omega\dfrac{X}{v}$，当把 S_1 和 S_2 的信号分别输入示波器 X 轴和 Y 轴，那么当 $X = n\lambda$，即 $\Delta\Phi = 2n\pi$ 时，合振动为一斜率为正的直线，当 $X = (2n+1)\lambda/2$，即 $\Delta\Phi = (2n+1)\pi$ 时，合振动为一斜率为负的直线，当 X 为其他值时，合振动为椭圆（如图 5.5 所示）.

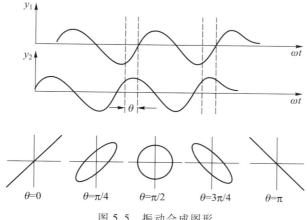

图 5.5 振动合成图形

3. 时差法测量声速的原理

以上两种方法测声速，都是用示波器观察波谷和波峰，或观察两个波之间的相位差，但存在读数误差，较精确测量声速的方法是用时差法. 时差法在工程中得到了广泛应用，它是将经脉冲调制的电信号加到声波发射器上，声波在介质中传播，经过时间 t 后，到达距离 L 处的声波接收器，如图 5.6 所示. 可以用公式 $v=L/t$ 求出声波在介质中传播的速度.

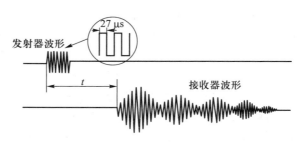

图 5.6　时差法测量原理

三、实验仪器

ZKY-SS 型声速测定实验仪、双踪示波器、300 mm 游标卡尺.

四、实验内容

1. 声速测定实验仪系统的连接与工作频率调节

（1）声速测定实验仪连接如图 5.7 所示. 信号源面板上的超声发射驱动端口（TR），用于输出一定频率的功率信号，请接至测试架左边的超声发射换能器（定

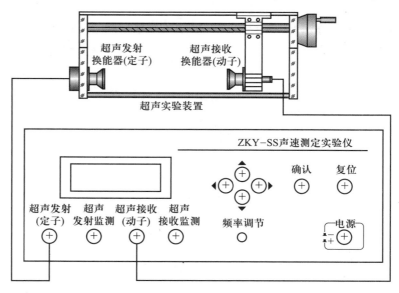

图 5.7　声速测定实验仪连接图

子）；仪器面板上的超声接收换能器信号输入端口（RE），请连接到测试架右边的超声接收换能器（动子）. 信号源面板上的超声发射监测信号输出端口（MT）输出发射波形，请接至双踪示波器的 CH1（Y 通道），用于观察发射波形；仪器面板上的超声接收监测信号输出端口输出接收的波形，请接至双踪示波器的 CH2（X 通道），用于观察接收波形.

（2）在接通市电开机后，仪器自动进入按键说明界面. 按确认键后进入工作模式选择界面，可选择驱动信号为连续正弦波工作模式（共振干涉法与相位比较法）或脉冲波工作模式（时差法）；在工作模式选择界面中选择驱动信号为连续正弦波工作模式，在连续正弦波工作模式中使信号源工作预热 15 min.

（3）谐振频率的调节

在仪器预热后，首先自行约定换能器之间的距离变化范围，在变化范围内随意设定换能器之间的距离，然后调节声速测定实验仪信号源输出电压（10～15 V_{p-p}），调整信号频率（30～45 kHz），观察频率调整时接收波形的电压幅度变化，在某一频率点处（34～38 kHz）电压幅度最大，这时稳定信号频率，再改变换能器之间的距离，改变距离的同时观察接收波形的电压幅度变化，记录接收波形电压幅度的最大值和频率值；再次改变换能器间的距离到适当选择位置，重复上述频率测定工作，共测 5 次，在多次测试数据中取接收波形电压幅度最大的信号频率作为压电陶瓷换能器系统的最佳工作频率.

2. 用共振干涉法测量空气中的声速

（1）将示波器设定在扫描工作状态，扫描速度约为 10 μs/div，信号输入通道输入调节旋钮约为 1 V/div（根据实际情况有所不同），并将发射输出信号输入端设为触发信号端. 信号源选择连续波（Sine-Wave）模式，设定发射增益为 2 挡、接收增益为 2 挡.

（2）摇动超声实验装置丝杆摇柄，在超声发射换能器与超声接收换能器距离为 5 cm 附近处，找到共振位置（振幅最大），作为第 1 个测量点 X_0，然后同向摇动丝杆摇柄使超声接收换能器远离超声发射换能器，每到共振位置均记录位置读数，逐个记下振幅最大的位置 $X_1, X_2, \cdots, X_9$，用逐差法处理数据，即可得到波长 λ.

（3）用相位比较法测量空气中的声速

保持调谐频率不变，信号源选择连续波（Sine-Wave）模式，设定发射增益为 2 挡、接收增益为 2 挡. 将示波器在设定 X-Y 工作状态，将信号源的超声发射监测输出信号接到示波器的 X 输入端，并设为触发信号，超声接收监测输出信号接到示波器的 Y 输入端.

在超声发射换能器与超声接收换能器距离为 5 cm 附近处，找到 $\Delta\Phi = 0$ 的点，作为第 1 个测量点 X_0，摇动丝杆摇柄使超声接收换能器远离超声发射换能器，每到 $\Delta\Phi = 0$ 时均记录位置读数，逐个记下振幅最大的位置 $X_1, X_2, \cdots, X_9$，用逐差法处理数据，即可得到波长 λ.

3. 用时差法测量空气和水中的声速

信号源选择脉冲波工作模式，设定发射增益为 2 挡，接收增益调节为 2 挡.

将超声发射换能器与超声接收换能器距离为 3 cm 附近处，作为第 1 个测量点 L_0，摇动丝杆摇柄使超声接收换能器远离超声发射换能器，每隔 20 mm 记录 L_i 和 t_i，则声速 $v_i = \dfrac{L_i - L_{i-1}}{t_i - t_{i-1}}$.

五、数据处理

1. 自拟表格记录所有的实验数据，表格要便于用逐差法求相应位置的差值和计算.

2. 以空气介质为例，计算出共振干涉法和相位法测得的波长平均值 $\overline{\lambda}$.

3. 利用理论值公式 $v_s = v_0 \sqrt{T/T_0}$，算出理论值 v_s，式中 $v_0 = 331.45$ m/s 为 $T_0 = 273.15$ K 时的声速.

4. 计算通过两种方法测量的 v 以及 Δv 值，其中 $\Delta v = v - v_s$. 将实验结果与理论值比较，计算百分比误差，分析误差产生的原因.

5. 用逐差法求相应的时差值，然后计算声速值，与理论声速值进行比较，并计算百分误差.

六、思考题

1. 声速测量中共振干涉法、相位法、时差法有何异同？

2. 为什么要在谐振频率条件下进行声速测量？如何调节和判断测量系统是否处于谐振状态？

3. 为什么超声发射换能器的发射面与超声接收换能器的接收面要保持互相平行？

4. 声音在不同介质中传播有何区别？声速为什么会不同？

5. 在同一介质中，当温度不同时声速有何变化？声速在不同介质中随温度的变化是否相同？

实验 20　非平衡直流电桥的使用

电桥按测量方式可分为平衡电桥和非平衡电桥. 平衡电桥是把待测电阻与标准电阻进行比较, 通过调节电桥平衡, 从而测得待测电阻值, 它只能用于测量具有相对稳定状态的物理量, 而在实际工程和科学实验中, 很多物理量是连续变化的, 只能采用非平衡电桥才能测量; 非平衡电桥的基本原理是通过桥式电路来测量电阻, 根据电桥输出的不平衡电压进行运算处理, 从而得到引起电阻变化的其他物理量, 如温度、压力、形变等.

一、实验目的

1. 学习非平衡直流电桥电压输出方法测量电阻的基本原理和操作方法;
2. 掌握根据不同待测电阻选择不同桥式和桥臂电阻的初步方法;
3. 了解非平衡直流电桥在工程中的应用.

二、实验原理

非平衡电桥原理如图 5.8 所示.

B、D 之间为一负载电阻 R_g, 只要测量电桥输出 U_g、I_g, 就可得到 R_x 值, 并求得输出功率. 在实验中, 根据 R_1、R_2、R_3 及 R_4 的取值不同, 电桥可以分为: 等臂电桥 ($R_1 = R_2 = R_3 = R_4$); 输出对称电桥即卧式电桥 ($R_1 = R_4 = R$, $R_2 = R_3 = R'$, 且 $R \neq R'$); 电源对称电桥即立式电桥 ($R_1 = R_2 = R'$, $R_3 = R_4 = R$, 且 $R \neq R'$).

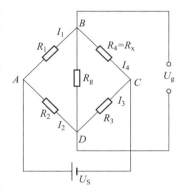

图 5.8　非平衡电桥原理

电压电桥:

在非平衡电桥原理图中, 当负载电阻 $R_g \rightarrow \infty$, 即电桥输出处于开路状态时, $I_g = 0$, 仅有电压输出, 并用 U_0 表示, 根据分压原理, ABC 半桥的电压降为 U_S, 通过 R_1, R_4 两臂的电流为

$$I_1 = I_4 = \frac{U_S}{R_1 + R_4} \tag{5.20.1}$$

则 R_4 上的电压降为

$$U_{BC} = \frac{R_4}{R_1 + R_4} U_S \tag{5.20.2}$$

同理 R_3 上的电压降为

$$U_{DC} = \frac{R_3}{R_2 + R_3} U_S \tag{5.20.3}$$

输出电压 U_0 为 U_{BC} 与 U_{DC} 之差：

$$U_0 = U_{BC} - U_{DC} = \frac{R_4}{R_1+R_4}U_S - \frac{R_3}{R_2+R_3}U_S$$

$$= \frac{(R_2R_4 - R_1R_3)}{(R_1+R_4)(R_2+R_3)}U_S \qquad (5.20.4)$$

当满足条件 $R_1R_3 = R_2R_4$ 时，电桥输出 $U_0 = 0$，即电桥处于平衡状态.（5.20.4）式就称为电桥的平衡条件. 为了测量的准确性，在测量的起始点，电桥必须调至平衡，称为预调平衡. 这样可使输出只与某一臂电阻变化有关. 若 R_1，R_2，R_3 固定，R_4 为待测电阻 $R_4 = R_x$，则当 $R_4 \to R_4 + \Delta R$ 时，因电桥不平衡而产生的电压输出为

$$U_0 = \frac{R_2R_4 + R_2\Delta R - R_1R_3}{(R_1+R_4)(R_2+R_3) + \Delta R(R_2+R_3)}U_S \qquad (5.20.5)$$

当电阻增量 ΔR 较小，即满足 $\Delta R \ll R_x$ 时，公式的分母中含 ΔR 项可略去，公式可得以简化，各种电桥的输出电压公式为

（1）等臂电桥：
$$U_0 = \frac{U_S}{4} \cdot \frac{\Delta R}{R} \qquad (5.20.6)$$

（2）卧式电桥：
$$U_0 = \frac{U_S}{4} \cdot \frac{\Delta R}{R} \qquad (5.20.7)$$

（3）立式电桥：
$$U_0 = \frac{RR'}{(R+R')^2} \cdot \frac{\Delta R}{R}U_S \qquad (5.20.8)$$

注意：上式中的 R 和其 R' 均为预调平衡时的电阻.

三、实验仪器

FQJ 型非平衡直流电桥、FQJ-2 型非平衡直流电桥加热装置.

FQJ 型非平衡直流电桥有三个桥臂 R_a、R_b 及 R_c，其中 $R_a = R_b$ 由同轴双层 $10 \times (1\,000+100+10+1+0.1)\,\Omega$ 电阻箱组成，R_c 则由 $10 \times (1\,000+100+10+1+0.1+0.01)\,\Omega$ 电阻箱组成，调节范围为 $0 \sim 11.111\,0\,k\Omega$，负载电阻 R'_g 由 1 个 $10\,k\Omega$ 的多圈电位器（粗调）和 1 个 $100\,\Omega$ 多圈电位器（细调）串联而成，可在 $10.1\,k\Omega$ 范围内调节. 数字电压表量程为 $200\,mV$.

四、实验内容

1. 用惠斯通电桥测量电阻

电桥接线图如图 5.9 所示.

① 量程倍率设置：通过面板上的连线 R_a、R_b 与 R_1、R_2 两组开关来实现，如"×1"倍率，如图所示，R_a 挂空，R_1 的 $1\,000\,\Omega$ 孔用导线连接，R_b 接 R_2，"1 000"盘上打"1"，其余盘均为 0，由此可组成表 5.20.1 中不同的量程倍率.

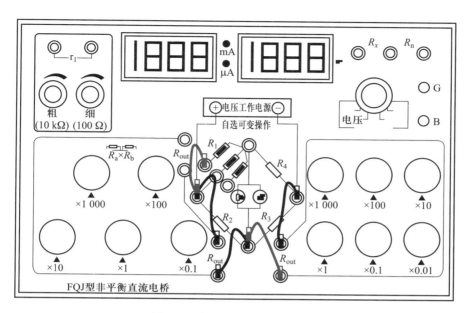

图 5.9　惠斯通电桥电路连接图

表 5.20.1

量程倍率	有效量程	准确度/%	电源电压/V
×10^{-2}	10~111.111 Ω	0.5	5
×10^{-1}	100~1 111.11 Ω	0.3	5、1.3
×1	1~11.111 1 kΩ	0.2	5、1.3
×10^{1}	10~111.111 kΩ	1	15
×10^{2}	100~1 111.11 kΩ	2	15

② "功能、电压选择"开关置于"平衡 5 V"或"平衡 15 V"（可按表 5.20.1 所示选择），并接通电源.

③ 按图 5.9 所示，在"R_x"两端接上被测电阻，R_3 测量盘打到与被测电阻相应的数字，按下 G，B 按钮，调节 R_3，使电桥平衡（电流表示数为 0）：

$$R_x = \frac{R_1}{R_2} R_3 = K R_3$$

记录各转盘读数之和乘以 K 所得的值即 R_x 的值.

2. 采用立式电桥测量：用惠斯通电桥（平衡电桥）测量铜电阻 [Cu50 的 $R(T)$]（配用 FQJ 非平衡直流电桥加热装置）

根据"铜热电阻 Cu50 的电阻-温度特性表"中电阻变化情况，选择桥臂，确定 R_1/R_2，将转换开关置于"平衡"，电压选择（1.3 V、5 V、15 V）位置，按下 G，B 按钮，调节 R_3，使电桥平衡（电流表示数为 0）. 记录温度和电阻值 R_0，开始升温, 每隔 5 ℃ 测 1 个点, 记入表 5.20.2, 加热范围从室温至 65 ℃.

表 5.20.2 用惠斯通电桥测量铜电阻

$t/℃$								
R_t/Ω								

3. 采用卧式非平衡电桥电压输出形式测量铜电阻 (图 5.10)

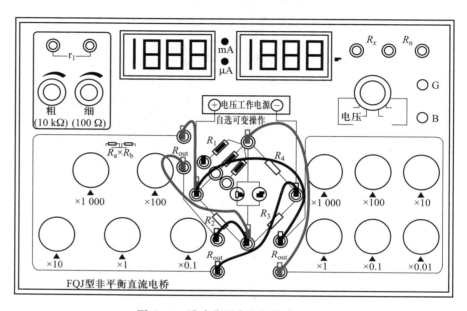

图 5.10 卧式非平衡电桥线路连接图

① 确定各桥臂电阻值. 设定室温时的铜电阻值为 R_0 (查表) 使 $R = R_1 = R_4 = R_0$, 选择 $R' = R_2 = R_3 = 1\ 000\ \Omega$ (供参考, 可自行设计).

② 预调平衡, 将待测电阻接至 R_x, $R_2 = R_3 = 1\ 000\ \Omega$, $R_1 = R_0$, 功能转换开关转至电压输出, G, B 按钮按下, 微调 R_1 使电压 $U_0 = 0$.

③ 开始升温, 每 5 ℃ 测量 1 个点, 同时读取温度 t 和输出 $U_0(t)$, 连续升温, 分别将温度及电压值记入表 5.20.3.

④ 计算出 ΔR 的实验值, 其中 $U_S = 1.3$ V.

⑤ 计算 $R(t)$.

表 5.20.3 非平衡电桥电压输入式测量铜电阻

$t/℃$							
$U_0(t)/\text{mV}$							
$\Delta R/\Omega$							
$R(t)/\Omega$							

4. 采用立式非平衡电桥电压输出形式测量铜电阻

① 按图 5.11 连接线路，使 $R = R_3 = R_4$，$R' = R_1 = R_2 = 100\ \Omega$ 左右.

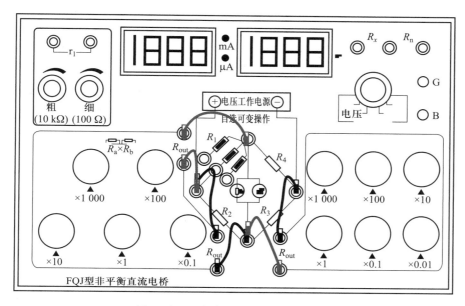

图 5.11　立式非平衡电桥线路连接图

② 其余步骤、方法和采用卧式非平衡电桥电压输出形式测量铜电阻相同.

③ 升温测量，数据列表记录(同上).

五、注意事项

（1）实验开始前，所有导线，特别是加热炉与温控仪之间的信号输入线应连接可靠.

（2）传热铜块与传感器组件，出厂时已由厂家调节好，不得随意拆卸.

（3）装置在加热时，应注意关闭风扇电源.

（4）温控仪机箱后部电源插座中的熔丝管应选用 1~1.5 A.

（5）实验完毕后，应切断仪器工作电源.

注意：由于热敏电阻、铜电阻耐高温的局限，在设定加温的上限值时不允许超过 120 ℃.

六、数据处理

1. 平衡电桥

作 $R(t)\text{-}t$ 图，由图求出电阻温度系数 $\alpha = \dfrac{\Delta R}{R_0 \cdot \Delta T}$，其中 R_0 为 0 ℃ 时的电阻值. 与标准值相比较，求出百分误差，并写出表达式.

2. 卧式非平衡电桥测量

根据(5.20.7)式求出各点的 $\Delta R(t)$ 和 $R(t)$ 值，然后作 $R(t)-t$ 图并用图解法求出 0 ℃时的电阻值 R_0 和电阻温度系数 α.

3. 立式非平衡电桥测量

根据(5.20.8)式求出各点的 $\Delta R(t)$ 和 $R(t)$ 值，然后作 $R(t)-t$ 图并用图解法求出 0 ℃时的电阻值 R_0 和电阻温度系数 α.

七、思考题

1. 测量电阻的原理是什么？

2. 使用双桥测量小电阻时为什么要使 $R_1 = R_2$，如果不相等有何影响？

3. 非平衡电桥在工程中有哪些应用？试举一两例.

4. 非平衡电桥之立式电桥为什么比卧式电桥测量范围大？

5. 当采用立式电桥测量某电阻变化时，若产生电压表溢出现象，应采取什么措施？

实验 21 分光计的调整与使用

分光计是测量光线经过棱镜、光栅等光学元件后偏转角度的仪器. 分光计可用来观察光学现象，测定折射率、光波波长、光栅常量等物理量. 本实验通过测定三棱镜的折射率来学习分光计的调整与使用.

一、实验目的

1. 了解分光计的结构，学会分光计的调节与使用方法；
2. 掌握测定三棱镜顶角、最小偏向角的方法，测定三棱镜的折射率.

二、实验原理

图 5.12 为单色光入射三棱镜的光路图. AB 与 AC 分别是三棱镜的两个光学表面（称折射面），BC 为粗磨面（称三棱镜的底面），两光学表面的夹角 A（即 α 角），叫做三棱镜的顶角. 入射光线 LD 经三棱镜两次折射后，沿 ER 方向射出. i_1 和 i_2 分别为光线在界面 AB 的入射角和折射角，i_3 和 i_4 分别为光线在界面 AC 的入射角和折射角. 入射光线 LD 和出射光线 ER 所成的角 δ 称为偏向角. 理论证明，如果入射光线和出射光线处在三棱镜的对称位置（即 $i_1 = i_4$）时，偏向角 δ 之值达到最小. 这时的偏向角 δ 称为最小偏向角，用 δ_m 表示. 不难推导得出

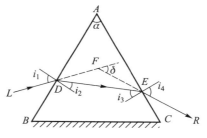

图 5.12 三棱镜的折射

$$i_1 = \frac{A + \delta_m}{2}, \qquad i_2 = \frac{A}{2}$$

设空气的折射率 $n_0 = 1$，三棱镜的折射率为 n，则根据折射定律可得

$$n_0 \sin i_1 = n \sin i_2$$

即

$$n = \frac{\sin i_1}{\sin i_2} = \frac{\sin \dfrac{A + \delta_m}{2}}{\sin \dfrac{A}{2}} \qquad (5.21.1)$$

只要测出三棱镜的顶角 A 和最小偏向角 δ_m，就可以求出三棱镜的折射率 n.

三、实验仪器

JYY 型分光计、三棱镜、钠灯.

JYY 型分光计是一种分光测角光学实验仪器，在利用光的反射、折射、衍射和偏振原理的各项实验中作角度测量.

1. 结构原理

JYY型分光计(后简称分光计)的外形如图5.13所示.

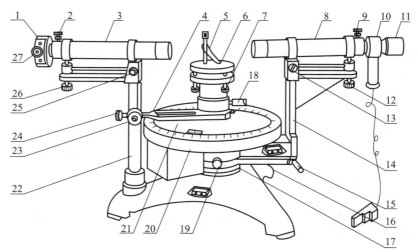

1—狭缝装置;2—狭缝装置锁紧螺钉;3—平行光管;4—制动架(二);5—夹持弹簧;6—载物台;
7—载物台调平螺钉(3只);8—阿贝式自准直望远镜;9—目镜锁紧螺钉;10—阿贝式自准直目镜;
11—目镜视度调节手轮;12—望远镜光轴高低调节螺钉;13—望远镜光轴水平调节螺钉(在背面);
14—支臂;15—望远镜微调螺钉(在背面);16—望远镜与主轴止动螺钉(在背面);17—制动架(一);
18—载物台锁紧螺钉;19—转座与度盘止动螺钉;20—(刻)度盘;21—游标盘;22—立柱;
23—游标盘微调螺钉;24—游标盘止动螺钉;25—平行光管光轴水平调节螺钉;
26—平行光管光轴高低调节螺钉;27—狭缝宽度调节手轮

图5.13 分光计的外形图

（1）读数系统

在底座的中央固定一中心轴,度盘(20)和游标盘(21)套在中心轴上,可以绕中心轴旋转,度盘下端有一推力轴承支撑,使其旋转灵活轻便.度盘上刻有720等分的刻线,每一格的格值为30分,对径方向设有两个游标读数装置,测量时,读出两个读数值,然后取平均值,这样可以消除偏心引起的误差.

（2）平行光管

立柱(22)固定在底座上,平行光管(3)安装在立柱上,平行光管的光轴位置可以通过立柱上的平行光管光轴调节螺钉(25、26)来进行微调,平行光管带有一狭缝装置(1),可沿光轴移动和转动,狭缝的宽度可以在0.02~2 mm范围内调节.

（3）望远镜

其结构如图5.14所示.阿贝式自准直望远镜(8)安装在支臂(14)上,支臂与转座固定在一起,并套在度盘上,当松开转座与度盘止动螺钉(19)时,转座与度盘可以相对转动,当旋紧转座与度盘止动螺钉时,转座与度盘一起旋转.旋转制动架(一)(17)与底座上的望远

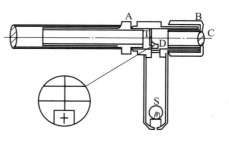

图5.14 望远镜结构

镜与主轴止动螺钉(16)时，借助制动架(一)末端上的望远镜微调螺钉(15)可以对望远镜进行微调(旋转).同平行光管一样，望远镜系统的光轴位置，也可以通过望远镜光轴调节螺钉(12、13)进行微调.望远镜系统的阿贝式自准直目镜(10)可以沿光轴移动和转动，目镜的视度可以调节.外接 6.3 V 电源插头，接在底座的插座上，通过导环通到转座的插座上，望远镜系统的照明器插头插在转座的插座上，这样可以避免望远镜系统旋转时的电线拖动.

（4）载物台

载物台(6)套在游标盘上，可以绕中心轴旋转，旋紧载物台锁紧螺钉(18)和制动架(二)与游标盘止动螺钉(24)时，借助立柱上的游标盘微调螺钉(23)可以对载物台进行微调(旋转).放松载物台锁紧螺钉时，载物台可根据需要升高或降低.调到所需要的位置后，再把锁紧螺钉旋紧.载物台有三个调平螺钉(7)用来调节使载物台面与旋转中心线垂直.

2.仪器的调整

（1）目镜的调焦

目镜调焦的目的是使眼睛通过目镜能很清楚地看到目镜分划板上的刻线.

调焦方法：先把目镜视度调节手轮(11)旋出，然后一边旋进，一边从目镜中观察，直至分划板刻线成像清晰，再慢慢地旋出手轮，至目镜中像的清晰度将被破坏时为止.

（2）望远镜的调焦

望远镜调焦的目的是将目镜分划板上的十字线调整到物镜的焦平面上，也就是望远镜对无穷远调焦.其方法如下：

① 接上灯源(把从变压器出来的 6.3 V 电源插头插在底座的插座上，把目镜照明器上的插头插在转座的插座上).

② 调节望远镜光轴调节螺钉(12、13)将望远镜光轴调到适中的位置.

③ 在载物台的中央放上光学平行平板(双面反射镜)，其反射面对着望远镜物镜，且与望远镜光轴大致垂直.

④ 通过调节载物台调平螺钉(7)和转动载物台，使望远镜的反射像和望远镜在一直线上.

⑤ 从目镜中观察，此时可以看到一个亮斑，前后移动目镜，对望远镜进行调焦，使十字线成像清晰(图 5.15)，然后，利用载物台调平螺钉和载物台微调机构，把这十字像调节到与分划板的十字线重合，往复移动目镜，使十字像与十字线无视差地重合.

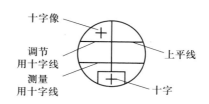

图 5.15　分划板结构及反射像

（3）调整望远镜的光轴垂直于旋转主轴

① 调整望远镜光轴高低调节螺钉(12)，使反射回来的十字像精确地成像在十字线上.

② 把游标盘连同载物台平行平板旋转 180°，观察到的十字像可能与十字线

有一个垂直方向的位移，也就是说，十字像可能偏高或偏低.

③ 调节载物台调平螺钉，使位移减小一半.

④ 调整望远镜光轴高低调节螺钉（12），使垂直方向的位移完全消除.

⑤ 把游标盘连同载物台、平行平板再转过 180°，检查其重合程度. 重复③和④使偏差得到完全校正.

（4）望远镜的调焦及其与仪器主轴垂直的调整

在进行第（2）、第（3）步调节时将遇到很大困难，下面将详细介绍调节方法.

① 调节望远镜光轴水平调节螺钉，使其对准载物台的中心，并调节望远镜光轴高低调节螺钉，使其一端明显偏低.

② 调节载物台调平螺钉，使其台面下四周露出约 5 mm 等宽的缝.

③ 将双面反射镜放在载物台的正中，并使反射面垂直载物台调平螺钉 a、b 的连线，如图 5.16 所示，用夹持弹簧将双面反射镜固定在载物台上.

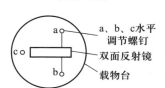

图 5.16 双面反射镜在载物台上的位置

④ 转动望远镜，使其正对双面反射镜的反射面. 右手调节望远镜光轴高低调节螺钉，使其水平，同时左手小幅度地不断左右转动游标盘（此时需锁紧载物台锁紧螺钉），直至在望远镜中看到晃动的亮线，停止转动游标盘和停止调节望远镜光轴高低调节螺钉，此时视场内将出现十字像（图 5.15），记下度盘读数.

⑤ 将十字像调至视场中央，转动游标盘 180°，微调载物台调平螺钉 a、b 中的一个，同时微调望远镜光轴高低调节螺钉，一般会很快出现十字像，此时双面反射镜的两个反射面中都有十字像.

⑥ 在两个反射面中出现的十字像有两种情况：在上平线的同侧或异侧. 假设反射面与中心轴平行，而望远镜光轴与中心轴不垂直（图 5.17），则十字像在上平线的上方，转动游标盘 180°，则第二个反射面中的十字像也应在上平线上方的同一高度. 假设反射面与中心轴不平行，而望远镜光轴与中心轴垂直（图 5.18），则十字像在上平线的下方，转动游标盘 180°，则第二个反射面中的十字像一定在上平线的上方，且两个像与上平线的距离相等. 所以，若两个反射十字像在上平线的同侧且等高，则望远镜没调平；若两个像在上平线的异侧且等距，则载物台没调好. 实验中一般出现的是两像在同侧但不等高或异侧但不等距.

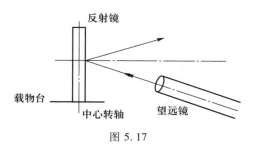

图 5.17

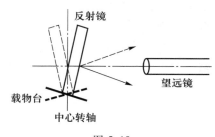

图 5.18

a. 十字像在上平线的异侧

观察两个反射十字像与上平线的距离，确定两个距离值，调节望远镜光轴高低调节螺钉，将距上平线较远的像向上平线移动两个距离差值的一半（也可将距上平线较近的像背离上平线移动两个距离差值的一半），此时两个反射面中的十字像与上平线等距，因而望远镜已调好. 再调载物台调平螺钉 a、b 中的一个，将十字像调到上平线，因而双面反射镜的反射面与中心轴平行，可以说载物台已"调好". 重复调节这两小步，则很快可以将两十字像调至上平线上.

b. 十字像在上平线的同侧

观察两个十字像与上平线的距离，调节载物台调平螺钉 a、b 中的一个，将离上平线较远的十字像向上平线移动两个距离差值的一半，此时两个十字像与上平线等高，可以说载物台已"调好". 再调望远镜光轴高低调节螺钉，将十字像调至上平线，则望远镜已调好.

⑦ 此时双面反射镜面虽与中心轴垂直，但不能说载物台已与中心轴垂直. 不过此时载物台调平螺钉中的 a、b 已等高，只是 c 与 a、b 不等高而已. 我们可以将双面反射镜在载物台上转动 90°，转动望远镜，使其正对双面反射镜. 右手调节螺钉 c，左手小幅度不断左右转动游标盘，在视场中一定会出现晃动的亮线，停止转动游标盘，此时在望远镜中看到十字像. 继续调节螺钉 c，将十字像调至上平线，则载物台已调好.

（5）将分划板十字线调成水平和垂直

当载物台连同光学平行平板相对于望远镜旋转时，观察十字像是否水平地移动，如果分划板的水平刻线与十字像的移动方向不平行，就要转动目镜，使十字像的移动方向与分划板的水平刻线平行，需要注意的是不要破坏望远镜的调焦，然后将目镜锁紧螺钉旋紧.

（6）平行光管的调焦

目的是把狭缝调整到物镜的焦平面上，也就是平行光管对无穷远调焦. 方法如下：

① 打开钠灯，经预热正常发光后，照射打开的狭缝.

② 在平行光管物镜前放一张白纸，检查在白纸上形成的光斑，调节光源的位置，使得其在整个物镜孔径上照明均匀.

③ 去掉白纸，把平行光管光轴水平调节螺钉(25)调到适中的位置，将望远镜正对平行光管，从望远镜的目镜中观察，调节望远镜装置和平行光管高低调节螺钉(26)，使狭缝位于视场中心.

④ 前后移动狭缝装置，使狭缝清晰地成像在望远镜分划板平面上.

（7）调整平行光管的光轴垂直于旋转主轴

将狭缝装置锁紧螺钉(2)拧松，转动狭缝装置，使狭缝为水平状态，调整平行光管光轴高低调节螺钉(26)升高或降低狭缝像的位置，使狭缝与目镜分划板的上下中心水平刻线平行，使得狭缝对目镜视场的中心对称.

（8）将平行光管狭缝调成垂直

旋转狭缝装置，使狭缝与目镜分划板的垂直刻线平行，注意不要破坏平行光管的调焦，然后将狭缝装置锁紧螺钉旋紧.

四、实验步骤

1. 将分光计按"仪器的调整"中所述的方法调整好.

2. 测量三棱镜的顶角.

（1）自准法

自准法又称法线法. 其测量步骤如下：

① 取下平行平板，放上被测三棱镜，如图 5.19 所示.

② 调好游标盘的位置，使游标在测量过程中不被平行光管或望远镜挡住，锁紧制动架（二）、游标盘止动螺钉、载物台锁紧螺钉与游标盘止动螺钉.

③ 使望远镜对准 AB 面，锁紧转座与度盘、望远镜与主轴止动螺钉.

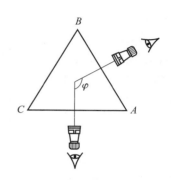

图 5.19　自准法测顶角

④ 旋转制动架（一）末端的望远镜微调螺钉，对望远镜进行微调（旋转），使十字像与十字线完全重合.

⑤ 分别记下对径方向上游标所指示的度盘的两个读数，取其平均值 $\overline{\theta_1}$.

⑥ 放松望远镜与主轴止动螺钉，旋转望远镜，使其对准 AC 面，锁紧望远镜与主轴止动螺钉.

⑦ 重复④、⑤得到平均值 $\overline{\theta_2}$.

⑧ 计算顶角：$A = 180° - (\overline{\theta_2} - \overline{\theta_1})$.

重复三次，取其平均值 $\overline{A}$.

（2）反射法

把三棱镜放在分光计的载物台中央，使它的顶角 A 对准平行光管. 用钠灯照亮狭缝，通过平行光管产生平行光束，投射到三棱镜的两个光学表面 AB 和 AC 上，且都被它们反射出来，如图 5.20 所示. 测从 AB 面反射的光线，可从望远镜转到位置 I 处进行观察，反射光线的方位角 θ_1 可用分光计测得. 方法是将望远镜十字线的竖线对准反射光线（即狭缝像），分别从读数圆盘左右两个游标上读出 $\theta_1^{左}$ 和 $\theta_1^{右}$. 从 AC 面上反射的光线可将望远镜转到位置 II 进行观察和测量，设 AC 面上的反射光线的方位角为 θ_2，从读数圆盘左右两个游标上读得 $\theta_2^{左}$ 和 $\theta_2^{右}$，两条反射光线的夹角 ψ 应为

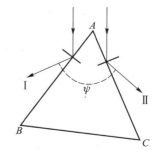

图 5.20　反射法测顶角

$$\psi = \theta_2 - \theta_1 = \frac{|\theta_2^{左} - \theta_1^{左}| + |\theta_2^{右} - \theta_1^{右}|}{2}$$

可以证明，顶角 A 与 ψ 的关系是

$$A = \frac{\psi}{2} = \frac{|\theta_2^{左} - \theta_1^{左}| + |\theta_2^{右} - \theta_1^{右}|}{4} \tag{5.21.2}$$

在调节望远镜十字线与反射光线对准时，还可用望远镜微调螺钉进行微调. 微调时应先锁紧望远镜与主轴止动螺钉，否则微调螺钉起不到微调的作用. 同时要注意，转动望远镜时，须先松开望远镜与主轴止动螺钉. 操作时请注意，三棱镜的顶角 A 应尽量处于分光计的主轴中心处，否则因反射光 Ⅰ、Ⅱ 的偏转中心过度偏离分光计的主轴，会带来较大的测量误差.

3. 测量最小偏向角.

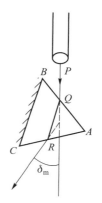

图 5.21 测量最小偏向角

如图 5.21 所示放置三棱镜. 用钠灯照亮狭缝，则来自平行光管的平行单色钠光束经三棱镜折射而偏转，用望远镜观察此折射线，这时偏向角可能不是最小，然后慢慢转动放置三棱镜的载物台，使折射线（黄色亮线）向入射光方向靠近，即偏向角减小（望远镜也要跟踪转动，不要使亮线离开望远镜视场，否则无法测量）. 当载物台转到某一位置时，偏向角变到最小（最小偏向角），如果再继续旋转载物台，折射光线将反方向回转，使偏向角变大. 测量时必须留意折射光线是否处于最小偏向角的位置. 用望远镜对准处于最小偏向角位置的折射光线，读出折射光方位角 $\theta^{左}$ 和 $\theta^{右}$.

测定入射光线方位时，将望远镜对准平行光管，微调望远镜，使十字线对准狭缝像中央，在两个读数圆盘上可读得角度 $\theta_0^{左}$ 和 $\theta_0^{右}$，则

$$\delta_{\mathrm{m}} = \frac{(\theta_0^{左} - \theta^{左}) + (\theta_0^{右} - \theta^{右})}{2} \tag{5.21.3}$$

重复测量三次以上，求出其平均值 $\overline{\delta_{\mathrm{m}}}$.

4. 将测得的顶角和最小偏向角代入（5.21.1）式，计算折射率 n.

五、预习思考题

1. 分光计由哪几部分组成？各部分的作用是什么？

2. 分光计有哪些锁紧螺钉？其作用各是什么？

3. 简述分光计的调整过程.

4. 画出光学平行平板（双面反射镜）在调整时放置的示意图，在调整中应怎样调节载物台下调平螺钉？

5. 仪器调节好后，望远镜、载物台、中心轴、平行光管之间应满足哪些关系？

6. 简述最小偏向角的测量过程.

六、数据记录

1. 自准法（法线法）测三棱镜的顶角（不用钠灯）

次数	方位	左游标读数	右游标读数	顶角 A	平均值 $\overline{A}$
1	θ_1				
	θ_2				
2	θ_1				
	θ_2				
3	θ_1				
	θ_2				

2. 反射法测顶角的数据记录表格同上.

3. 测量最小偏向角

次数	方位	左游标读数	右游标读数	最小偏向角 δ_m	平均值 $\overline{\delta_m}$
1	θ_0				
	θ				
2	θ_0				
	θ				
3	θ_0				
	θ				

实验 22　迈克耳孙干涉仪的调整与使用

一、实验目的

1. 了解迈克耳孙干涉仪的构造及设计原理，掌握调节方法；
2. 利用点光源产生的同心圆干涉条纹测定单色光的波长.

二、实验原理

迈克耳孙干涉仪的光路图如图 5.22 所示，M_1 与 M_2 是两片精细磨光的平面反
射镜，其中 M_1 是固定的，M_2 用旋钮控
制，可作微小移动. G_1 和 G_2 是两块厚度
和折射率都相同且彼此精确平行的玻璃
片. 在 G_1 的一个表面上镀有半透明的薄
银层，使照射在 G_1 上的光线一半反射，
一半透射. G_1、G_2 这两块平行玻璃片与
M_1 和 M_2 倾斜成 45°角.

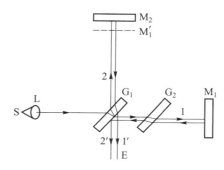

图 5.22　实验光路图

光源 S 的光线，经过透镜(扩束镜)L
后，成为平行光线. 射入 G_1 的光线，一
部分在薄银层上反射向 M_2 传播，如图
5.22 中的光线 2，经 M_2 反射后，再穿过 G_1 向 E 处传播. 另一部分穿过薄银层和
玻璃片 G_2，向 M_1 传播，如图 5.22 中的光线 1，经 M_1 反射后，再穿过 G_2，经薄
银层反射，也向 E 处传播. 显然 1′、2′是两条相干光线，在 E 处可以看到干涉条
纹，玻璃片 G_2 起补偿光程的作用，由于光线 2 前后共通过玻璃片 G_1 三次，而光
线 1 只通过一次，有了玻璃片 G_2，使光线 1 和光线 2 分别穿过等厚的玻璃片三
次，从而避免了光线所经路程不相等而引起较大的光程差，因此 G_2 称为补偿
玻璃.

设想镀银层所形成的 M_1 的虚像是 M_1'，因为虚像 M_1' 和实像 M_1 相对镀银层的
位置是对称的，所以虚像 M_1' 应在 M_2 的附近. M_1 的反射光线 1′可以看成是从 M_1' 处
反射的. 如果 M_2 和 M_1' 严格垂直，那么 M_1' 与 M_2 也就严格平行. 这样，在 M_2 和 M_1'
两个平面之间就形成了"空气薄膜"，与玻璃薄膜的干涉情况完全相似.

设扩展光源中任一束光，以入射角 i 射到薄膜表面，在上表面反射的一束光
1 和在下表面反射的一束光 2 为两束平行的相干光，它们在无限远处相遇产生干
涉，利用眼睛观察，可以看到干涉图像. 在图 5.23 中，光线 1 和光线 2 两束相干
光间的光程差为

$$\delta = 2nh\cos i' = 2h\sqrt{n^2 - \sin^2 i} \qquad (5.22.1)$$

当介质的折射率 n 一定且薄膜厚度一定时，光程差只取决于入射角 i. 随着

入射角 i 的改变，光程差也要发生相应的变化. 入射角相同的光线，在薄膜上、下表面反射后，若用透镜会聚光束，则将在透镜焦平面上发生干涉. 干涉条纹将是一个以透镜光束为圆心的一组明暗相间的同心圆环，即等倾干涉. 下面对等倾干涉条纹进行一些简单的讨论.

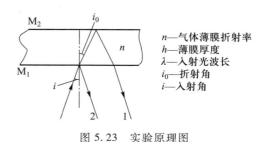

图 5.23　实验原理图

n—气体薄膜折射率
h—薄膜厚度
λ—入射光波长
i_0—折射角
i—入射角

（1）根据干涉条件

$$当\ \delta = k\lambda \qquad (k = 0,1,2,\cdots)\ 时，为明条纹$$
$$当\ \delta = (2k+1)\lambda/2 \qquad (k = 0,1,2,\cdots)\ 时，为暗条纹$$

(5.22.2)

光环中心的明暗亦由干涉条件决定.

（2）等倾干涉的定域在无穷远.

（3）入射角 i 增加，光程差 δ 随之减小，干涉条纹的级次降低，故由中心到边缘，干涉条纹的级次由高到低，且中心环纹稀疏，边缘环纹密集.

（4）从（5.22.1）式可以看出干涉条纹（明条纹或暗条纹）与膜厚 h 有关，h 大时条纹间距小，h 小时条纹间距大. 当膜厚 h 发生变化时，光程差也发生相应的变化，此时可看到干涉圆环半径的变化，当膜厚 h 增加时，光程差 δ 也增大，干涉圆环扩大，向低级次方向移动. 对于空气薄膜，中心处的光程差 $\delta = 2h$，故膜厚每增加 $\lambda/2$ 时，中心就会"冒出"一级干涉条纹. 反之，当膜厚每减小 $\lambda/2$ 时，圆环中心要"缩进"一级干涉条纹. 故可根据条纹"冒出"或"缩进"的个数来计算膜厚的改变量，从而测出长度，其测量精度可与波长相比拟.

设视场中移过的干涉条纹（明条纹或暗条纹）数目为 ΔN，膜厚改变量为 Δh，则由上面的分析知

$$\Delta h = \Delta N \cdot \lambda/2$$

(5.22.3)

三、实验仪器

迈克耳孙干涉仪、氦氖激光器等.

迈克耳孙干涉仪的主体如图 5.24 所示.

导轨固定在稳定的底座上，由三只调平螺丝支承，调平后可以拧紧锁紧圈以保持底座稳定. 丝杆螺距为 1 mm，转动粗动手轮，经一对传动比大约为 2∶1 的齿轮带动丝杆，旋转与丝杆啮合的可调节螺母，通过拖板带动可动反射镜在导轨面上滑动，移动距离的毫米数可在机体侧面的毫米刻尺上读得，通过读数窗口，在刻度盘上读到 0.01 mm，转动微动手轮，经蜗轮传动，可实现微动，微动手轮的最小读数为 0.000 1 mm，可动反射镜和固定反射镜的倾角可分别用镜背后的三颗调节螺丝来调节，各螺丝的调节范围是有限度的. 如果螺丝向后顶得过松，在移动时，可能因震动而使镜面倾角变化，如果螺丝向前顶得过紧，会使条纹形状不规则，因此必须使螺丝在能对干涉条纹有影响的范围内进行调节，在固定反射

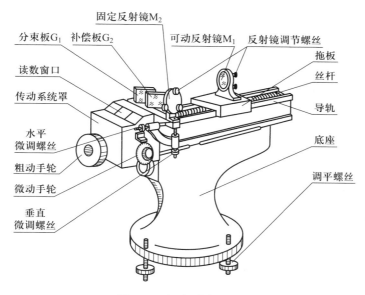

图 5.24　迈克耳孙干涉仪

镜附近有两个微调螺丝，垂直微调螺丝使镜面干涉图像上下微动，水平微调螺丝则使干涉图像水平移动，丝杆顶进可通过粗动手轮来调整，仪器各部分活动环节要求转动轻便，弹性接触适宜. 为此，使用时各活动件须定期加油. 如果干涉条纹不规整，可调可动反射镜和固定反射镜粗微调螺丝来实现干涉条纹清晰.

四、实验步骤

1. 调节干涉仪

（1）先粗调底座上的三只调平螺丝，使仪器大致水平，并拧紧锁紧圈，以保持底座稳定（实验室已调好）.

（2）调整光路，使激光器、分束板中心、反射镜的中心在一条直线上.

（3）转动粗动手轮使 M_2、M_1 与 G_1 的距离大致相等，并使 G_1 镜面与 M_2 成 45°角，G_2 镜面与 G_1 镜面平行（G_1 与 G_2 镜面实验室已调好,基本上不需要动）.

（4）打开激光器，使其正常发光，然后细心调节 M_1 后的三只调节螺丝，使两个反射镜反射的亮斑重合（注意:调节必须十分小心,动作要轻缓,最好能找到一个标志,如镜边沿某个爪,以便判断是否重合），一旦调重合，亮斑就会闪烁. 在激光器和分束板之间加上扩束镜（或毛玻璃），则立即出现等倾干涉条纹，此时再微调 M_1 后三只调节螺丝及粗动手轮和微动手轮，使条纹疏密适中、亮暗分明，并尽量使圆环落在视域中心处.

（5）用眼睛观察干涉条纹，当眼睛上下移动时，若条纹"冒出"或"缩进"，则应调节 M_1 旁的垂直微调螺丝，当眼睛左右移动时，如果条纹"冒出"或"缩进"，则应调节水平微调螺丝，直到眼睛移动时条纹稳定为止. 经过以上几步调节，干涉仪基本调节好了，此时应看到稳定的干涉条纹.

2. 测激光波长 λ

轻微调节粗动手轮，以减小 h（或增大 h），观察光圈的"缩进"（或"冒出"）现象，然后确定"缩进"或"冒出"（选一种），调节微动手轮改变 h，眼睛盯牢中心圆环，每"缩进"或"冒出"100条时，记下一次 h 值，共记下5次，并用逐差法算出：

$$\overline{\Delta h} = \frac{1}{3} \sum_{i=0}^{2} (h_{i+3} - h_i) \tag{5.22.4}$$

由（5.22.3）式求出 λ，并计算相对误差.

五、预习思考题

1. 迈克耳孙干涉仪由哪几部分组成？
2. 概述迈克耳孙干涉仪的调整步骤、读数方法和使用注意事项.
3. 两个反射镜反射的亮斑重合且亮斑已闪烁，但干涉条纹并未出现，可能的原因是什么？该怎么办？
4. 干涉条纹应满足什么条件？
5. 为避免回程差，在读取 h_0 时应注意些什么？
6. 在数干涉条纹"缩进"（或"冒出"）数目的过程中，应注意些什么？

六、注意事项

1. 光学仪器的精密度很高，对光学面要求极高，稍有沾污，就会影响测量，特别是半反射面、全反射面等镀膜面，切不可用手去触摸. 若有灰尘，也不能用擦镜纸擦抹，要用吹气球，或用其他方法除去灰尘.
2. 调节过程必须十分细致耐心，并注意摸索调节过程中出现的规律.

七、数据记录

"缩进"（或"冒出"）的条纹数	0	100	200	300	400	500
迈克耳孙干涉仪的读数/mm	h_0	h_1	h_2	h_3	h_4	h_5
$\Delta h_i' (= h_i - h_{i-1})/\text{mm}$						
$\Delta h_i (= h_{i+3} - h_i)/\text{mm}$						

实验 23　等厚干涉

牛顿环和劈尖都是典型的等厚干涉，它们都是分振幅干涉的干涉元件. 牛顿环是牛顿在 1675 年首先发现的，虽然实验装置比较简单，但可以测量平凸透镜、平凹透镜中曲面的曲率半径；劈尖干涉可以测量细丝直径、薄膜厚度等，且测量精度较高. 还可以利用牛顿环干涉和劈尖干涉条纹分布的疏密是否规则、均匀来检查光学平面的平整度与光学球面的加工质量.

一、实验目的

1. 观察牛顿环产生的干涉现象，测量平凸透镜的曲率半径；
2. 观察劈尖干涉现象，测量薄纸片的厚度或头发丝的直径；
3. 学习使用移测显微镜；
4. 复习逐差法处理数据.

二、实验原理

1. 牛顿环

在一块平面玻璃上安放一曲率半径很大的平凸透镜，使其凸面与平面玻璃相接触，如图 5.25 所示，在接触点 O 附近形成了一层空气薄膜. 当用一平行的单色光垂直入射时，在空气薄膜上表面反射的光束和下表面反射的光束在薄膜上表面相遇发生干涉，形成以 O 为圆心的明暗相间的环状干涉花样，称为牛顿环.

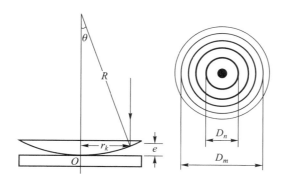

图 5.25　牛顿环

在距 O 点为 r_k 时，两束光的光程差为

$$\delta = 2ne + \frac{\lambda}{2} \approx 2e + \frac{\lambda}{2} \tag{5.23.1}$$

（5.23.1）式中 e 是半径 r_k 处空气薄膜的厚度，λ 是入射光的波长，$\frac{\lambda}{2}$ 是因为光从光疏介质（空气）射向光密介质（玻璃）的交界面上发生反射时产生半波损失

而引起的附加光程差，空气折射率 $n \approx 1$.

由图 5.25 所示几何关系有

$$R^2 = (R-e)^2 + r_k^2 = R^2 - 2R \cdot e + e^2 + r_k^2$$

通常 R 远大于 e，所以 $2R \cdot e \approx r_k^2$，推导得

$$e \approx \frac{r_k^2}{2R} \qquad\qquad (5.23.2)$$

将 $(5.23.2)$ 式代入 $(5.23.1)$ 式，得

$$\delta = \frac{r_k^2}{R} + \frac{\lambda}{2} \qquad\qquad (5.23.3)$$

由光的干涉理论知

$$\delta = k\lambda \qquad (k=1,2,3,\cdots, 为明条纹)$$

$$\delta = (2k+1)\frac{\lambda}{2} \quad (k=1,2,3,\cdots, 为暗条纹)$$

故对第 k 级暗环，有

$$r_k^2 = kR\lambda \qquad\qquad (5.23.4)$$

如果已知入射光的波长，并测得第 k 级暗环的半径 r_k，则可由 $(5.23.4)$ 式求得透镜的曲率半径 R. 但在实际装置中，透镜和平面玻璃接触时，接触处的压力要引起形变，致使接触不可能是一个点，而是一个圆面，再加之镜面上可能有微小灰尘存在，这就必然引起附加光程差，使得圆环中心干涉条纹的级次很难确定. 为提高测量的准确度，常作如下变换.

设由形变和灰尘引起的附加厚度为 α，则光程差为

$$\delta = 2(e \pm \alpha) + \frac{\lambda}{2} = \frac{r^2}{R} \pm 2\alpha + \frac{\lambda}{2}$$

于是对暗环，有

$$r^2 = kR\lambda \pm 2R\alpha$$

取第 m、第 n 级暗环，则

$$r_m^2 = mR\lambda \pm 2R\alpha$$

$$r_n^2 = nR\lambda \pm 2R\alpha$$

两式相减，得

$$r_m^2 - r_n^2 = (m-n)R\lambda$$

或

$$D_m^2 - D_n^2 = 4(m-n)R\lambda$$

变形后，得

$$R = \frac{D_m^2 - D_n^2}{4(m-n)\lambda} \qquad\qquad (5.23.5)$$

此即计算透镜曲率半径的公式，它已与附加厚度无关. $(5.23.5)$ 式与 $(5.23.4)$ 式相比，干涉级次已变为级次差，因而实验时无须确切知道某一干涉环的级次究竟为何值.

2. 劈尖干涉

如图 5.26 所示，两块平面玻璃片，一端互相叠合，另一端夹一薄纸片（为便于说明问题和易于作图，图中纸片的厚度放大了许多）. 此时，两玻璃片之间形成一劈尖形的空气薄膜，称为空气劈尖. 两玻璃片的交线叫棱边，在平行于棱边的线上，劈尖的厚度是相等的.

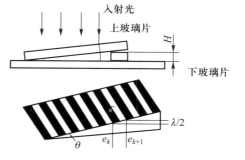

图 5.26 空气劈尖干涉

当平行单色光垂直入射这样的两块玻璃时，在空气劈尖上下两表面所引起的反射光线将形成相干光. 在劈尖厚度为 e 处，上下表面反射形成两相干光线的光程差为

$$\delta = 2e + \frac{\lambda}{2}$$

所以，干涉条件为

$$\delta = 2e + \frac{\lambda}{2} = k\lambda \qquad (k = 1, 2, 3, \cdots, \text{为明条纹})$$

$$\delta = 2e + \frac{\lambda}{2} = (2k+1)\lambda \quad (k = 1, 2, 3, \cdots, \text{为暗条纹})$$

任何两个相邻的明条纹或暗条纹之间所对应的空气层厚度之差为

$$e_{k+1} - e_k = \frac{\lambda}{2}$$

只要用移测显微镜测出任何两个相邻的明条纹或暗条纹之间的距离 l（条纹间距）和两平面玻璃的交线到薄纸片边缘的距离 L，利用三角形的比例关系可得薄纸片的厚度 H，其计算公式为

$$H = \frac{L}{l} \cdot \frac{\lambda}{2} \qquad (5.23.6)$$

三、实验仪器

移测显微镜、牛顿环、劈尖、钠灯、台灯等.

1. 移测显微镜

（1）用途

移测显微镜是将显微镜和螺旋测微器组合起来，作为测量长度的精密仪器. 主要用来测量微小的或无法夹持的细小物体，如毛细管的内径、狭缝、柔软物体或影像的宽度等.

（2）结构

如图 5.27 所示，移测显微镜的主要构成部分有放大物体的显微镜（由 1，

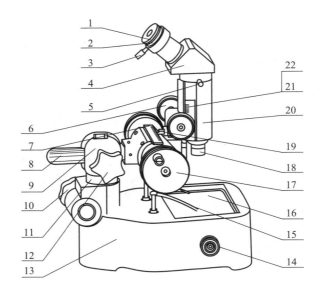

1—目镜；2—目镜座；3—锁紧螺钉；4—棱镜盒；5—锁紧螺钉；6—调焦手轮；
7—主标尺；8—支杆；9—十字孔支杆；10—大手柄；11—定位套；12—小手柄；
13—底座；14—反光镜调节手轮；15—压板；16—工作台(载物台)；17—读数鼓轮；
18—物镜；19—主尺指标；20—镜管；21—副标尺；22—副尺指标

图 5.27 移测显微镜

2，3，4，5，18，20，21，22 组成）和读数装置（由 7，17，19 组成）、移动装置(17). 用显微镜放大观测被测物，显微镜的目镜筒中装有十字叉丝，移动镜筒时，用以对准被测部位进行测量读数. 显微镜依靠它与测微螺杆（图中被遮住）上的螺母套筒相连而移动. 当旋转读数鼓轮，带动测微螺杆旋转时，就可带动显微镜左右移动. 常用的移测显微镜测微螺杆的螺距为 1 mm，读数鼓轮圆周上等分有 100 小格，移动一个分度值即 0.01 mm. 读数原理与螺旋测微器相同. 移测显微镜的读数由标尺读数和鼓轮读数组成，从主标尺上读得毫米以上的整数部分，从读数鼓轮上读得毫米以下的小数部分. 如图 5.28 所示，主标尺读数为 31.00 mm，读数鼓轮读数为 0.172 mm，由此得到显微镜对准位置的读数为 31.172 mm.

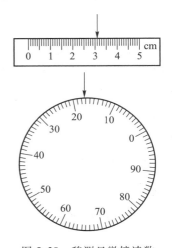

图 5.28 移测显微镜读数

（3）使用方法和注意事项

① 根据测量对象的具体情况，决定移测显微镜的安放位置，把待测物体放在显微镜的正前方或正下方.

② 利用工作台下面附有的反光镜，使显微镜有明亮的视场.

③ 调节显微镜的目镜，看清十字叉丝，并使十字叉丝中的横丝平行于主标尺.

④ 调节物镜与物体的距离，先从外部观察．降低镜筒，从尽量靠近被测物体开始，边从目镜中观察，边缓慢提升物镜（不要盲目降低物镜，以免碰破物镜），直至被测物体清晰地成像在十字叉丝平面上，达到消除视差为止，即当眼睛上下或左右移动时，十字叉丝与待测物体的像之间无相对移动，否则应反复调目镜和物镜．

⑤ 测量时，应使十字叉丝中的横丝与镜筒移动方向平行，移动应满足测量的几何关系要求，如十字叉丝中的纵丝与被测部位相切．物体的长度就是物体两边位置读数的差值．

⑥ 测微螺杆与螺母存在间隙，测量时，鼓轮只能往一个方向旋进，若中途反向，两次对线读数之差中就包含了回程误差，测量距离就不准了．

2. 钠灯

钠灯是利用钠蒸气在放电管内进行弧光放电而发光的．其发光过程是：阴极发射的电子被两极间的电场加速，高速运动的电子与钠蒸气原子碰撞时，电子的动能转移给钠原子并使其激发，受激发的钠原子返回基态时便发出一定波长的光．电子不断产生和被电场加速，发光过程就不断地进行下去．

钠灯的主要部件是特制的玻璃泡，内充有氖氩混合气和金属钠滴．通电后，氖气即放电，发出红光，然后放电发热使金属钠滴逐渐蒸发产生钠蒸气，逐渐代替氖气放电．其辐射谱线在可见光范围内有两条，波长是 589.0 nm 和 589.6 nm，显橙黄色．由于两者十分接近，因此钠灯可作为比较好的单色光源来使用，其平均波长为 589.3 nm.

3. 牛顿环

牛顿环是由一平凸透镜和一精磨的平板玻璃叠合在一起并装在圆环金属框架之中构成．金属框边有三个旋钮，可以调节平凸透镜和平面玻璃接触点的位置，注意：调节时不能旋得太紧，而且要使接触点大致在中心位置．

4. 劈尖

劈尖是由两块精磨的平板玻璃一端叠合、另一端夹一薄纸片（或头发丝）并装在矩形金属框内构成．金属框前后端均有旋钮，用来保证两块平板玻璃的一端紧密接触（此为棱边），另一端与所夹的薄纸片（或头发丝）也是紧密接触，并且使得干涉条纹与棱边平行．

四、实验步骤

1. 测平凸透镜的曲率半径

（1）调整牛顿环装置，观察干涉现象

摆放好仪器，打开钠灯电源，预热．在摆放仪器时，一定要注意光路．将钠灯下的升降台调至合适高度，使钠灯的出光口比移测显微镜的载物台高 5 cm 左右，转动钠灯，使其出光口正对移测显微镜．适当调节移测显微镜的反光镜调节手轮，使观测者在移测显微镜目镜中看到均匀的光场．

调节移测显微镜的目镜，使十字叉丝的像清晰、无视差．转动移测显微镜的读数鼓轮,使其物镜移至主标尺的中间附近.转动物镜上的 45°半反射镜,使其正对钠灯.

将牛顿环放在载物台上,放置时先在移测显微镜外观察牛顿环的干涉条纹位置,再把它移到物镜正下方.转动调焦手轮,将物镜缓慢下降,直到物镜上的 45°半反射镜要与牛顿环接触为止.再反方向转动调焦手轮,自下而上缓慢移动物镜,直到在目镜中看到清晰的牛顿环.再次调整牛顿环的位置,并适当转动读数鼓轮,使移测显微镜目镜内的十字叉丝正对牛顿环的中心.

（2）测量凸透镜的曲率半径

沿一个方向转动移测显微镜的读数鼓轮,使移测显微镜的十字叉丝向一个方向移动.当向右移动到第 20 级干涉条纹时,把读数鼓轮反方向转动,使十字叉丝反方向移动,即向左移动.当十字叉丝的竖线刚好对准第 17 级暗环的环线中间时,记下主标尺的读数.继续同方向转动读数鼓轮,依次记下第 16、第 15、第 14、第 13 和第 7、第 6、第 5、第 4、第 3 级暗环环线中间的位置.再继续同方向转动读数鼓轮,使十字叉丝越过牛顿环的中央暗斑,至左边第 3 级暗环的环线中间时,再次记下主标尺的读数.继续同方向转动读数鼓轮,依次记下第 4、第 5、第 6、第 7 和第 13、第 14、第 15、第 16、第 17 级暗环环线中间的位置.

测量时要注意,读数鼓轮应沿一个方向转动,中途不能反转,以免螺旋空行程引起回程误差.其次是测量时应十分缓慢地转动读数鼓轮,不得在测量过程中出现十字叉丝的竖线越过暗环的环线中间而还没有测量此环位置的情况.

2. 测量薄纸片的厚度(或头发丝的直径)

（1）调整劈尖装置,观察干涉现象

摆放好仪器,打开钠灯电源,预热.在摆放仪器时,一定要注意光路.将钠灯下的升降台调至合适高度,使钠灯的出光口比移测显微镜的载物台高 5 cm 左右,转动钠灯,使其出光口正对移测显微镜.适当调节移测显微镜的反光镜调节手轮,使观测者在移测显微镜目镜中看到均匀的光场.

调节移测显微镜的目镜,使十字叉丝的像清晰、无视差.转动移测显微镜的读数鼓轮,使其物镜移至主标尺的中间附近.转动物镜上的 45°半反射镜,使其正对钠灯.

将劈尖放在载物台上,并把它移到物镜正下方.转动调焦手轮,将物镜缓慢下降,直到物镜上的 45°半反射镜要与劈尖接触为止.再反方向转动调焦手轮,自下而上缓慢移动物镜,直到在目镜中看到清晰的干涉条纹.再次调整劈尖的位置,并适当转动读数鼓轮,使移测显微镜目镜内的十字叉丝竖线与干涉条纹平行.

（2）测量薄纸片的厚度(或头发丝的直径)

沿一个方向转动移测显微镜的读数鼓轮,使移测显微镜的十字叉丝向夹有薄纸片(或头发丝)的一端移动.当移动到薄纸片(或头发丝)的位置时,平移钠灯,使其出光口正对物镜,把读数鼓轮反方向转动,使十字叉丝反方向移动.当干涉条纹比较规则、清晰时,以此条纹的位置为 M_0,当十字叉丝的竖线刚好对准此级干涉条纹中间时，记下主标尺的读数. 继续同方向转动读数鼓轮，依次记下第 10、第 20、…、第 90 级干涉条纹的位置 M_1、M_2、…、M_9.

由于在测量过程中物镜移动的距离较大，为使得钠灯的出光口正对物镜，所以在每测 10 级干涉条纹后都应平移钠灯. 其次，由于劈尖的棱边被金属框遮住，无法测出其位置，因此，实验室在组装劈尖时应先固定好薄纸片（或头发丝），测出棱边到薄纸片（或头发丝）的距离，并作为已知参量告之学生.

五、数据处理

1. 测平凸透镜的曲率半径

暗环级数	m	17	16	15	14	13
环的位置/mm	右					
	左					
环的直径/mm	D_m					
暗环级数	n	7	6	5	4	3
环的位置/mm	右					
	左					
环的直径/mm	D_n					
$m-n$		10	10	10	10	10
D_m^2/mm^2						
D_n^2/mm^2						
$K(=D_m^2-D_n^2)/\mathrm{mm}^2$						

2. 测量薄纸片的厚度（或头发丝的直径）　　　　$L=(\quad\pm\quad)\,\mathrm{mm}$

干涉条纹的位置	M_0	M_1	M_2	M_3	M_4	M_5	M_6	M_7	M_8	M_9
位置的读数/mm										
$\Delta M'(=M_i-M_{i-1})/\mathrm{mm}$										

六、思考题

1. 如何正确使用移测显微镜？

2. 画出实验光路示意图.

3. 牛顿环的干涉条纹是由怎样的两束光产生的？这两束光为什么能满足相干条件？

4. 试比较牛顿环和劈尖干涉条纹的异同，若看到的牛顿环局部不圆，这说明了什么？

5. 简要叙述测量凸透镜的曲率半径时读数的先后次序以及实验过程中应注意的问题.

实验 24 全息照相

普通照相基于几何光学的透镜成像原理，在感光胶片上记录的是物体表面发出（辐射或反射）的光经过透镜成像后的光强分布，也就是物光的振幅信息，得到被摄物的几何平面图像. 全息照相则不同，它不仅记录了物光的振幅信息，还记录了物光的相位信息，最终得到的是三维图像. 全息照相是全息技术领域中一个最基础的分支. 全息技术有着广泛的应用，利用全息照相技术可以制做全息光学元件，如全息光栅、全息透镜、全息扫描器；全息立体测量又叫全息干涉计量，可在不接触物体表面的情况下对物体进行立体三维测量；全息投影又称为虚拟成像技术，利用全息技术在空中成三维立体图像；另外，在军事侦察和监视、医疗诊断方面也有非常重要的应用.

一、实验目的

1. 了解全息照相记录和再现的原理；
2. 掌握静物漫反射全息照片的摄制方法；
3. 加深对全息照片特点的理解；
4. 培养学生严谨认真、实事求是的科学作风.

二、实验原理

如图 5.29 所示，由氦氖激光器发出的激光被分束镜 G 分为两束光：透射光和反射光. 透射光经反射镜 M_1 和扩束镜 L_1 后照射到待摄物体上，物体表面的漫反射光将有一部分直接射到白屏 P 上，这束光称为物光；反射光经过反射镜 M_2、扩束镜 L_2 直接射到白屏 P 上，这束光称为参考光. 物光波与参考光波在白屏上形成干涉图样. 光路调整好后，取下白屏，换上全息干板，然后按要求进行曝光，感光后的全息干板经过显影、定影等处理后便可得到全息照片. 由于光路中的物

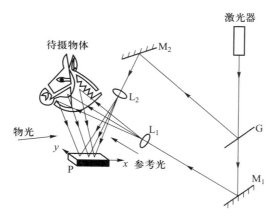

图 5.29 全息照相拍摄光路

光是由静物表面漫反射形成的，所以用这样的光路拍摄的照片称为静物漫反射全息照片（简称全息照片）. 从表面上看，全息照片直接记录的虽然是物光波与参考光波的干涉图样，但实际上，正是这些干涉图样记录下了物光的振幅（即强度）和相位信息. 下面对此进行简要的分析.

设 x-y 为建立在白屏 P 平面上的坐标系，屏面上任意一点 (x,y) 处的物光和参考光的光场分布分别为

$$O(x,y,t) = O(x,y)\mathrm{e}^{\mathrm{i}\omega t} \qquad (5.24.1)$$

$$R(x,y,t) = R(x,y)\mathrm{e}^{\mathrm{i}\omega t} \qquad (5.24.2)$$

其中：

$$O(x,y) = A_o(x,y)\mathrm{e}^{\mathrm{i}\phi_o(x,y)} \qquad (5.24.3)$$

$$R(x,y) = A_r(x,y)\mathrm{e}^{\mathrm{i}\phi_r(x,y)} \qquad (5.24.4)$$

为物光束和参考光束的复数振幅. 由于它们是相干光束，所以能在白屏上产生干涉图样. 白屏上的光强是这两束光的和振幅的平方[为了书写简便，下面略去 (x,y)]，即

$$\begin{aligned} I(x,y) = |O+R|^2 &= OO^* + RR^* + OR^* + RO^* \\ &= A_o^2 + A_r^2 + A_o A_r \mathrm{e}^{\mathrm{i}(\phi_o-\phi_r)} + A_o A_r \mathrm{e}^{\mathrm{i}(\phi_r-\phi_o)} \end{aligned} \qquad (5.24.5)$$

(5.24.5)式的右边第一项 (A_o^2) 反映物光的光强，它在光屏上不同位置有不同的大小. 第二项 (A_r^2) 反映参考光的光强，由于 A_r 是均匀分布的，所以 A_r^2 构成了光屏上的均匀背景. 第三、第四项 $A_o A_r \mathrm{e}^{\mathrm{i}(\phi_o-\phi_r)} + A_o A_r \mathrm{e}^{\mathrm{i}(\phi_r-\phi_o)}$ 反映了两束相干光的振幅和相对相位的关系. 这样的照相把物光束的振幅和相位两种信息全部记录下来了，因而被称为全息照相.

全息照片上记录的不是物体的几何图形，而是一组记录着物光束的振幅和相位全部信息的不规则干涉图样，所以也称其为全息图. 全息图上干涉图样的明暗对比程度反映了物光波相对于参考光波之间振幅（强度）的变化，而干涉图样的形状和疏密变化则反映物光波和参考光波之间的相位变化.

曝光后的全息干板，经过显影、定影、漂白（可省略）后，照片上各点的振幅透射率与入射光强 $I(x,y)$ 的关系如下：

$$t(x,y) = t + \beta I(x,y) \qquad (5.24.6)$$

其中 t 为底片上的灰雾度，β 为比例系数（对于负片，$\beta<0$）. 为了重现物光的波前，可将拍摄好的全息照片按照原来的方位放回图 5.30 中，撤去待摄物体，只用参考光照射，则透过全息照片的复振幅 $A(x,y)$ 为

$$\begin{aligned} A(x,y) = t(x,y)R &= tR + \beta I(x,y)R \\ &= tR + \beta(A_o^2+A_r^2)R + \beta A_o A_r \mathrm{e}^{\mathrm{i}(\phi_o-\phi_r)}R + \beta A_o A_r \mathrm{e}^{\mathrm{i}(\phi_r-\phi_o)}R \\ &= tR + \beta(A_o^2+A_r^2)R + \beta A_r^2 A_o \mathrm{e}^{\mathrm{i}\phi_o} + \beta A_r^2 \mathrm{e}^{\mathrm{i}2\phi_r} A_o \mathrm{e}^{-\mathrm{i}\phi_o} \end{aligned} \qquad (5.24.7)$$

(5.24.7)式表明经全息照片透射后的光包含不同的分量：第一、第二项代表的是强度衰减的直接透射光；第三项正比于物光振幅，即除振幅大小改变外，原来的物光准确地再现了波前发散形成物体的虚像，人眼于图中 E 位置透过全息照

片观看待摄物体所在方位，上下、左右寻找可观察到此虚像；第四项是与物光共轭的光波，这意味着在虚像的相反一侧将会聚成一个共轭的实像，如图 5.30 所示.

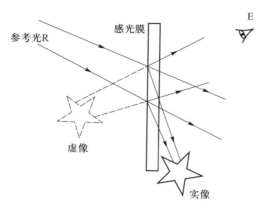

图 5.30 全息照相的再现

全息照片有许多独特的优点：它能再现立体感很强、非常逼真的三维图像；全息照片的任何一个局部都能再现全部的物体像；前后移动全息照片，可改变像的大小；再现图像的亮度可调，再现照明光波越强，再现的物体像就越亮.

三、实验仪器

防震全息台、氦氖激光器、分束镜、全反镜 2 个、扩束镜 2 个、白屏、全息干板（Ⅰ型）、显影液、定影液、漂白液（可省略）、清水.

四、实验内容

1. 防震全息台的摆放. 将三只气囊垫吹入适当的气体后放在一个较稳固的桌面上，然后把钢板放上，调节气囊垫中的气量（即放掉一点气），使钢板平稳.

2. 调整光路. 按图 5.30 布置好各个光学元件.

（1）水平放置激光器，使各光学元件中心与激光束等高.

（2）以分束镜 G 为起点，白屏 P 为终点，物光与参考光的光程基本相等.

（3）调节有关元件使射到白屏上的物光束与参考光束之间的夹角不要过大，也不要过小，一般以 30° 左右为宜.

（4）调整参考光与物光的光强，使参考光与物光的光强之比大约为 3∶1 为宜. 光的强度可通过调整分束镜的分束比、分束镜与被摄物间的距离和待摄物体到白屏间的距离来调节.

特别需要注意的是：① 调节过程中不要让未经扩束的激光束直接射入眼中，否则视网膜会受到损伤. ② 手不要触摸光学表面. ③ 调整光路时，先不要用扩束镜，待光点分别射到白屏和待摄物体上后，再将扩束镜移入光路扩束.

3. 曝光与冲洗

曝光与冲洗可在暗绿光条件下进行.

（1）将显影液、定影液、漂白液准备好，记住其所在位置.

（2）根据实验室提供的数据，调整定时器，设定曝光时间（亦可用人工计时的方式控制时间）. 曝光时间与光源强弱、全息干板的感光灵敏度有关，一般从几秒到十几秒不等.

（3）关闭室内照明灯和激光光源，装上全息干板. 装全息干板时，让感光乳胶面对着物光方向. 禁动、静声片刻后开始曝光. 用电源插板上的开、关来开启和关闭激光器进行曝光是一种简便而有效的办法. 机械快门反而容易使全息照片的拍摄失败，建议不用.

（4）将曝过光的全息干板放入显影液中显影，显影时间一般为 2～6 min，将乳胶面朝上，并不断轻轻晃动全息干板，注意观察全息干板变灰暗的程度，当全息干板明显变灰暗时，便可将全息干板从显影液中取出，在清水中漂洗一会儿，放入定影液中定影 5 min 后取出，在清水中漂洗一会儿，放入漂白液中漂白. 漂白时间以全息照片变透明为准. 漂白后的全息照片还需定影，以消除氯化银. 最后用水冲洗 5 min 左右，晒干或用吹风机的冷风吹干. 上述显影、定影时间均为药液是 20 ℃时的数据，若温度偏离 20 ℃较多，时间应作相应变更.

（5）漂白是为了增加衍射效率，提高再现时透射光的亮度. 这是因为全息照片的漂白过程，是将原来形成的银粒变为几乎完全透明的化合物，它的折射率和明胶不同. 需要说明的是，漂白这一环节是可省略的，不过省略此环节后，再现时像的亮度要小一些.

4. 物像再现

将拍摄的全息照片放回拍摄时的原位置上，撤去待摄物体，挡住物光. 把参考光当成再现光使用. 人站立在再现光的透射侧，用肉眼以一定的角度透过全息照片观看待摄物体的位置，左右、上下变换视角，可以观看到物体的虚像. 在透射光一侧，用毛玻璃或白屏可以接收到物体的实像.

再现时，亦可采用另一氦氖激光器为再现光源，使光束经扩束后以与原参考光差不多的角度照射到摄制好的全息照片上，略微转动照片的方位，同样可以看到清晰的三维虚像. 观看时还可前后移动全息照片，观察像的大小是如何变化的.

五、注意事项

1. 防震. 全息照相除了要求光路中各光学元件有良好的机械稳定性，还必须隔绝外界任何形式的震动，曝光时全息干板上的干涉条纹必须稳定，在曝光时间内，条纹漂移量须小于二分之一条纹间隔才能获得良好的效果.

2. 某感光材料厂生产的全息干板（I 型），其增感峰值为 630 nm，增感范围为 530～660 nm. 暗绿光为安全光. 所谓"干板"，指的是表面涂有感光膜的玻璃片，也称"硬片"，相对于软胶片而得名.

3. 显影液、定影液、漂白液可自行配制，所用显影粉、定影粉在一般照相器材商店有售.

　　R-10 漂白液配方:

　　溶液 A: 重铬酸钾 20 g; 浓硫酸 14 ml, 加蒸馏水至 1 000 ml.

　　溶液 B: 氯化钠 45 g, 加蒸馏水至 1 000 ml.

　　将一份 A 液与一份 B 液混合使用.

六、思考题

　　1. 总结一下全息照相的特点. 它与普通照相有什么不同? 为什么说全息照片记录了光波的全部信息?

　　2. 布置静物漫反射全息照相光路时, 应满足哪些基本要求? 在安装全息干板和曝光时, 最需防止的是什么?

　　3. 布置光路时, 应当如何安排两扩束镜的位置? 若发现物光与参考光之间的光强比不合适(设参考光太强), 应如何调整元件?

实验 25　用声光衍射法测声速

　　声波就其本性而言是一种机械压力波. 若声波振动频率超过 20 000 Hz, 这时的声波我们就称为超声波. 声波的传播需要介质, 这与电磁波的传播机理大不相同. 离开了传播介质, 声波就无法传播出去. 当声波在气体、液体介质中传播时, 由于气体与液体的切变模量 $G=0$, 这时声波只能以纵波的形式存在; 当声波在固体中传播时, 由于 $G \neq 0$, 因此在固体中的声波既可能是声纵波, 还可能是声横波、声表面波等. 笼统地说声波是纵波是错误的.

　　声波是能量传播的一种形式. 它既是信息的载体, 也可以作为能量应用于清洗和加工. 例如利用超声波加工金属零件等. 值得一提的是: 1. 超声波对人类是安全的, 不会因为它的存在造成环境污染; 2. 超声表面波具有极强的抗干扰能力, 因此在信息领域里, 人们更是对其青睐有加. 可以预料的是, 超声波的科学应用在 21 世纪将获得飞速发展.

　　布里渊于 1923 年首次提出声波对光作用会产生衍射效应. 随着激光技术的发展, 声光相互作用已经成为控制光的强度、传播方向等最实用的方法之一, 其中声光衍射技术应用最为广泛. 利用声光衍射效应制成的器件, 称为声光器件, 它能快速有效地控制激光束的强度、方向和频率, 还可把电信号实时转换为光信号. 声光效应还可以应用在制做声光调制器件、声光偏转器件、声光调 Q 开关、可调谐滤光器, 以及光信号处理和集成光通信方面.

一、实验目的

1. 了解声光效应的原理;
2. 掌握利用声光效应测定液体中声速的方法;
3. 了解声光效应在生产、生活及科研中的应用.

二、实验原理

　　压电陶瓷片 (PZT) 在高频信号源 (频率约 10 MHz) 所产生的交变电场的作用下, 发生周期性的压缩和伸长振动, 其在液体中的传播就形成超声波, 当一束平面超声波在液体中传播时, 其声压使液体分子作周期性变化, 液体的局部就会产生周期性的膨胀与压缩, 这使得液体的密度在波传播方向上形成周期性分布, 促使液体的折射率也作同样分布, 形成了所谓疏密波, 这种疏密波所形成的密度分布层次结构, 就是超声场的图像, 此时若有平行光沿垂直于超声波传播方向通过液体, 平行光会被衍射. 以上超声场在液体中形成的密度分布层次结构是以行波运动的, 为了使实验条件易于实现, 衍射现象易于稳定观察, 实验在有限尺寸液槽内形成稳定驻波的条件下进行观察, 由于驻波振幅可以达到行波振幅的两倍, 这样就加剧了液体疏密变化的程度.

　　驻波形成以后, 在某一时刻 t, 驻波某一节点两边的质点涌向该节点, 使该节点附近成为质点密集区, 在半个周期以后, 即 $t+T/2$ 时刻, 这个节点两边的质点又向左右扩散, 使该波节附近成为质点稀疏区, 而相邻的两波节附近成为质点密集区. 图 5.31 为在 t 和 $t+T/2$(T 为超声振动周期)两时刻振幅 y、液体疏密分布和折射率 n 的变化分析. 由图 5.31 可见, 超声光栅的性质是, 在某一时刻 t, 相邻两个密集区域的距离为 λ, 为液体中传播的行波的波长, 而在半个周期以后, $t+T/2$ 时刻, 所有这样区域的位置整个漂移了距离 $\lambda/2$, 而在其他时刻, 波的现象则完全消失, 液体的密度处于均匀状态. 超声场形成的层次结构消失, 在视觉上是观察不到的, 当光线通过超声场时, 观察驻波场的结果是: 波节为暗条纹(不透光), 波腹为亮条纹(透光). 明、暗条纹的间距为声波波长的一半, 即 $\lambda/2$. 由此, 我们对由超声场的层次结构所形成的超声光栅性质有了了解. 当平行光通过超声光栅时, 光线衍射的主极大位置由光栅方程决定:

$$d \sin \phi_k = k\lambda \qquad (k=0, 1, 2, \cdots) \qquad (5.25.1)$$

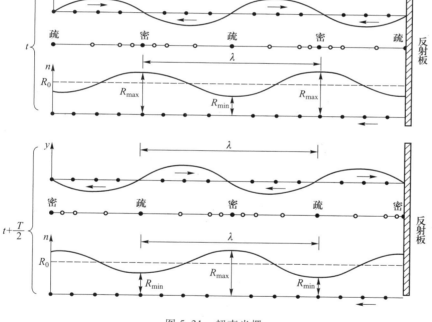

图 5.31　超声光栅

由于本实验中光栅常量 d 就是声波的波长 λ_s, 所以方程可以写为

$$\lambda_s \sin \phi_k = k\lambda_光 \qquad (k=0,1,2,\cdots) \qquad (5.25.2)$$

其中 $\lambda_光$ 是入射光的波长. 光路图如图 5.32 所示.

实际上, 由于 ϕ 角很小, 可以近似认为

$$\sin \phi_k = l_k/f \qquad (5.25.3)$$

其中 l_k 为衍射零级光谱线至第 k 级光谱线的距离, f 为 L_2 透镜的焦距, 所以超声波的波长为

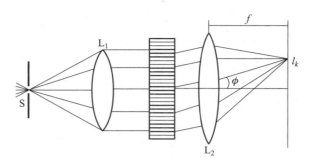

图 5.32　光路图

$$\lambda_s = \frac{k\lambda_{光}}{l_k}f \qquad\qquad (5.25.4)$$

超声波在液体中的传播速度：

$$v = \lambda_s \nu \qquad\qquad (5.25.5)$$

式中 ν 为信号源的振动频率.

三、实验仪器

超声光栅实验仪［包括数字显示高频功率信号源，内装压电陶瓷片（PZT）的液槽］、钠灯、汞灯，测微目镜、透镜及可以外加液体（如矿泉水）. 仪器装置见图 5.33.

图 5.33　仪器装置

四、实验内容

1. 打开钠灯，照亮狭缝，并调节所有器具同轴.

2. 液槽内充好液体后，连接好液槽上的压电陶瓷片与数字显示高频功率信号源上的连线，将液槽放置到载物台上，且使光路与液槽内超声波传播方向垂直.

3. 调节数字显示高频功率信号源的频率和液槽的方位，直到视场中出现稳定且清晰的左右各 2 级以上对称的衍射光谱（最多能调出 ±4 级），再细调频率，使衍射的光谱线呈现间距最大且最清晰的状态，记录此时的信号源频率.

4. 用测微目镜对矿泉水液体的超声光栅现象进行观察，测量各节谱线到另节谱线的位置读数，注意：旋转螺纹的方向要一致，防止产生空程误差. 利用

(5.25.4)式求出超声波的波长.

五、数据处理

室温 $T =$

声速理论值 $v_0 =$

超声波的波长 $\lambda_s = \dfrac{K\lambda_{光}}{l_k}f = \dfrac{\lambda_{光}f}{\Delta l}$，声速 $v = \lambda_s\nu = \dfrac{\lambda_{光}f}{\Delta l}\nu$.

说明：$\lambda_{光} = 589.3$ nm，f 为透镜焦距：150 mm，K 为衍射级次数，l_k 为第 K 级衍射亮条纹到 0 级衍射亮条纹的距离，Δl 为相邻条纹间距.

衍射级 K	第 K 级位置 x_K/mm	相邻条纹间距 $\Delta l = \|X_K - X_{K-1}\|$/mm	平均值 $\overline{\Delta l}$/mm	声速 $v = \lambda_s\nu = \dfrac{\lambda_{光}f}{\Delta l}\nu$ / (m/s)
−3		$\|X_{-3} - X_{-2}\| =$		
−2				
−1		$\|X_{-3} - X_{-1}\|/2 =$		
0		$\|X_{-3} - X_0\|/3 =$		
1		$\|X_3 - X_0\|/3 =$		
2		$\|X_3 - X_1\|/2 =$		
3		$\|X_3 - X_2\| =$		

六、思考题

1. 超声波频率对超声光栅的参量有什么样的影响？
2. 应该如何调节才能得到比较好的衍射图样？

▌附录

一些参量：20℃时，水(H_2O)中声速为 $v_s = 1\,480.0$ m/s.

测微目镜简介：

测微目镜是带测微装置的目镜，可作为测微显微镜和测微望远镜等仪器的部件，在光学实验中有时也作为一个测长仪器独立使用（例如测量非定域干涉条纹的间距）. 附图 25.1(a)是一种常见的丝杠式测微目镜的结构剖面图. 读数鼓轮转动时通过传动螺杆推动叉丝玻片移动；读数鼓轮反转时，叉丝玻片因受弹簧恢复力作用而反向移动. 100 个分格的鼓轮每转一周，叉丝移动 1 mm，所以鼓轮上的最小刻度为 0.01 mm. 附图 25.1(b)表示通过目镜看到的固定分划板上的毫米尺、叉丝玻片上的叉丝与竖丝以及被观测的几条干涉条纹.

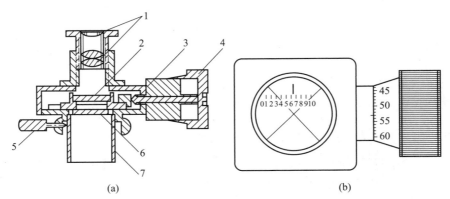

1—复合目镜；2—固定分划板；3—传动螺杆；4—读数鼓轮；5—接管固定螺钉；6—防尘玻璃；7—接管

附图 25.1 测微目镜

例：为了测量干涉条纹中的 10 个明（或暗）条纹距离，可以使叉丝和竖丝对准第 n 个明（或暗）条纹，先读毫米标尺上的整数，再加上读数鼓轮上的小数，即该条纹的位置 A. 再慢慢移动叉丝和竖丝，对准第 $n+10$ 个明（或暗）条纹，得到位置 B. 若 $A = 2.735$ mm，$B = 4.972$ mm，则 11 个条纹间的 10 个距离就是 $10\Delta x = B - A = (4.972 - 2.735)$ mm $= 2.237$ mm.

测微目镜的结构很精密，使用时应注意：虽然固定分划板刻尺是 0~8 mm，但一般测量应尽量在 1~7 mm 范围内进行，竖丝或叉丝交点不许越出毫米尺刻线之外，这是为保护测微装置的准确度所必须遵守的规则.

实验 26 密立根油滴实验

著名的美国物理学家密立根（Robert A. Millikan）在 1909 年到 1917 年期间所做的测量微小油滴上所带电荷的工作，即油滴实验，是物理学发展史上具有重要意义的实验. 这一实验的设计思想简明巧妙，方法简单，而结论却具有不容置疑的说服力，因此这一实验堪称物理实验的精华和典范. 密立根在这一实验工作上花费了近 10 年的心血，从而取得了具有重大意义的结果，那就是：① 证明了电荷的不连续性（具有量子性）. ② 测量并得到了元电荷即电子电荷绝对值，其值为 $e = 1.602 \times 10^{-19}$ C. 现公认 e 是元电荷，其值的测量精度不断提高，目前给出的结果为

$$e = 1.602\ 176\ 634 \times 10^{-19}\text{C}$$

正是由于这一实验的成就，密立根荣获了 1923 年诺贝尔物理学奖.

近百年来，物理学发生了根本的变化，而这个实验又重新出现在实验物理的前列，近年来根据这一实验的设计思想改进的用磁漂浮的方法测量分立电荷的实验，使古老的实验又焕发了"青春"，也就更说明密立根油滴实验是富有巨大生命力的实验.

由于实验时喷出的油滴是非常微小的，它的半径约为 10^{-6} m，质量约为 10^{-15} kg，因此做本实验时，特别需要学生持有严谨的科学态度，进行严格的实验操作和准确的数据处理，这样才能得到比较好的实验结果.

一、实验目的

1. 学习一种测量电子电荷的方法；
2. 了解证明电荷量子化的实验数据分析方法.

二、实验原理

密立根油滴实验测定电子电荷的基本设计思想是使带电油滴在测量范围内处于受力平衡的状态. 按油滴作匀速运动或静止两种运动方式分类，油滴法测电子电荷分为动态测量法和平衡测量法.

1. 动态测量法

考虑重力场中一个足够小的油滴的运动，设此油滴半径为 r，质量为 m_1，空气是黏性流体，故此运动油滴除受重力和浮力外还受黏性阻力的作用. 由斯托克斯定律可知，黏性阻力与物体运动速度成正比. 设油滴以匀速度 v_f 下落，则有

$$m_1 g - m_2 g = K v_f \qquad (5.26.1)$$

此处 m_2 为与油滴同体积的空气的质量，K 为比例系数，g 为重力加速度. 油滴在空气及重力场中的受力情况如图 5.34 所示.

若此油滴所带电荷为 q，并处在电场强度为 $\boldsymbol{E}$ 的均匀电场中，设电场力 $q\boldsymbol{E}$ 方向与重力方向相反，如图 5.35 所示，如果油滴以匀速 v_r 上升，则有

图 5.34　重力场中油滴受力示意图　　图 5.35　电场中油滴受力示意图

$$qE = (m_1 - m_2)g + Kv_r \qquad (5.26.2)$$

由 (5.26.1) 式和 (5.26.2) 式消去 K，可解出 q：

$$q = \frac{(m_1 - m_2)g}{Ev_f}(v_f + v_r) \qquad (5.26.3)$$

由 (5.26.3) 式可以看出，要测量油滴上携带的电荷 q，需要分别测出 m_1、m_2、E、v_f、v_r 等物理量.

由喷雾器喷出的小油滴的半径 r 是微米数量级，直接测量其质量 m_1 也是困难的，为此，我们希望消去 m_1，而代之以容易测量的量. 设油与空气的密度分别为 ρ_1、ρ_2，于是半径为 r 的油滴的视重为

$$m_1 g - m_2 g = \frac{4}{3}\pi r^3 (\rho_1 - \rho_2)g \qquad (5.26.4)$$

由斯托克斯定律可知，黏性流体对球形运动物体的阻力与物体速度成正比，其比例系数 K 为 $6\pi\eta r$，此处 η 为黏度，r 为物体半径. 于是可将 (5.26.4) 式代入 (5.26.1) 式，有

$$v_f = \frac{2gr^2}{9\eta}(\rho_1 - \rho_2) \qquad (5.26.5)$$

因此

$$r = \left(\frac{9\eta v_f}{2g(\rho_1 - \rho_2)}\right)^{\frac{1}{2}} \qquad (5.26.6)$$

将 (5.26.4) 及 (5.26.6) 式代入 (5.26.3) 式并整理得到

$$q = 9\sqrt{2}\,\pi \left(\frac{\eta^3}{(\rho_1 - \rho_2)g}\right)^{\frac{1}{2}} \frac{1}{E}\left(1 + \frac{v_r}{v_f}\right) v_f^{\frac{3}{2}} \qquad (5.26.7)$$

因此，如果测出 v_r、v_f 和 η、ρ_1、ρ_2、E 等宏观量，即可得到 q 的值.

考虑到油滴的直径与空气分子的间隙相当，空气已不能看成连续介质，其黏度 η 需作相应的修正：$\eta' = \dfrac{\eta}{1 + \dfrac{b}{pr}}$. 此处 p 为空气压强，b 为修正常量，$b = 0.008\,23\ \text{N/m}$，

因此：

$$v_f = \frac{2gr^2}{9\eta}(\rho_1 - \rho_2)\left(1 + \frac{b}{pr}\right) \qquad (5.26.8)$$

当精度要求不太高时，常采用近似计算方法先将 v_f 值代入(5.26.6)式计算得

$$r_0 = \left[\frac{9\eta v_f}{2g(\rho_1 - \rho_2)}\right]^{\frac{1}{2}} \qquad (5.26.9)$$

再将此 r_0 值代入 η' 中，并以 η' 代入(5.26.7)式，得

$$q = 9\sqrt{2}\,\pi\left[\frac{\eta^3}{(\rho_1 - \rho_2)g}\right]^{\frac{1}{2}}\frac{1}{E}\left(1 + \frac{v_r}{v_f}\right)v_f^{\frac{3}{2}}\frac{1}{1 + \frac{b}{pr_0}} \qquad (5.26.10)$$

实验中常常固定油滴运动的距离，通过测量它通过此距离 s 所需的时间来求得其运动速度，且电场强度 $E = \dfrac{U}{d}$，d 为平行板间的距离，U 为平行板间所加的电压，因此，(5.26.10)式可写成

$$q = 9\sqrt{2}\,\pi d\left[\frac{(\eta s)^3}{(\rho_1 - \rho_2)g}\right]^{\frac{1}{2}}\frac{1}{U}\left(\frac{1}{t_f} + \frac{1}{t_r}\right)\left(\frac{1}{t_f}\right)^{\frac{1}{2}}\left(\frac{1}{1 + \frac{b}{pr_0}}\right)^{\frac{3}{2}} \quad (5.26.11)$$

式中有些量和实验仪器以及条件有关，选定之后在实验过程中不变，如 d、s、$\rho_1 - \rho_2$ 及 η 等，将这些量与常量一起用 C 代表，可称为仪器常量，于是(5.26.11)式简化成

$$q = C\,\frac{1}{U}\left(\frac{1}{t_f} + \frac{1}{t_r}\right)\left(\frac{1}{t_f}\right)^{\frac{1}{2}}\left(\frac{1}{1 + \frac{b}{pr_0}}\right)^{\frac{3}{2}} \qquad (5.26.11')$$

由此可知，量度油滴上的电荷，只体现在 U、t_f、t_r 的不同. 对同一油滴，U 与 t_r 的不同，标志着电荷的不同.

2. 平衡测量法

平衡测量法的出发点是，使油滴在均匀电场中静止在某一位置，或在重力场中作匀速运动.

当油滴在电场中平衡时，油滴在两极板间受到的电场力 qE、重力 $m_1 g$ 和浮力 $m_2 g$ 达到平衡，从而静止在某一位置，即

$$qE = (m_1 - m_2)g$$

油滴在重力场中作匀速运动时，情形同动态测量法. 将(5.26.4)式、(5.26.9)式和 $\eta' = \eta\,\dfrac{1}{1 + \frac{b}{pr_0}}$ 代入(5.26.11)式并注意到 $\dfrac{1}{t_r} = 0$，则有

$$q = 9\sqrt{2}\,\pi d\left[\frac{(\eta s)^3}{(\rho_1 - \rho_2)g}\right]^{\frac{1}{2}}\frac{1}{U}\left(\frac{1}{1 + \frac{b}{pr_0}}\right)^{\frac{3}{2}}\left(\frac{1}{t_f}\right)^{\frac{3}{2}} \qquad (5.26.12)$$

3. 元电荷的测量方法

测量油滴上带的电荷的目的是找出电荷的最小单位 e. 为此可以对不同的油滴，分别测出其所带的电荷值 q_i，它们应近似为某一最小单位的整数倍，即油滴电荷量的最大公约数，或油滴所带电荷量之差的最大公约数，即元电荷.

实验中常采用紫外线、X 射线或放射源等改变同一油滴所带的电荷，测量油滴上所带电荷的改变值 Δq_i，而 Δq_i 值应是元电荷的整数倍，即

$$\Delta q_i = n_i e \quad (n_i \text{ 为一整数}) \tag{5.26.13}$$

也可用作图法求 e 值，根据(5.26.13)式，e 为直线方程的斜率，通过拟合直线即可求出 e 值.

三、实验仪器

密立根油滴仪.

密立根油滴仪由主机、CCD 成像系统、油滴盒、监视器等部件组成. 其中主机包括可控高压电源、计时装置、A/D 采样、视频处理等单元模块. CCD 成像系统包括 CCD 传感器、光学成像系统等. 油滴盒包括高压电极(包括上极板、下极板)、照明装置(光源)、防风罩等部件. 监视器是视频信号输出设备. 仪器部件示意如图 5.36 所示.

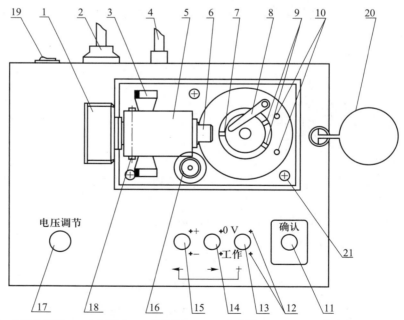

1—CCD传感器；2—电源插座；3—调焦旋钮；4—Q9视频接口；5—光学成像系统；
6—镜头；7—观察孔；8—上极板压簧；9—进光孔；10—光源；11—确认键；
12—状态指示灯；13—平衡、提升切换键；14—0 V、工作切换键；
15—定时开始接收切换键；16—水准泡；17—电压调节旋钮；18—紧定螺钉；
19—开关；20—油滴管收纳盒安放环；21—调平螺钉（3颗）

图 5.36 仪器部件示意图

CCD 传感器及光学成像系统用来捕捉暗室中油滴的像, 同时将图像信息传给主机的视频处理模块. 实验过程中可以通过调焦旋钮来改变物距, 使油滴的像清晰地呈现在 CCD 传感器窗口内.

电压调节旋钮可以调整极板之间的电压, 用来控制油滴的平衡、下落及提升.

定时开始结束切换键用来计时；0 V、工作切换键用来切换仪器的工作状态；平衡、提升切换键可以切换油滴平衡或提升状态；确认键可以将测量数据显示在屏幕上, 从而省去了每次测量完成后手工记录数据的过程, 使操作者把更多的注意力集中到实验本质上.

油滴盒是一个关键部件, 具体构成如图 5.37 所示.

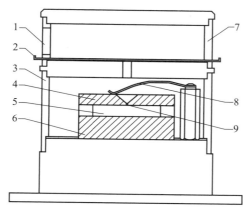

1—喷雾口；2—进油量开关；3—防风罩；4—上极板；5—油滴室；
6—下极板；7—油雾杯；8—上极板压簧；9—落油孔

图 5.37　油滴盒装置示意图

胶木圆环上开有两个进光孔和一个观察孔, 光源通过进光孔给油滴室提供照明, 而光学成像系统则通过观察孔捕捉油滴的像. 照明由带聚光的高亮发光二极管提供, 其使用寿命长、不易损坏；油雾杯可以暂存油雾, 使油雾不至于过早地散逸；进油量开关可以控制落油量；防风罩可以避免外界空气流动对油滴的影响.

四、实验内容

学习控制油滴在视场中的运动, 并选择合适的油滴测量元电荷. 要求至少测量 5 个不同的油滴, 每个油滴的测量次数应在 3 次以上.

1. 调整油滴实验仪
① 水平调整
② 喷雾器调整
③ 仪器硬件接口连接
④ 实验仪联机使用

⑤ CCD 成像系统调整

从喷雾口喷入油雾，此时监视器上应该出现大量运动油滴的像. 若没有看到油滴的像，则需调整调焦旋钮或检查喷雾器是否有油雾喷出，直至得到油滴清晰的图像.

2. 熟悉实验界面

在完成参量设置后，按确认键，监视器显示实验界面. 不同实验方法的实验界面有一定差异.

极板电压：实际加到极板的电压，显示范围：0~9 999 V；

经历时间：定时开始到定时结束所经历的时间，显示范围：0~99.99 s；

电压保存提示：将要作为结果保存的电压，每次完整实验后显示，当保存实验结果后（即按下确认键）自动清零，显示范围同极板电压；

保存结果显示：显示每次保存的实验结果，共 5 次，显示格式与实验方法有关. 当需要删除当前保存的实验结果时，按下确认键 2 s 以上，当前结果被清除（不能连续删除）；

下落距离设置：显示当前设置的油滴下落距离，当需要更改下落距离的时候，按住平衡、提升切换键 2 s 以上，此时距离设置栏被激活（动态法 1 步骤和 2 步骤之间不能更改），通过 + 键（即平衡、提升切换键）修改油滴下落距离，然后按确认键确认修改，距离标志相应变化；

距离标志：显示当前设置的油滴下落距离，在相应的格线上做数字标记，显示范围：0.2~1.8 mm；

实验方法：显示当前的实验方法（平衡法或动态法），在参量设置画面一次设定. 若要改变实验方法，只有重新启动仪器（关、开仪器电源）. 对于平衡法，实验方法栏仅显示"平衡法"字样；对于动态法，实验方法栏除了显示"动态法"以外还显示即将开始的动态法步骤. 如将要开始动态法第一步（油滴下落），实验方法栏显示"1 动态法"，同样，当做完动态法第一步骤，即将开始第二步骤时，实验方法栏显示"2 动态法".

3. 选择适当的油滴并练习控制油滴

（1）平衡电压的确认

仔细调整电压调节旋钮，使油滴平衡在某一格线上，等待一段时间，观察油滴是否飘离格线，若其向同一方向飘动，则需重新调整；若其基本稳定在格线或只在格线上下作轻微的布朗运动，则可以认为其基本达到了力学平衡.

由于油滴在实验过程中处于挥发状态，在对同一油滴进行多次测量时，每次测量前都需要重新调整平衡电压，以免引起较大的实验误差. 事实证明，同一油滴的平衡电压将随着时间的推移有规律地递减，且其对实验误差的影响很大.

（2）控制油滴的运动

选择适当的油滴，调整平衡电压，使油滴平衡在某一格线上，将 0 V、工作切换键切换至"0 V"，绿色指示灯点亮，此时上下极板同时接地，电场力为零，油滴将在重力、浮力及空气阻力的作用下作下落运动，当油滴下落到有 0 标记的刻度线时，立刻按下定时开始切换键，同时计时器开始记录油滴下落的时间；待油滴下落至有距离标志(例如 1.6 mm)的格线时，立即按下定时结束切换键，同时计时器停止计时. 经历一小段时间后，0 V、工作切换键自动切换至"工作"(平衡、提升切换键处于"平衡")，此时油滴将停止下落，可以通过确认键将此次测量数据记录到屏幕上.

将 0 V、工作切换键切换至"工作"，红色指示灯点亮，此时仪器根据平衡或提升状态分两种情形：若置于"平衡"，则可以通过电压调节旋钮调整平衡电压；若置于"提升"，则极板电压将在原平衡电压的基础上再增加 200 V 的电压，用来向上提升油滴.

（3）选择适当的油滴

要做好油滴实验，所选的油滴体积要适中，大的油滴虽然明亮，但一般带的电荷多，下降或提升太快，不容易测准确. 太小则受布朗运动的影响明显，测量时涨落较大，也不容易测准确. 因此应该选择质量适中而带电不多的油滴. 建议选择平衡电压在 150~400 V 之间、下落时间在 20 s(当下落距离为 2 mm 时)左右的油滴进行测量.

具体操作：将定时器置为"结束"，工作状态置为"工作"，平衡、提升切换键置为平衡，通过调节电压调节旋钮将电压调至 400 V 以上，喷入油雾，此时监视器上出现大量运动的油滴，观察上升较慢且明亮的油滴，然后降低电压，使之达到平衡状态. 随后将工作状态置为"0 V"，油滴下落，在监视器上选择下落一格的时间约 2 s 的油滴进行测量. 确认键用来实时记录屏幕上的电压值及计时值.

4. 正式测量

实验可选用平衡测量法(推荐)、动态测量法及改变电荷法(第三种方法所用射线源自备).

平衡测量法：

（1）实验步骤

① 开启电源，进入实验界面将 0 V、工作切换键切换至"工作"，红色指示灯点亮；将平衡、提升切换键置于"平衡".

② 通过喷雾口向油滴盒内喷入油雾，此时监视器上将出现大量运动的油滴. 选取适当的油滴，仔细调整平衡电压，使其平衡在某一起始格线上(见后面平衡法示意图).

③ 将 0 V、工作切换键切换至"0 V"，此时油滴开始下落，当油滴下落到有"0"标记的格线时，立即按下定时开始切换键，同时计时器启动，开始记录油滴的下落时间.

④ 当油滴下落至有距离标记的格线时(例如：1.6 mm)，立即按下定时结束切换键，同时计时器停止计时(若无人为干预,经过一小段时间后,0 V、工作切换键自动切换至"工作",油滴将停止移动)，此时可以通过确认键将测量结果记录在屏幕上.

　　⑤ 将平衡、提升切换键置于"提升",油滴将被向上提升,当回到高于有"0"标记格线时,将平衡、提升切换键置回平衡状态,使其静止.

　　⑥ 重新调整平衡电压,重复③、④、⑤,并将数据记录到屏幕上(平衡电压 U 及下落时间 t). 当达到 5 次记录后,按确认键,界面的左面出现实验结果.

　　⑦ 重复②、③、④、⑤、⑥步,测出油滴的平均电荷量.

　　至少测 5 个油滴,并根据所测得的平均电荷量 $\overline{Q}$ 求出它们的最大公约数,即元电荷 e 的值(需要足够的数据统计量). 根据 e 的理论值,计算出 e 的相对误差.

　　(2) 数据处理

　　平衡测量法依据的公式为

$$q = 9\sqrt{2}\,\pi d \left[\frac{(\eta s)^3}{(\rho_1-\rho_2)g}\right]^{\frac{1}{2}} \frac{1}{U} \left(\frac{1}{t_f}\right)^{\frac{3}{2}} \left(\frac{1}{1+\dfrac{b}{pr_0}}\right)^{\frac{3}{2}}$$

　　其中　$r_0 = \left(\dfrac{9\eta s}{2g(\rho_1-\rho_2)t_f}\right)^{\frac{1}{2}}$;

　　d 为极板间距, $d = 5.00\times10^{-3}$ m;

　　η 为空气黏度, $\eta = 1.83\times10^{-5}$ kg·m^{-1}·s^{-1};

　　s 为下落距离,依设置,默认 $s = 1.6$ mm;

　　ρ_1 为油的密度, $\rho_1 = 981$ kg·m^{-3}(20 ℃);

　　ρ_2 为空气密度, $\rho_2 = 1.292\,8$ kg·m^{-3}(标准状况下);

　　g 为重力加速度, $g = 9.794$ m·s^{-2};

　　b 为修正常量, $b = 0.008\,23$ N/m;

　　p 为标准大气压强, $p = 101\,325$ Pa;

　　U 为平衡电压;

　　t_f 为油滴的下落时间.

　　注意:① 由于油的密度远远大于空气的密度,即 $\rho_1 \gg \rho_2$,因此 ρ_2 相对 ρ_1 来讲可忽略不计(当然也可代入计算).

　　② 标准状况指大气压强 $p = 101\,325$ Pa,温度 $t = 20$ ℃,相对湿度 $\varphi = 50\%$ 的空气状态. 实际大气压强可由气压表读出.

　　③ 油的密度随温度变化的关系:

T/℃	0	10	20	30	40
$\rho/(\text{kg·m}^{-3})$	991	986	981	976	971

　　计算出各油滴的电荷后,求它们的最大公约数,即元电荷 e 的值(需要足够的数据统计量).

　　动态测量法:

　　实验步骤

　　① 动态测量法分两步完成，第一步骤是油滴下落过程，其操作同平衡测量法（参看平衡测量法）．完成第一步骤后，如果对本次测量结果满意，则可以按下确认键保存这个步骤的测量结果，如果不满意，则可以删除；

　　② 第一步骤完成后，油滴处于距离标志格线以下．通过 0 V、工作切换键，平衡、提升切换键配合使油滴下偏距离标志格线一定距离（见动态测量法第二步示意图）．然后调节电压调节旋钮加大电压，使油滴上升．当油滴到达距离标志格线时，立即按下定时开始切换键，此时计时器开始计时．当油滴上升到"0"标记格线时，立即按下定时结束切换键，此时计时器停止计时，但油滴继续上移．然后调节电压调节旋钮再次使油滴平衡于"0"格线以上．如果对本次实验满意则按下确认键保存本次实验结果；

　　③ 重复以上步骤完成 5 次完整实验，然后按下确认键，出现实验结果画面．动态测量法是分别测出下落时间 t_f、提升时间 t_r 及提升电压 U，并代入（5.26.11）式即可求得油滴所带电荷量 q．

五、注意事项

　　1. CCD 传感器、锁定螺钉、镜头的机械位置不能变更，否则会对像距及成像角度造成影响．

　　2. 仪器使用环境：温度在 0~40 ℃ 范围内的静态空气中．

　　3. 注意调整进油量开关，应避免外界空气流动对油滴测量造成影响．

　　4. 仪器内有高压电，实验人员应避免用手接触电极．

　　5. 实验前应对仪器油滴盒内部进行清洁，防止异物堵塞落油孔．

　　6. 注意仪器的防尘保护．

六、思考题

　　1. 为什么必须使油滴作匀速运动或静止？实验中如何保证油滴在测量范围内作匀速运动？

　　2. 怎样区别油滴上电荷的改变和测量时间的误差？

　　3. 试计算直径为 10^{-6} m 的油滴在重力场中下落达到力的平衡状态时所经过的距离．

实验 27　普朗克常量的测定

普朗克常量是在辐射定律研究过程中，由普朗克(1858—1947)于 1900 年引入的与黑体的发射和吸收相关的普适常量. 普朗克公式与实验符合得很好. 发表后不久，普朗克在解释中提出了与经典理论相悖的假设，认为能量不能连续变化，只能取一些分立值，这些值是最小能量的整数倍. 1905 年，爱因斯坦(1879—1955)把这一观点推广到光辐射，提出光量子概念，用爱因斯坦方程成功地解释了光电效应. 普朗克的理论解释和公式推导是量子论诞生的标志.

一、实验目的

1. 通过普朗克常量测定的实验过程，帮助学生了解光的量子性；
2. 学习与光电效应相关的实验技术和方法.

二、实验原理

图 5.38 表示实验装置的光电原理. 卤钨灯 S 发出的光束经透镜 L 会聚到单色仪 M 的入射狭缝上，从单色仪出射狭缝发出的单色光投射到光电管 PT 的阴极金属板 K，释放光电子(发生光电效应)，A 是集电极(阳极). 由光电子形成的光电流经放大器 AM 放大后可以被电流表测量. 如果在 AK 之间施加反向电压(集电极为负电势)，光电子就会受到电场的阻挡作用，当反向电压足够大时，达到 V_0，光电流降到零，V_0 就称为遏止电压. V_0 与电子电荷的乘积表示发射最快的电子动能 $E_{k,max}$，即

$$E_{k,max} = eV_0 \tag{5.27.1}$$

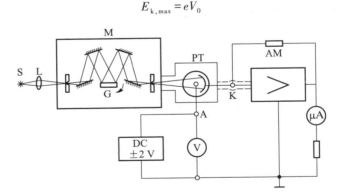

S—卤钨灯；L—透镜；M—单色仪；
G—光栅；PT—光电管；AM—放大器

图 5.38　普朗克常量实验装置光电原理图

按照爱因斯坦的解释，频率为 ν 的光束中的能量是一份一份地传递的，每个光子的能量为

$$\varepsilon = h\nu \tag{5.27.2}$$

其中的 h 就是普朗克常量. 他把光子概念应用于光电效应, 又得出爱因斯坦方程:

$$h\nu = \varepsilon_0 + E_{k,\max} \tag{5.27.3}$$

并作出解释: 光子带着能量 $h\nu$ 进入表面, 这能量的一部分 (ε_0) 用于迫使电子挣脱金属表面的束缚, 其余 ($h\nu - \varepsilon_0$) 给予电子, 成为逸出金属表面后所具有的动能.

将 (5.27.1) 式代入 (5.27.3) 式, 并加以整理, 有

$$V_0 = \frac{h\nu}{e} - \frac{\varepsilon_0}{e} \tag{5.27.4}$$

这表明 V_0 与 ν 之间存在线性关系, 实验曲线的斜率应当是 $\dfrac{h}{e}$, 而 $\dfrac{\varepsilon_0}{e}$ 是常量. 因此, 只要用几种频率的单色光分别照射光电阴极, 作出几条相应的伏安特性曲线, 然后确定各频率的遏止电压, 再作 V_0-ν 关系曲线, 用其斜率乘以电子电荷的绝对值 e, 即可求得普朗克常量.

应当指出, 本实验获得的光电流曲线, 并非单纯的阴极光电流曲线, 其中不可避免地会受到暗电流和阳极发射光电子等非理想因素的影响, 产生合成效果. 图 5.39 表示, 实测曲线光电流为零处 (A 点) 阴极光电流并未被遏止, 此处电压也就不是遏止电压, 当加大负压, 伏安特性曲线接近饱和区段的 B 点时, 阴极光电流才为零, 该点对应的电压正是外加遏止电压. 实验的关键是准确地找出各选定频率入射光的遏止电压.

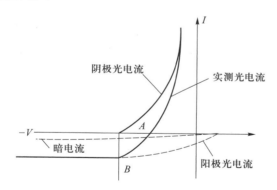

图 5.39　光电管的伏安特性曲线

三、实验仪器

各器件安装在一个 700 mm×290 mm×80 mm 的底座上 (如图 5.40 所示). 在箱体内部有 AC220 V/DC12 V 开关和 ±5 V 电源.

四、实验内容

1. 接通卤钨灯电源, 松开聚光器锁定螺钉, 伸缩聚光灯镜筒, 并适当转动

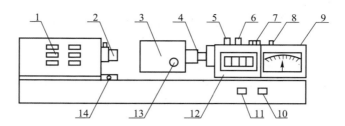

1—卤钨灯箱；2—聚光灯；3—单色仪；4—光电管；5—零点调节钮；
6—电压调节旋钮；7—电流倍率按键；8—值正负转换开关；9—电流表；
10—测量开关；11—电源开关；12—直流电压表；13—波长调节；
14—聚光灯横向调节钮(另有挡光板2个)

图 5.40　普朗克常量实验装置

聚光灯横向调节钮，使光束会聚到单色仪的入射狭缝上(以电流表指示最大为准，$\times 10^{-4}$ 挡、500 nm 可达 50 μA 以上)．

2. 单色仪的调节

(1) 将光电管前的挡光板置于挡光位置．转动波长读数鼓轮(螺旋测微器)，观察通过出射缝到达挡光板的从红到紫的各种单色光斑，直到波长读数鼓轮转到零位置，挡光板上出现白光．可能发生的零位偏差在实验读数中应予以修正．

(2) 单色仪输出的波长示值是利用螺旋测微器读取的．如图 5.41 所示，读数装置的小管上有一条横线，横线上下刻度的间隔对应着 50 nm 的波长．鼓轮左端的圆锥台周围均匀地划分成 50 个小格，每小格对应 1 nm．当鼓轮的边缘与小管上的 "0" 刻度线重合时，单色仪输出的是零级光谱．而当鼓轮边缘与小管上的 "5" 刻度线重合时，波长示值为 500 nm.

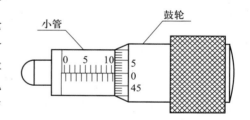

图 5.41　单色仪的读数装置

3. 通电预热 20~30 min 后，调节测量放大器的零点位置．先将电压表调至 0 V，再将单色仪前的挡光板置于挡光位置，光电管的遮光罩要向左推到头，然后微调零点调节钮，使电流表指向零位.

4. 测量光电管的伏安特性

(1) 在可见光范围内选择一种波长输出，根据电流表指示，找到峰值，并设置适当的电流倍率按键．

(2) 调节电压调节旋钮，改变光电管遏止电压．从 -1.3 V 起，缓慢调高外加直流电压，先注意观察一遍电流的变化情况，记住使电流开始明显升高的电压值．

(3) 针对各阶段电流的变化情况，分别以不同的间隔施加遏止电压，读取对应的电流值．在上一步观察到的电流起升点附近，要增加监测密度，以较小的间隔采集数据(电流转正后,可适当加大测试间隔,电流可测到 90×10^{-11} A 为止).

（4）陆续选择适当间隔的另外 3~4 种波长光进行同样测量，列表记录数据.

5. 数据处理

（1）在 35 cm×25 cm 或 25 cm×20 cm 毫米方格纸上分别作出被测光电管在 4~5 种波长（频率）光照射下的伏安特性曲线，并从这些曲线中找到和标出 I_{AK} 的遏止电压，填入下表. 提示：作 GD31A 型光电管伏安特性曲线，若用到红光波段，随着频率的降低，遏止电压倾向于从曲线的"拐点"逐渐向上偏移.

波长 λ/nm	500	530	560	590	610
频率 ν/10^{14} Hz					
遏止电压 V_0/V					

（2）根据上表数据作 V_0-ν 关系图，可得一直线，说明光电效应的实验结果与爱因斯坦光电方程是相符合的. 用该直线的斜率 $\dfrac{\Delta V_0}{\Delta \nu} = \dfrac{h}{e}$，乘以电子电荷绝对值 e（$1.602×10^{-19}$ C），求得普朗克常量.

（3）将普朗克常量与公认值作比较.

五、思考题

1. 测微电流时表针没停稳是否可以读数？如何确认表针已停稳？

2. 实验中对可能出现的微电流计指针的漂移现象该如何应对？

实验 28　光电效应

　　光电效应是指一定频率的光照射在金属表面时会有电子从金属表面逸出的现象. 1887 年赫兹在用两套电极做电磁波的发射与接收的实验中发现，当紫外线照射到接收电极的负极时，接收电极间更易于放电. 斯托列托夫发现负电极在光的照射下会放出带负电的粒子，形成光电流，光电流的大小与入射光强度成正比，光电流实际是在照射开始时立即产生的，无需时间上的累积. 1899 年，汤姆孙测定了光电子的比荷，证明光电流是阴极在光照射下发射出的电子流. 赫兹的助手勒纳德从 1889 年就从事光电效应的研究工作，1900 年，他用在阴阳极间加反向电压的方法研究电子逸出金属表面的最大速度，发现光源和阴极材料都对截止电压有影响，但光的强度对截止电压无影响，电子逸出金属表面的最大速度与光强无关. 勒纳德因在这方面的工作获得 1905 年的诺贝尔物理学奖. 1900 年，普朗克在研究黑体辐射问题时提出了能量子假设，其能量为 $h\nu$. 爱因斯坦最先认识到量子假说的伟大意义并予以发展. 1905 年，在《关于光的产生和转化的一个试探性观点》中由光子假设得出了著名的光电效应方程，解释了光电效应的实验结果. 密立根从 1904 年开始光电效应实验，历经十年，用实验证实了爱因斯坦的光量子理论. 两位物理大师因在光电效应等方面的杰出贡献，分别于 1921 年和 1923 年获得诺贝尔物理学奖.

一、实验目的

1. 了解光电效应的规律，加深对光的量子性的理解；
2. 测量普朗克常量 h；
3. 了解光电效应的研究过程，培养学生的科学精神.

二、实验原理

　　光电效应的实验原理如图 5.42 所示. 入射光照射到光电管阴极 K 上，产生的光电子在电场的作用下向阳极 A 迁移构成光电流，改变外加电压 U_{AK}，测量出光电流 I 的大小，即可得出光电管的伏安特性曲线（图 5.43、图 5.44）.

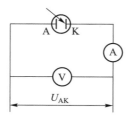

图 5.42　实验原理图

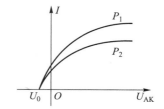

图 5.43　同一频率，不同光强时光
电管的伏安特性曲线

　　按照爱因斯坦的光量子理论，频率为 ν 的光子具有能量 $E = h\nu$，h 为普朗克常量. 当光子照射到金属表面上时，一次为金属中的电子全部吸收，而无需积累能量. 电子把这能量的一部分用来克服金属表面对它的吸引力，余下的就转化为电子离开金属表面后的动能，按照能量守恒原理，爱因斯坦提出了著名的光电效应方程：

$$h\nu = \frac{1}{2}mv_0^2 + A \tag{5.28.1}$$

式中，A 为金属的逸出功，$\frac{1}{2}mv_0^2$ 为光电子获得的初始动能，v_0 为最大速度，m 为光电子的质量，ν 为光的频率，h 为普朗克常量.

由(5.28.1)式可见，射到金属表面的光频率越高，逸出的电子动能越大，所以即使阳极电势比阴极电势低时也会有电子落入阳极形成光电流，直至阳极电势低于截止电压，光电流才为零，此时有关系：

$$eU_0 = \frac{1}{2}mv_0^2 \tag{5.28.2}$$

阳极电势高于截止电压后，随着阳极电势的升高，阳极对阴极发射的电子的收集作用越强，光电流随之上升；当阳极电势高到一定程度，几乎把阴极发射的光电子全收集到阳极，再增加 U_{AK} 时 I 不再变化，光电流出现饱和，饱和光电流 I_M 的大小与入射光的强度 P 成正比.

光子的能量 $h\nu_0 < A$ 时，电子不能脱离金属，因而没有光电流产生. 产生光电效应的最低频率(截止频率)是 $\nu_0 = A/h$.

将(5.28.2)式代入(5.28.1)式可得

$$eU_0 = h\nu - A \tag{5.28.3}$$

此式表明截止电压 U_0 是频率 ν 的线性函数，直线斜率 $k = h/e$ (图 5.45)，只要用实验方法得出不同的频率对应的截止电压，求出直线斜率，就可算出普朗克常量 h.

爱因斯坦的光量子理论成功地解释了光电效应规律.

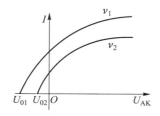

图 5.44 不同频率时光电
管的伏安特性曲线

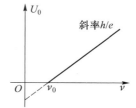

图 5.45 截止电压 U_0 与
入射光频率 ν 的关系图

三、实验仪器

ZKY-GD-4 智能光电效应(普朗克常量)实验仪. 仪器由汞灯及电源、滤色片、光阑、光电管、基座、智能实验仪构成，仪器结构如图 5.46 所示，实验仪的调节面板如图 5.47 所示. 实验仪有手动和自动两种工作模式，具有数据自动采集、存储、实时显示采集数据、动态显示采集曲线（连接普通示波器，可同时显示 5 个存储区中存储的曲线）及采集完成后查询数据的功能.

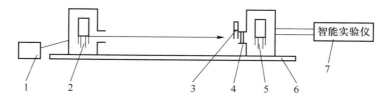

1—电源；2—汞灯；3—滤色片；4—光阑；5—光电管；6—基座；7—智能实验仪

图 5.46　仪器结构示意图

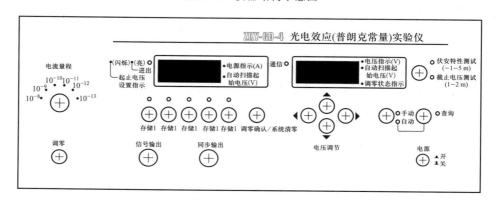

图 5.47　实验仪面板图

四、实验内容

1. 测试前准备

（1）将实验仪和汞灯电源接通，汞灯及光电管的暗盒遮光盖盖上，预热 20 min.

（2）将汞灯暗盒光输出口对准光电管暗盒光输入口，调整光电管与汞灯的距离为约 40 cm 并保持不变.

（3）用专用连接线将光电管暗盒电压输入端与测试仪电压输出端（后面板上）连接起来（红—红，蓝—蓝）.

（4）调零：将"电流量程"选择开关置于所选挡位，仪器在充分预热后，进行测试前调零. 实验仪在开机或改变电流量程后，都会自动进入调零状态. 旋转"调零"旋钮使电流指示为"+""−"零转换点处. 调节好后，用高频匹配电缆将光电管暗盒电流输出端和实验仪的微电流输入端连接起来，按"调零确认/系统清零"键，系统进入测试状态.

若要动态显示采集曲线，需将实验仪的"信号输出"端口接至示波器的

"Y"输入端,"同步输出"端口接至示波器的"外触发"输入端. 示波器"触发源"开关拨至"外","Y 衰减"旋钮拨至约"1 V/格","扫描时间"旋钮拨至约"20 μs/格". 此时示波器将用轮流扫描的方式显示 5 个存储区中存储的曲线,横轴代表电压 U_{AK},纵轴代表电流 I.

2. 测普朗克常量 h

理论上,测出各频率的光照射下阴极电流为零时对应的 U_{AK},其绝对值即该频率的截止电压,然而实际上由于光电管的阳极反向电流、暗电流、本底电流及极间接触电势差的影响,实测电流并非阴极电流,实测电流为零时对应的 U_{AK} 也并非截止电压.

光电管在制做过程中阳极往往被污染,沾上少许阴极材料,入射光照射阳极或入射光从阴极反射到阳极之后都会造成阳极光电子发射,U_{AK} 为负值时,阳极发射的电子向阴极迁移构成了阳极反向电流.

暗电流和本底电流是热激发产生的光电流与杂散光照射光电管产生的光电流,可以在光电管制做或测量过程中采取适当措施以减小或消除他们的影响.

极间接触电势差与入射光频率无关,只影响 U_0 的准确性,不影响 U_0-ν 直线斜率,对测定 h 无影响.

由于本实验仪器的电流放大器灵敏度高,稳定性强,光电管阳极反向电流、暗电流的影响也较小. 在测量各谱线的截止电压 U_0 时,可采用零电流法,即直接将各谱线照射下测得的电流为零时对应的电压 U_{AK} 的绝对值作为截止电压 U_0. 使用此法的前提是阳极反向电流、暗电流和本底电流都很小,用零电流法测得的截止电压与真实值相差较小. 且各谱线的截止电压都相差 ΔU,对 U_0-ν 曲线的斜率无大的影响,因此对 h 的测量不会产生大的影响.

3. 测量截止电压

测量截止电压时,"伏安特性测试/截止电压测试"状态键应为截止电压测试状态."电流量程"开关应处于 10^{-13}A 挡.

(1) 手动测量

使"手动/自动"模式键处于手动模式.

将直径 4 mm 的光阑及 365.0 nm 的滤色片装在光电管暗盒光输入口上,打开汞灯遮光盖.

此时电压表显示 U_{AK} 的值,单位为 V;电流表显示与 U_{AK} 对应的电流值 I,单位为所选择的"电流量程". 用电压调节键 →、←、↑、↓ 可调节 U_{AK} 的值,→、←键用于选择调节位,↑、↓键用于调节值的大小.

从低到高调节电压(绝对值减小),观察电流值的变化,寻找电流为零时(电流指示为"+""-"零转换点处)对应的 U_{AK},以其绝对值作为该波长对应的 U_0 值,并将数据记于表 5.28.1 中. 为尽快找到 U_0 的值,调节时应从高到低,先确定高位的值,再顺次往低位调节.

依次换上 404.7 nm,435.8 nm,546.1nm,577.0 nm 的滤色片,重复以上测量步骤.

（2）自动测量

按"手动/自动"模式键切换到自动模式.

此时电流表左边的指示灯闪烁，表示系统处于自动测量扫描范围设置状态，用电压调节键可设置扫描起始和终止电压.

对各条谱线，扫描范围设置为：365 nm、$-1.90 \sim -1.50$ V；404.7 nm、$-1.60 \sim -1.20$ V；435.8 nm、$-1.35 \sim -0.95$ V；546.1 nm、$-0.80 \sim -0.40$ V；577 nm、$-0.65 \sim -0.25$ V.

实验仪设有 5 个数据存储区，每个存储区可存储 500 组数据，并有指示灯表示其状态. 灯亮表示该存储区已存有数据，灯不亮为空存储区，灯闪烁表示系统预选的或正在存储数据的存储区.

设置好扫描起始和终止电压后，按动相应的存储区按键，仪器将先清除存储区原有数据，等待约 30 s，然后按 4 mV 的步长自动扫描，并显示、存储相应的电压、电流值.

扫描完成后，仪器自动进入数据查询状态，此时查询指示灯亮，显示区显示扫描起始电压和相应的电流值. 用电压调节键改变电压值，就可查到在测试过程中，扫描电压为当前显示值时相应的电流值. 读取电流为零时（电流指示为"+""−"零转换点处）对应的 U_{AK}，以其绝对值作为该波长对应的 U_0 值，并将数据记于表 5.28.1 中.

按"查询"键，查询指示灯灭，系统回复到扫描范围设置状态，可进行下一次测量.

在自动测量过程中或测量完成后，按"手动/自动"键，系统回复到手动测量模式，模式转换前工作存储区内的数据将被清除.

若仪器与示波器连接，则可观察到 U_{AK} 为负值时各谱线在选定的扫描范围内的伏安特性曲线.

表 5.28.1 U_0-ν 关系   光阑孔 $\Phi =$ ____ mm

波长 λ_i/nm		365.0	404.7	435.8	546.1	577.0
频率 $\nu_i/10^{14}$Hz		8.214	7.408	6.879	5.490	5.196
截止电压 U_{0i}/V	手动					
	自动					

数据处理：

由表 5.28.1 的实验数据，得出 U_0-ν 直线的斜率 k，即可用 $h=ek$ 求出普朗克常量，并与 h 的公认值 h_0 比较求出相对误差 $E = \dfrac{h-h_0}{h_0}$，式中 $e = 1.602 \times 10^{-19}$ C，$h_0 = 6.626 \times 10^{-34}$ J·s.

4. 测光电管的伏安特性曲线

"伏安特性测试/截止电压测试"状态键应为伏安特性测试状态，"电流量程"开关应拨至 10^{-10}A 挡,并重新调零.

将直径 4 mm 的光阑及所选谱线的滤色片装在光电管暗盒光输入口上.

测伏安特性曲线可选用"手动/自动"两种模式之一,测量的最大范围为 $-1\sim50$ V,自动测量时步长为 1 V,仪器功能及使用方法如前所述.

（1）可同时观察不同谱线在同一光阑、同一距离下伏安饱和特性曲线.

（2）可同时观察某条谱线在不同距离(即不同光强)、同一光阑下的伏安饱和特性曲线.

（3）可同时观察某条谱线在不同光阑(即不同光通量)、同一距离下的伏安饱和特性曲线.

由此可验证光电管饱和光电流与入射光成正比.

记录所测 U_{AK} 及 I 的数据到表 5.28.2 中,在坐标纸上作对应于以上波长及光强的伏安特性曲线.

在 U_{AK} 为 50 V 时,将仪器设置为手动模式,测量并记录对同一谱线、同一入射距离,光阑分别为 2 mm、4 mm、8 mm 时对应的电流值于表 5.28.3 中,验证光电管的饱和光电流与入射光强成正比.

也可在 U_{AK} 为 50 V 时,将仪器设置为手动模式,测量并记录对同一谱线、同一光阑,光电管与入射光在不同距离,如 300 mm、400 mm 等对应的电流值于表 5.28.4 中,同样验证光电管的饱和电流与入射光强成正比.

表 5.28.2　$I-U_{AK}$ 关系　　$L=$＿＿mm,$\Phi=$＿＿mm

435.8 nm 光阑 2 mm	U_{AK}/V							
	$I/10^{-11}$A							
546.1 nm 光阑 4 mm	U_{AK}/V							
	$I/10^{-11}$A							

表 5.28.3　I_M-P 关系　　$U_{AK}=$＿＿V,$L=$＿＿mm

435.8 nm	光阑孔 Φ			
	$I/10^{-10}$A			
546.1 nm	光阑孔 Φ			
	$I/10^{-10}$A			

表 5.28.4　I_M-P 关系　　$U_{AK}=$＿＿V,$\Phi=$＿＿mm

435.8 nm	入射距离 L			
	$I/10^{-10}$A			
546.1 nm	入射距离 L			
	$I/10^{-10}$A			

五、预习思考题

1. 光电效应的基本原理是什么？
2. 实验中如何确定截止电压？
3. 哪些因素对截止电压的测量有影响？
4. 光电效应有哪些规律？
5. 光电效应研究中如何体现了科学家的科学精神？

六、注意事项

在仪器的使用过程中，汞灯不宜直接照射光电管，也不宜长时间连续照射加有光阑和滤光片的光电管，否则将减少光电管的使用寿命. 实验完成后，请将光电管用光电管暗盒盖将光电管暗盒光输入口遮住存放.

实验 29　弗兰克-赫兹实验

1913 年，丹麦物理学家玻尔（N.Bohr）提出了一个氢原子模型，并指出原子存在能级. 该模型在预言氢光谱的观察中取得了显著的成功. 根据玻尔的原子理论，原子光谱中的每根谱线表示原子从某一个较高能态向另一个较低能态跃迁时的辐射.

1914 年，德国物理学家弗兰克（J.Franck）和赫兹（G.Hertz）对勒纳德用来测量电离电势的实验装置作了改进，他们同样采取慢电子（几个到几十个电子伏）与单元素气体原子碰撞的办法，但着重观察碰撞后电子发生什么变化（勒纳德则观察碰撞后离子流的情况）. 通过实验测量，电子和原子碰撞时会交换一定值的能量，且可以使原子从低能级激发到高能级. 这直接证明了原子发生跃迁时吸收和发射的能量是分立的、不连续的，以及原子能级的存在，从而证明了玻尔理论的正确性. 他们因此获得了 1925 年诺贝尔物理学奖.

弗兰克-赫兹实验至今仍是探索原子结构的重要手段之一，实验中使用的"拒斥电压"筛去小能量电子的方法，已成为广泛应用的实验技术.

一、实验目的

1. 了解电子与原子碰撞时能量交换所表现出的规律性；
2. 证明了原子能级的存在，即原子能量的量子化现象；
3. 体会"实践是检验真理的唯一标准"这一科学论断。

二、实验原理

在正常情况下原子所处的定态是低能态，称为基态，其能量为 E_1. 当原子以某种形式获得能量时，它可由基态跃迁到较高能量的定态，称为激发态. 激发态能量为 E_2，从基态跃迁到第一激发态所需能量称为临界能量，在数值上等于 E_2-E_1.

通常在两种情况下可让原子状态改变：一是当原子吸收或发射电磁波时，二是用其他粒子碰撞原子而交换能量. 用电子轰击原子实现能量交换最方便，因为电子能量 eU 可通过改变加速电势 U 来控制. 弗兰克-赫兹就是用这种方法直接证明了原子能级的存在，$eU_0=E_2-E_1$，当灯丝加热时，阴极的外层即发射电子，电子在 G1 和 G2 间的电场作用下被加速而取得越来越大的能量（如图 5.48 所示）. 但在起

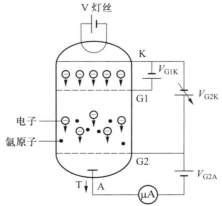

图 5.48　弗兰克-赫兹实验原理图

始阶段，由于电压 V_{G2K} 较低，电子的能量较小，即使在运动过程中，它与原子相碰撞（为弹性碰撞）也只有微小的能量交换．这样，穿过第二栅极的电子所形成的电流 I_A 随第二栅极电压 V_{G2K} 的增加而增大（见图 5.49 中 Oa 段）．当 V_{G2K} 达到氩原子的第一激发电势时，电子在第二栅极附近与氩原子相碰撞（此时产生非弹性碰撞）．电子把从加速电场中获得的全部能量传递给氩原子，使氩原子从基态激发到第一激发态，而电子本身由于把全部能量传递给了氩原子，它即使能穿过第二栅极，也不能克服反向拒斥电压而被折回第二栅极．所以板极电流 I_A 将显著减小（图 5.49 ab 段）．氩原子在第一激发态不稳定，会跃迁回基态，同时以光量子形式向外辐射能量．以后随着第二栅极电压 V_{G2K} 的增加，电子的能量也随之增加，与氩原子相碰撞后还留下足够的能量．这就可以克服拒斥电压的作用力而到达板极 A，这时电流又开始上升（图 5.49 bc 段），直到 V_{G2K} 是 2 倍氩原子的第一激发电势时，电子在 G2 与 K 间又会因第二次非弹性碰撞而失去能量，因而又造成了第二次板极电流 I_A 的下降（图 5.49 cd 段），以后凡在 $U_{G2K} = nU_0$ 的地方，板极电流值 I_A 都会下降；这种能量转移随着加速电压的增加而呈周期性变化．若以 V_{G2K} 为横坐标，以板极电流值 I_A 为纵坐标就可以得到谱峰曲线，两相邻谷点（或峰尖）间的

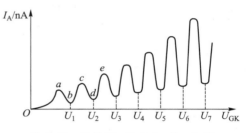

图 5.49　弗兰克-赫兹 I_A-V_{G2K} 曲线

加速电压差值 $U_{m+1} - U_m$，即氩原子的第一激发电势值．

　　这个实验就说明了弗兰克-赫兹管内的电子缓慢地与氩原子碰撞，能使原子从低能级被激发到高能级，通过测量氩的第一激发电势值（11.5 V 是一个定值，即吸收和发射的能量是完全确定的、不连续的）说明了玻尔原子能级的存在．

三、实验仪器

示波器、智能弗兰克-赫兹实验仪（由弗兰克-赫兹管、工作电源及扫描电源、微电流测量仪三部分组成）．

四、实验内容

1. 实验内容
（1）用手动方式、自动测试方式测量氩原子的第一激发电势，并作比较．
（2）分析灯丝电压、拒斥电压的改变对弗兰克-赫兹实验曲线的影响．
2. 实验步骤
（1）熟悉实验装置结构（图 5.50）和使用方法．
（2）按照实验要求连接实验线路，检查无误后开机．
①区是弗兰克-赫兹管各输入电压连接插孔和板极电流输出插座．

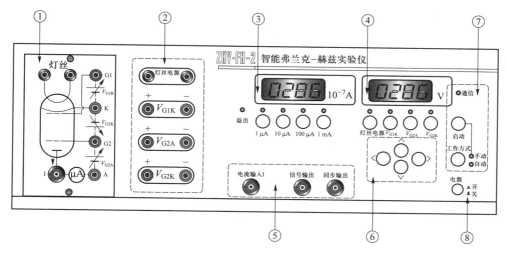

图 5.50　弗兰克-赫兹实验仪示意图

②区是弗兰克-赫兹管所需激励电压的输出连接插孔，其中左侧输出孔为正极，右侧输出孔为负极.

③区是测试电流指示区：四位七段数码管指示电流值；四个电流量程挡位选择按键用于选择不同的最大电流量程挡；每一个量程选择同时备有一个选择指示灯指示当前电流量程挡位.

④区是测试电压指示区：四位七段数码管指示当前选择电压源的电压值；四个电压源选择按键用于选择不同的电压源；每一个电压源选择都备有一个选择指示灯指示当前选择的电压源.

⑤区是测试信号输入输出区：电流输入插孔输入弗兰克-赫兹管板极电流；信号输出和同步输出插孔可将信号送示波器显示.

⑥区是调整按键区，用于改变当前电压源电压设定值（电压设定值应不大于80 V）及设置查询电压点.

⑦区是工作状态指示区：通信指示灯指示实验仪与计算机的通信状态；启动按键与工作方式按键共同完成多种操作，详细说明见相关栏目.

⑧区是电源开关.

（3）缓慢将灯丝电压调至 2.5 V，第一阳极电压调至 1.0 V，拒斥电压调至5.0 V，预热 1 min.

（4）智能弗兰克-赫兹实验仪有两种可选的工作方式：A 手动；B 自动. 其中，A、B 方式可不由"计算机辅助实验系统软件"控制，智能弗兰克-赫兹实验仪可单独运行.

（5）输入实验参量，进行实验.

（6）改变灯丝电压、第一阳极或拒斥电压，重复进行实验，观察实验曲线的变化，分析原因.

（7）实验结束，将实验装置恢复为原始状态.

在本实验中，在充氩的弗兰克–赫兹管中，电子由阴极 K 发出，阴极 K 和第一栅极 G1 之间的加速电压 V_{G1K} 及与第二栅极 G2 之间的加速电压 V_{G2K} 使电子加速. 在板极 A 和第二栅极 G2 之间可设置减速电压 V_{G2A}，管内空间电势分布如图 5.51 所示(注意:第一栅极 G1 和阴极 K 之间的加速电压 V_{G1K} 约为 1.5 V 的电压,用于消除阴极电子散射的影响).

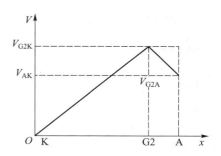

图 5.51　弗兰克–赫兹管管内空间电势分布

五、注意事项

1. 因弗兰克–赫兹管各极间所加的电压大小和方向不尽相同，故不能接错线.

2. 在检查仪器接线无误后，方可开启电源. 拆线时要先关电源后拆线.

3. 弗兰克–赫兹管一旦被击穿，应立刻把电压 V_{G2K} 降下来，否则会损坏管子.

六、思考题

1. 选用智能弗兰克–赫兹实验仪自动工作模式时能否得到 I_A 和 V_{G2K} 的数据？

2. 我们在该套仪器正常工作的范围下可得到几个波峰？

3. 考虑用计算机辅助（如：Origin，Peakfit，MATLAB 等）精准找到波峰（或波谷）的值。

实验 30 光伏电池伏安特性的研究

能源短缺和地球生态环境污染已经成为人类面临的最大问题. 推广使用太阳辐射能、水能、风能、生物质能等可再生能源是今后的必然趋势. 广义地说, 太阳辐射能、水能、风能、生物质能、潮汐能都属于太阳能, 它们随着太阳和地球的活动, 周而复始地循环, 几十亿年内不会枯竭, 因此我们把它们称为可再生能源. 太阳的光辐射可以说是取之不尽、用之不竭的能源.

太阳能发电有两种方式. 光—热—电转换方式通过利用太阳辐射产生的热能发电, 一般是由太阳能集热器将所吸收的热能转换成蒸汽, 再驱动汽轮机发电, 太阳能热发电的缺点是效率很低而成本很高. 光—电直接转换方式是利用光生伏打效应而将太阳光能直接转化为电能, 光—电转换的基本装置就是太阳能电池 (光伏电池).

光伏电池也称为太阳能电池, 是将太阳光辐射能直接转化为电能的器件. 由这种器件封装成太阳能电池组件, 再按需要将一块以上的组件组合成一定功率的太阳能电池阵列, 与储能装置、测量控制装置及直流-交流变换装置等相配套, 即构成太阳能电池发电系统, 也称为光伏发电系统. 它具有不消耗常规能源、无转动部件、寿命长、维护简单、使用方便、功率大小可任意组合、无噪声、无污染等优点. 世界上第一块实用型半导体太阳能电池是美国贝尔实验室于 1954 年研制的. 经过人们几十年的努力, 太阳能电池的研究、开发与产业化已取得巨大进步. 目前, 太阳能电池已成为空间卫星的基本电源和地面无电、少电地区及某些特殊领域(通信设备、气象台站、航标灯等)的重要电源. 随着太阳能电池制造成本的不断降低, 太阳能光伏发电逐步地替代部分常规发电. 近年来, 在美国和日本等国家, 太阳能光伏发电已进入城市电网. 从地球上化石燃料资源的渐趋耗竭和大量使用化石燃料必将使人类生态环境污染日趋严重的战略观点出发, 世界各国特别是发达国家对于太阳能光伏发电技术十分重视, 将其摆在可再生能源开发利用的首位. 因此, 太阳能光伏发电有望成为 21 世纪的重要新能源. 有专家预言, 在 21 世纪中叶, 太阳能光伏发电将占世界总发电量的 15% ~ 20%, 太阳能会成为人类的基础能源之一, 在世界能源构成中占有一定的地位.

一、实验目的

1. 了解太阳能电池的工作原理及其应用;
2. 测量太阳能电池的伏安特性曲线;
3. 了解我国的新能源发展情况.

二、实验原理

1. 太阳能电池的结构

以晶体硅太阳能电池为例, 其结构示意图如图 5.52 所示. 晶体硅太阳能电

池以硅半导体材料制成大面积 pn 结进行工作. 一般采用 n+p 同质结的结构，如
在约 10 cm×10 cm 面积的 p 型硅片(厚度约 500 μm)上用扩散法制做出一层很薄(厚度约 0.3 μm)的经过重掺杂的 n 型层. 然后在 n 型层上面制做金属栅线，作为正面接触电极. 在整个背面也制做金属膜，作为背面欧姆接触电极. 这样就形成了晶体硅太阳能电池. 为了减少光的反射损失，一般在整个表面上再覆盖一层减反射膜.

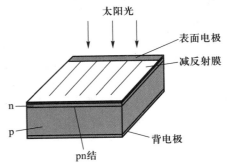

图 5.52　晶体硅太阳电池的结构示意图

2. 光伏效应

当光照射在距太阳能电池表面很近的 pn 结时，只要入射光子的能量大于半导体材料的禁带宽度 E_g，在 p 区、n 区和结区光子被吸收就会产生电子－空穴对. 那些在结附近 n 区中产生的少数载流子由于存在浓度梯度而扩散. 只要少数载流子离 pn 结的距离小于它的扩散长度，就总有一定概率扩散到结界面处. 在 p 区与 n 区交界面的两侧，即结区，存在一个空间电荷区，也称为耗尽区. 在耗尽区中，正负电荷间形成一个电场，电场方向由 n 区指向 p 区，这个电场称为内建电场. 这些扩散到结界面处的少数载流子(空穴)在内建电场的作用下被拉向 p 区. 同样，如果在结附近 p 区中产生的少数载流子(电子)扩散到结界面处，也会被内建电场迅速被拉向 n 区. 结区内产生的电子－空穴对在内建电场的作用下分别移向 n 区和 p 区. 如果外电路处于开路状态，那么这些光生电子和空穴累积在 pn 结附近，使 p 区获得附加正电荷，n 区获得附加负电荷，这样在 pn 结上产生一个光生电动势. 这一现象称为光伏效应(photovoltaic effect).

3. 太阳能电池的表征参量

太阳能电池的工作原理基于光伏效应. 当光照射太阳能电池时，将产生一个由 n 区到 p 区的光生电流 I_{ph}. 同时，由于 pn 结二极管的特性，存在正向二极管电流 I_D，此电流方向从 p 区到 n 区，与光生电流相反. 因此，实际获得的电流 I 为

$$I = I_{ph} - I_D = I_{ph} - I_0 \left[\exp \left(\frac{qV_D}{nk_BT} \right) - 1 \right] \tag{5.30.1}$$

式中 V_D 为结电压，I_0 为二极管的反向饱和电流，I_{ph} 为与入射光的强度成正比的光生电流，其比例系数是由太阳能电池的结构和材料的特性决定的. n 称为理想系数(n 值)，是表示 pn 结特性的参量，通常在 1~2 之间. q 为电子电荷，k_B 为玻耳兹曼常量，T 为热力学温度.

如果忽略太阳能电池的串联电阻 R_s，V_D 即太阳能电池的端电压 V，则 (5.30.1) 式可写为

$$I = I_{ph} - I_0 \left[\exp \left(\frac{qV}{nk_BT} \right) - 1 \right] \tag{5.30.2}$$

当太阳能电池的输出端短路时，$V = 0\,(V_\mathrm{D} \approx 0)$，由 (5.30.2) 式可得到短路电流：

$$I_\mathrm{sc} = I_\mathrm{ph} \tag{5.30.3}$$

即太阳能电池的短路电流等于光生电流，与入射光的强度成正比. 当太阳能电池的输出端开路时，$I = 0$，由 (5.30.2) 式和 (5.30.3) 式可得到开路电压：

$$V_\mathrm{oc} = \frac{n k_\mathrm{B} T}{q} \ln \left(\frac{I_\mathrm{sc}}{I_0} - 1 \right) \tag{5.30.4}$$

当太阳能电池接上负载 R 时，所得的负载伏安特性曲线如图 5.53 所示. 负载 R 可以从零到无穷大. 当负载 R_m 使太阳能电池的功率输出为最大时，它对应的最大功率 P_m 为

$$P_\mathrm{m} = I_\mathrm{m} V_\mathrm{m} \tag{5.30.5}$$

式中 I_m 和 V_m 分别为最佳工作电流和最佳工作电压. 将 V_oc 与 I_sc 的乘积与最大功率 P_m 之比定义为填充因子 FF，则

$$\mathrm{FF} = \frac{P_\mathrm{m}}{V_\mathrm{oc} I_\mathrm{sc}} = \frac{V_\mathrm{m} I_\mathrm{m}}{V_\mathrm{oc} I_\mathrm{sc}} \tag{5.30.6}$$

FF 为太阳能电池的重要表征参量，FF 越大则输出的功率越高. FF 取决于入射光强、材料的禁带宽度、理想系数、串联电阻和并联电阻等.

太阳能电池的转换效率 η，定义为太阳能电池的最大输出功率与照射到太阳能电池的总辐射能 P_in 之比，即

$$\eta = \frac{P_\mathrm{m}}{P_\mathrm{in}} \times 100\% \tag{5.30.7}$$

理论分析及实验表明，在不同的光照条件下，短路电流随入射光功率线性增加，而开路电压在入射光功率增加时只略微增加，如图 5.54 所示.

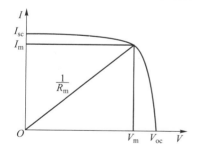
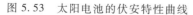

图 5.53　太阳电池的伏安特性曲线

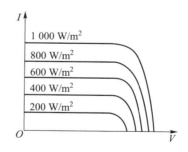

图 5.54　不同光照条件下的 I-V 曲线

硅太阳能电池分为单晶硅太阳能电池、多晶硅薄膜太阳能电池和非晶硅薄膜太阳能电池三种.

单晶硅太阳能电池转换效率最高，技术也最为成熟. 在实验室里最高的转换效率为 24.7%，规模生产时的效率可达到 15%. 在大规模应用和工业生产中仍占据主导地位. 但由于单晶硅成本价格高，大幅度降低其成本很困难，为了节省硅材料，人们发展了多晶硅薄膜和非晶硅薄膜作为单晶硅的替代产品.

多晶硅薄膜太阳能电池与单晶硅太阳能电池比较，成本低廉，而效率高于非晶硅薄膜太阳能电池，其实验室最高转换效率为 18%，工业规模生产的转换效率可达到 10%。因此，多晶硅薄膜太阳能电池可能在未来的太阳能电池市场上占据主导地位。

4. 太阳能电池的等效电路

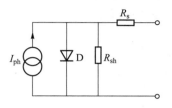

图 5.55　太阳电池的等效电路

太阳能电池可用 pn 结二极管 D、恒流源 I_{ph}、太阳能电池的电极等引起的串联电阻 R_s 和相当于 pn 结泄漏电流的并联电阻 R_{sh} 组成的电路来表示，如图 5.55 所示，该电路为太阳能电池的等效电路。由等效电路图可以得出太阳能电池两端电流和电压的关系为

$$I = I_{ph} - I_0 \left[\exp\left(\frac{q\,(V + R_s I)}{n k_B T} \right) - 1 \right] - \frac{V + R_s I}{R_{sh}} \qquad (5.30.8)$$

为了使太阳能电池输出更大的功率，必须尽量减小串联电阻 R_s，增大并联电阻 R_{sh}。

三、实验仪器

太阳能电池实验装置。

四、实验内容

1. 将太阳能光伏组件、数字万用表、负载电阻通过接线板连接成回路，改变负载电阻 R（100 Ω、1 kΩ、10 kΩ），测量流经负载的电流 I 和负载上的电压 V，即可得到该光伏组件的伏安特性曲线。测量过程中辐射光源与光伏组件的距离要保持不变，以保证整个测量过程是在相同光照强度下进行的。

以电压为横坐标，电流为纵坐标，根据表 5.30.1 画出三种太阳能电池的伏安特性曲线。讨论太阳能电池的伏安特性与一般二极管的伏安特性有何异同。

表 5.30.1　太阳能电池的伏安特性测量

电压/V	-2.5	-2	-1.5	-1	-0.5	0	0.1	0.2	0.3	0.4	0.5	0.6	0.7
电流/mA													

2. 分别测量以下几种条件下光伏组件的伏安特性曲线（选做）：

（1）辐射光源与光伏组件的距离为 60 cm；

（2）辐射光源与光伏组件的距离为 80 cm；

（3）辐射光源与光伏组件的距离为 80 cm，将两组光伏组件串联；

（4）辐射光源与光伏组件的距离为 80 cm，将两组光伏组件并联。

3. 用坐标纸或计算机绘图软件画出不同条件下：

（1）光伏组件的伏安特性曲线；

（2）光伏组件的输出功率 P 随负载电压 V 的变化；

（3）光伏组件的输出功率 P 随负载电阻 R 的变化. 确定不同条件下光伏组件的短路电流 I_{sc}、开路电压 V_{oc}、最大功率 P_m、最佳工作电流 I_m、工作电压 V_m 及负载电阻 R_m、填充因子 FF，并将这些实验数据列在同一表格内进行比较.

五、预习思考题

1．什么叫开路电压？什么叫短路电流？它们如何测量？

2．如何使用数字万用表？

3．简述我国在新能源方面的创新发展情况.

六、注意事项

1．辐射光源的温度较高，应避免与灯罩接触.

2．辐射光源的供电电压为 220 V，应小心不要触电.

第 6 章
设计性实验

实验 31　电表的改装与校准

Ⅰ　指针式电表改装与校准

电表在电学测量中有着广泛的应用，因此了解电表的构造和使用方法就显得十分重要. 电流计（表头）由于构造的原因，一般只能测量较小的电流和电压，如果要用它来测量较大的电流或电压，就必须进行改装，以扩大其量程. 万用表就是对表头进行多量程改装而来，在电路的测量和故障检测中得到了广泛的应用. 作为创新性设计实验，学生应了解该实验的设计原理及各环节，并培养自己的主观能动性、创新性意识以及团队协作能力和团队精神.

一、实验目的

1. 测量表头内阻 R_g 及满度电流 I_g；

2. 掌握将 100 μA 表头改成较大量程的电流表和电压表的方法；

3. 设计一个 $R_中 = 10$ kΩ 的欧姆表，要求在 1.35 ~ 1.6 V 范围内使用能调零；

4. 用电阻器校准欧姆表，画校准曲线，并根据校准曲线用组装好的欧姆表测未知电阻；

5. 学会校准电流表和电压表的方法.

二、实验原理

常见的磁电式电流计主要由放在永久磁场中的由细漆包线绕制的可以转动的线圈、用来产生机械反力矩的游丝、指示用的指针和永久磁铁所组成. 当电流通过线圈时，载流线圈在磁场中就产生磁力矩 $M_磁$，使线圈转动并带动指针偏转. 线圈偏转角度的大小与线圈通过的电流大小成正比，所以可由指针的偏转角度直接指示出电流值.

1. 测量电流表的量程 I_g 和内阻 R_g

电流计允许通过的最大电流称为电流计的量程，用 I_g 表示，电流计的线圈有一定内阻，用 R_g 表示，I_g 与 R_g 是两个表示电流计特性的重要参量. 测量内阻 R_g 常用方法有：

（1）半值法（又叫中值法）：

测量原理图见图 6.1. 当被测电流计接在电路中时，使电流计满偏，再用十进位电阻箱与电流计并联作为分流电阻改变电阻值，即改变分流程度，当电流计指针指示到中间值，且总电流仍保持不变时，显然这时分流电阻值就等于电流计的内阻.

（2）替代法：

测量原理图见图 6.2. 当被测电流计接在电路中时，用十进位电阻箱替代它，且改变电阻值，当电路中的电压不变，且电路中的电流亦保持不变时，电阻箱的电阻值即被测电流计内阻. 替代法是一种运用很广的测量方法，具有较高的测量准确度.

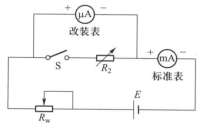

图 6.1　半值法测量表头灵敏度和内阻

图 6.2　替代法测量表头灵敏度和内阻

2. 改装指针式电流表为较大量程电流表

由电阻并联规律可知，在表头两端并联上一个阻值适当的电阻 R_2，如图 6.3 所示，可使表头不能承受的那部分电流从 R_2 上分流通过. 这种由表头与并联电阻 R_2 组成的"整体"（图中虚线框住的部分）就是改装后的电流表. 如需将量程扩大 n 倍，则不难得出：

$$R_2 = R_g/(n-1) \tag{6.31.1}$$

图 6.3 为扩流后的电流表原理图. 用电流表测量电流时，电流表总是串联在被测电路中，所以要求电流表具有较小的内阻. 只要在表头上并联阻值不同的分流电阻，便可制成多量程的电流表.

3. 改装指针式电流表为电压表

一般表头能承受的电压很小，不能直接用来测量较大的电压. 为了测量较大的电压，可以给表头串联一个阻值适当的电阻 R_M，如图 6.4 所示，使表头上不

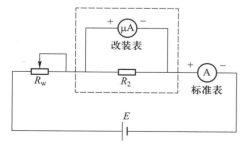

图 6.3　改装电流表实验线路图

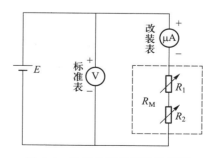

图 6.4　改装电压表实验线路图

能承受的那部分电压降落在电阻 R_M 上. 这种由表头和串联电阻 R_M 组成的 "整体" 就是电压表, 串联的电阻 R_M 叫做扩程电阻. 选取不同大小的 R_M, 就可以得到不同量程的电压表. 由图 6.4 可求得扩程电阻值:

$$R_M = \frac{U}{I_g} - R_g \qquad (6.31.2)$$

实际的扩展量程后的电压表原理见图 6.4, 用电压表测电压时, 电压表总是并联在被测电路上. 为了不致因为并联了电压表而改变电路中的工作状态, 电压表应有较高的内阻.

4. 改装指针式电流表为欧姆表

用来测量电阻大小的电表称为欧姆表. 根据调零方式的不同, 可分为串联分压式和并联分流式两种. 其原理电路如图 6.5 所示.

图中 E 为电源, R_3 为限流电阻, R_w 为调 "零" 电位器, R_x 为被测电阻, R_g 为等效表头内阻. 图 6.5 (b) 中, R_g 与 R_w 一起组成分流电阻.

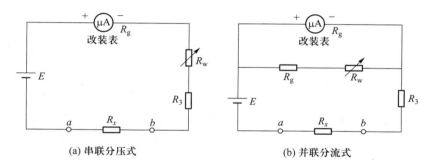

(a) 串联分压式   (b) 并联分流式

图 6.5 磁电式电流表改装欧姆表原理图

欧姆表使用前先要调 "零" 点, 即 a、b 两点短路, (相当于 $R_x = 0$), 调节 R_w 的阻值, 使表头指针正好偏转到满度. 可见, 欧姆表的零点是就在表头标度尺的满刻度 (即量限) 处, 与电流表和电压表的零点正好相反.

在图 6.5(a) 中, 当 a、b 端接入被测电阻 R_x 后, 电路中的电流为

$$I = \frac{E}{R_g + R_w + R_3 + R_x} \qquad (6.31.3)$$

对于给定的表头和线路来说, R_g、R_w、R_3 都是常量. 由此可见, 当电源端电压 E 保持不变时, 被测电阻和电流值有一一对应的关系, 即接入不同的电阻, 表头就会有不同的偏转读数, R_x 越大, 电流 I 越小. 短路 a、b 两端, 即 $R_x = 0$ 时指针满偏.

当 $R_x = R_g + R_w + R_3$ 时:

$$I = \frac{E}{R_g + R_w + R_3 + R_x} = \frac{1}{2} \cdot I_g \qquad (6.31.4)$$

这时指针在表头的中间位置, 对应的阻值为中值电阻, 显然 $R_{中} = R_g + R_w + R_3$.

当 $R_x = \infty$（相当于 a、b 开路）时，$I = 0$，即指针在表头的机械零位. 所以欧姆表的标度尺为反向刻度，且刻度是不均匀的，电阻 R 越大，刻度间隔越小. 如果表头的标度尺预先按已知电阻值刻度，就可以用电流表来直接测量电阻了.

并联分流式欧姆表利用对表头分流来进行调零，具体参量可自行设计.

欧姆表在使用过程中电池的端电压会有所改变，而表头的内阻 R_g 及限流电阻 R_3 为常量，故要求 R_w 要随着 E 的变化而改变，以满足调"零"的要求，设计时用可调电源模拟电池电压的变化，范围取 $1.35 \sim 1.6$ V 即可.

三、实验仪器

FB308A 型电表改装与校准实验仪 1 台、附专用连接线等.

四、实验内容

1. 用中值法（半值法）或替代法测出表头的内阻 R_g

（1）中值法测量 R_g 可参考图 6.6 接线. 工作电压量程可放在 2 V 或 10 V，先将 E 调至 0 V，接通 E、R_w、被改装表和标准电流表后，先不接入电阻箱 R（虚线不连接），调节电压 E 或调节串联限流电阻 R_w，使指针式改装表头满偏，记住此时标准表的读数，该电流值即改装表头的满度电流，$I_g = \underline{\qquad}$ μA；再接入电阻箱 R（图中虚线所示）. 改变 R 的值，使被测表头指针从满度值 100 μA 降低到一半 50 μA 处. 由于电阻箱的接入，总电流会略有变化，这时候再稍微调节 E 或 R_w，使标准电流表的读数保持不变. 则 $R_g = R = \underline{\qquad}$ Ω.

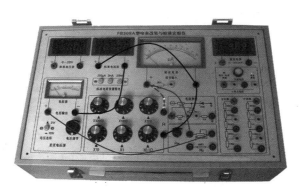

图 6.6 用中值法测量指针式表头内阻的实验连接图

（2）替代法测量 R_g 可参考图 6.7 接线. 工作电压量程可放在 2 V 或 10 V，先将 E 调至 0 V，接通 E、R_w、被改装表和标准电流表后，调节 E 或 R_w 使改装表头满偏，记录标准表的读数，此值即被改装表头的满度电流，$I_g = \underline{\qquad}$ μA；再断开接到改装表头的接线，转接到电阻箱 R（图中虚线所示），调节 R 使标准电流表的电流保持刚才记录的数值. 这时电阻箱 R 的数值即被测表头内阻 $R_g =$

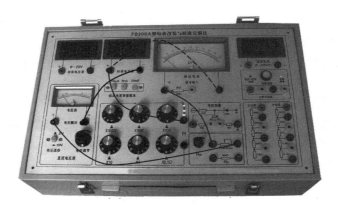

图 6.7　用替代法测量指针式表头内阻的实验连接图

$R =$ _____ Ω.

2. 将一个量程为 100 μA 的指针式表头改装成 1 mA（或自选）量程的电流表

（1）根据电路参量，估计工作电压 E 值大小，并根据公式（6.31.1）计算出分流电阻 R 的大致值并把电阻箱 R 调节到该值.

（2）参考图 6.8 接线，工作电压量程选择 2 V，先将 E 调至 0 V，标准电流表量程为 2 mA，检查接线正确后，调节 E 或变阻器 R_w，使改装表指到满量程，标准电流表指示 1 mA，仔细微调 R_w 和 R 的数值，同时满足改装表满度及标准电流表要求. 注意：R_w 作为限流电阻，阻值不应调至最小值（必要时可适当调节工作电压）.

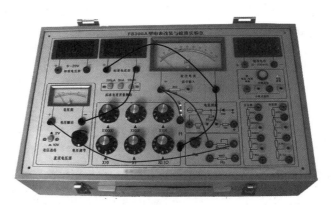

图 6.8　用指针式表头改装电流表的实验连接图

（3）这时可以开始记录标准表和改装表的读数. 先记录满度值，每隔 0.2 mA 逐步递减直至零点，再按原间隔逐步递增到满量程，逐一记入表 6.31.1.

表 6.31.1 将 100 μA 指针式表头改装成 1.00 mA 的直流电流表数据记录

改装表读数/mA	标准表读数/mA			误差 ΔI/mA
	递减时	递增时	平均值	
0.20				
0.40				
0.60				
0.80				
1.00				

（4）以改装表读数为横坐标，标准表由大到小及由小到大调节时两次读数的平均值为纵坐标，在直角坐标纸上画出电流表的校正曲线，并根据两表最大误差的数值定出改装表的准确度等级.

（5）重复以上步骤，将 100 μA 表头改成 10 mA 表头，可每隔 2 mA 测量一次（可选做）.

（6）将电阻 $R_g = 3$ kΩ 和表头串联，构成一个新的表头，重新测量一组数据，并比较串联电阻前后对扩流电阻的大小有何异同（可选做）.

3. 将一个量程为 100 μA 的指针式表头改装成 1.5 V（或自选）量程的电压表

（1）根据电路参量估计 E 的大小，根据（6.31.2）式计算扩程电阻 R_M 的阻值，可用电阻箱 R 进行实验. 按图 6.9 进行连线，先调节 R 值至最大值，再调节 E；用标准电压表监测到 1.5 V 时，再调节 R 值，使改装表指示为满度. 于是 1.5 V 电压表就改装好了.

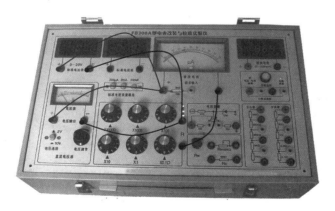

图 6.9 用指针式表头改装电压表的实验连接图

（2）用数显式电压表作为标准表来校准改装的电压表

调节电源电压，使改装表指针指到满量程（1.5 V），记下标准表读数. 然后每隔 0.3 V 逐步减小改装表读数直至零点，再按原间隔逐步增大到满量程，每次记下标准表相应的读数于表 6.31.2.

表 6.31.2　将 100 μA 指针式表头改成量程为 1.5 V 的直流电压表数据记录

改装表读数/V	标准表读数/V			示值误差 ΔU/V
	递减时	递增时	平均值	
0.3				
0.6				
0.9				
1.2				
1.5				

（3）以改装表读数为横坐标，标准表由大到小及由小到大调节时两次读数的平均值为纵坐标，在坐标纸上作出电压表的校正曲线，并根据两表最大误差的数值定出改装表的准确度等级．

（4）重复以上步骤，将 100 μA 指针式表头改成量程为 10 V 的直流电压表，可每隔 2 V 测量一次（可选做）．

（5）将电阻 R_g 和表头串联，构成一个新的表头，重新测量一组数据，并比较扩程电阻有何异同（可选做）．

4. 将一个量程为 100 μA 的指针式表头改装成欧姆表并标定表面刻度（非线性）

（1）根据表头参量 I_g 和 R_g 以及电源电压 E，参照图 6.5 选择 R_w 为 4.7 kΩ，R_3 为 10 kΩ．

（2）按图 6.10 进行连线．调节电源 $E = 1.5$ V，短路 a、b 两接点，调 R_w 使表头指示为零．如此，欧姆表的调零工作即告完成．

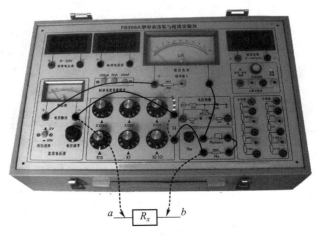

图 6.10　用指针式表头改装串联分压式欧姆表实验连接图

（3）测量改装成的欧姆表的中值电阻. 如图 6.10 中虚线所示，将电阻箱 R（即 R_x）接于欧姆表的 a、b 测量端，调节 R，使表头指示到正中（满度值的一半），这时电阻箱 R 的值即该欧姆表的中值电阻，$R_中 = \underline{\hspace{2cm}}$ Ω.

（4）取电阻箱的电阻为一组特定的数值 R_{xi}，读出相应的偏转格数记入表 6.31.3. 利用所得读数 R_{xi}、偏转格数绘制出改装欧姆表的标度盘（可选做）.

表 6.31.3　$E = \underline{\hspace{2cm}}$ V，$R_中 = \underline{\hspace{2cm}}$ Ω

R_{xi}/Ω	$\frac{1}{5}R_中$	$\frac{1}{4}R_中$	$\frac{1}{3}R_中$	$\frac{1}{2}R_中$	$R_中$	$2R_中$	$3R_中$	$4R_中$	$5R_中$
偏转格数/div									

（5）确定改装欧姆表的电源使用范围. 短接 a、b 两测量端，将工作电源放在 0～2 V 一挡，调节 $E = 1$ V 左右，先将 R_w 逆时针调到底，调节 E 直至表头满偏，记录 E_1 值；接着将 R_w 顺时针调到底，再调节 E 直至表头满偏，记录 E_2 值，$E_1 \sim E_2$ 值就是欧姆表的电源使用范围.

*（6）按图 6.5(b) 进行连线，设计一个并联分流式欧姆表并进行连线、测量. 试与串联分压式欧姆表比较，二者有何异同（可选做）.

五、思考题

1. 测量电流计内阻应注意什么？是否还有别的办法来测定电流计内阻？能否用欧姆定律来进行测定？能否用电桥来进行测定？

2. 设计 $R_中 = 10$ kΩ 的欧姆表，现有两只量程为 100 μA 的电流表，其内阻分别为 2 500 Ω 和 1 000 Ω，你认为选哪只比较好？

3. 若要求制做一个线性量程的欧姆表，有什么方法可以实现？

Ⅱ　数字式电（万用）表改装与校准

数字式电表在电子、电工测量中有着越来越多的应用，因此了解数字式电表的基本结构，对更好地掌握和使用数字式电表具有十分重要的意义. 数字式电表的表头是一只量程较小的电压表，一般只能测量较小的电压，如果要用它来测量较大的电压、电流或扩充电表功能，就必须进行改装，以达到扩大量程及扩展功能的目的. 数字式万用表就是对数字式电压表头进行多量程改装而来，只不过实际应用的数字式万用表结构更复杂一些，功能亦更强. 数字式万用表在电路的测量和故障检测中得到了广泛的应用. 作为创新性设计实验，本实验要求学生了解设计原理及各环节，意图培养学生的主观能动性、创新性意识以及团队协作能力和团队精神.

一、实验目的

1. 掌握将 200 mV 数字式表头改装成较大量程的电压表的方法；

2. 掌握将 200 mV 数字式表头改装成较大量程的电流表的方法；

3. 设计一个量程为 0~2 000 Ω 的欧姆表；

4. 用电阻箱校准欧姆表，画校准曲线，并根据校准曲线用组装好的欧姆表测未知电阻；

5. 学会校准电压表和电流表的方法.

二、实验原理

众所周知，指针式电表表头一般为一只磁电式微安级电流表. 与指针式电表不同，常见的数字式电表表头是一只量程较小的电压表，一般只能测量较小的电压. 通常被测电压是模拟量，输入电压经过分压电路后，再通过模数转换电路，把被测的模拟量转换成相应的数字量，最后经译码电路输出到数码显示器，显示出被测电压数值. 这说明，数字式电表在测量电学量时，最终需要把被测量转换成电压值才能进行测量.

1. 用数字式表头改装电压表

一般数字式表头本身即直流电压表，但能承受的电压很小，FB308A 型数字式电表改装与校准实验仪选用的改装表头是一只 200 mV 的数字式电表，不能用来测量较大的电压. 为了测量较大的电压，可以给表头串联一个阻值适当的电阻 R_b，使表头上不能承受的那部分电压降落在电阻 R_b 上，这种由表头和串联电阻 R_b 组成的整体就是电压表. 但是，由于数字式表头的内阻很高，本实验仪的表头内阻约为 100 MΩ，若要把表头改装成 10 V 的电压表，则需要串联的电阻 R_b 将高达 5 000 MΩ，太高的电阻阻值不易制做准确，而且电表阻值太高容易受外界干扰，所以仪器中实际采用图 6.11 所示电路.

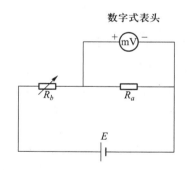

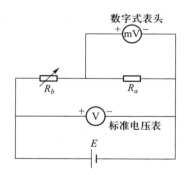

图 6.11 数字式表头改装电压表原理图   图 6.12 改装电压表的校准电路

$$R_b = \frac{(U_2 - U_g) \cdot R_a}{U_g} \tag{6.31.5}$$

实际的扩展量程后的电压表校准电路见图 6.12. 测电压时，电压表总是直接并联在被测电路上. 为了避免因并联了电压表而改变电路中的工作状态，电压表应有较高的内阻.

2. 用数字式表头改装电流表

由于数字式电流表其实质是把电流值转换为电压值后再进行测量，所以改装原理图见图 6.13，把一个适当阻值的固定电阻 R_s 并联在改装表头的两端，当被测电流在 R_s 上产生电压降时，表头测得的电压值与电流成正比，从而可得到所测的电流值，其校准电路见图 6.14.

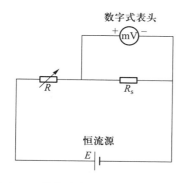

图 6.13　数字式表头改装电流表原理图

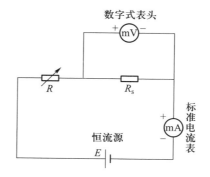

图 6.14　改装电流表的校准电路

3. 用数字式表头改装欧姆表

（1）当参考电压选择在 100 mV 时，此时选择 $R_{int} = 47$ kΩ，测试的接线图如图 6.15 所示，图中 D_w 提供测试基准电压，而 R_t 是正温度系数（PTC）热敏电阻，既可以使参考电压低于 100 mV，同时也可以防止误测高电压时损坏转换芯片，所以必须满足 $R_x = 0$ 时，$V_r \leqslant 100$ mV. 由前面所述的 ICL7107 的工作原理，存在：

$$V_r = (V_r+) - (V_r-) = V_d \cdot R_s / (R_s + R_x + R_t) \tag{6.31.6}$$

$$IN = (IN+) - (IN-) = V_d \cdot R_x / (R_s + R_x + R_t) \tag{6.31.7}$$

由前述理论 $N_2 / N_1 = IN / V_r$ 有

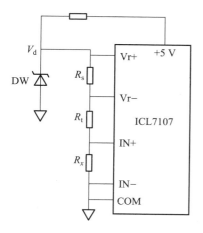

图 6.15　欧姆表原理图

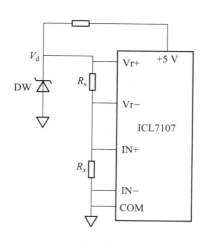

图 6.16　欧姆表实际线路图

$$R_x = (N_2/N_1) \cdot R_s \qquad (6.31.8)$$

所以从上式可以得出电阻的测量范围始终是 $0 \sim 2R_s(\Omega)$.

（2）当参考电压选择在 1 V 时，此时选择 $R_{int} = 470$ kΩ，测量电路可以用图 6.16 实现，此电路仅供有兴趣的同学参考，因为它不带保护电路，所以必须保证 $V_r \leqslant 1$ V. 在进行多量程实验时，为了设计方便，我们的参考电压都将选择为 100 mV. 在图 6.15 中，当 V_r+，V_r- 端接入标准电阻 R_s 后，比如取 $R_n = 10$ Ω，调节恒流源的输出电流，使改装表指示值等于 10，此时保持恒流源输出电流不变. 由于恒流源输出电流恒定不变，则被测电阻的阻值与改装表的电压值成正比，于是改装表就可以作为欧姆表使用了. 测量时，把开关 S 合到 V_r-，改装表显示的数值即被测电阻的电阻值. 本实验改装的欧姆表与通常的指针表不同，它的刻度仍然是正向且线性的. 该形式的改装欧姆表在每次使用前，要用标准电阻箱对工作电流加以标定. 具体参量及量程，同学们可自行设计.

三、实验仪器

FB308A 型电表改装与校准实验仪 1 台
仪器构成及各部件功能：
（1）连续可调直流电压源：DC　0~2 V　1 组；
（2）连续可调直流电压源：DC　0~10 V　1 组；
（3）4 位半数显式标准电压表：0~20 V　1 只，0.1 级；
（4）4 位半数显式标准电流表：0~20 mA　1 只，0.1 级；
（5）改装用指针式表头 1 只：0~100 μA；
（6）改装用 3 位半数字式表头 1 只：0~200 mV，内阻 $R_g \approx 100$ MΩ；
（7）六盘标准电阻箱 1 只：(0~10)(10 000+1 000+100+10+1+0.1) Ω；
（8）分压器 1 只：由 9 MΩ，900 kΩ，90 kΩ，9 kΩ，1 kΩ 五个电阻器组成；
（9）分流器 1 只：由 900 Ω，90 Ω，9 Ω，0.9 Ω，0.1 Ω 五个电阻器组成；
（10）可变电阻器 1 个：0~4.7 kΩ；
（11）固定电阻器 1 个：10 kΩ；
（12）专用连接导线若干：8 根（红黑各半）.

四、实验内容

1. 将一个量程为 200 mV 的表头改装成 20 V 的直流电压表
（1）取 $R_a = 100$ kΩ，根据公式计算出分压电阻值，并按图 6.17 接线.

$$R_b = \frac{(U_2 - U_g) \cdot R_a}{U_g} = \frac{(20 - 0.2) \times 100 \text{ kΩ}}{0.2} = 9.9 \text{ MΩ}$$

（2）按图 6.17 连接好线路，逐步调节电压输出，分别在改装表指示值为 2 V、4 V、6 V、8 V、10 V，这时记录标准表读数. 电压升高和降低各做一次，每次记下标准表相应的读数于表 6.31.4.

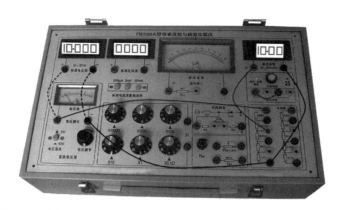

图 6.17　用 200 mV 数字式表头改装 20 V 数字电压表及校准接线图

表 6.31.4　改装数字式电压表及校准实验数据记录表

改装表读数/V	标准表读数/V			示值误差 ΔU/V
	递增时	递减时	平均值	
2.00				
4.00				
6.00				
8.00				
10.00				

（3）以改装电压表读数为横坐标，标准电压表两次读数的平均值为纵坐标（由大到小递减读数值和由小到大调递增读数值的算数平均数），在坐标纸上作出改装电压表的校正曲线.

（4）根据改装电压表最大误差的数值确定改装后的数字式电压表的准确度级别.

2. 将一个量程为 200 mV 的表头改装成量程为 20 mA 的数字式直流电流表

（1）根据公式计算出分压电阻值，如图 6.18 接入 R_s；

$$R_s = \frac{U_g}{I} = \frac{200 \text{ mV}}{20 \text{ mA}} = 10 \text{ Ω}$$

（2）按图 6.18 接线，对改装电流表进行校准；

（3）电流表改装与校准实验数据记录于表 6.31.5.

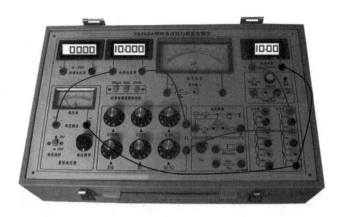

图 6.18　用 200 mV 数字式表头改装 20 mA 数字电流表及校准接线图

表 6.31.5　改装数字式电流表及校准实验数据记录表

改装表读数/mA	标准表读数/mA			误差 ΔI/mA
	递增时	减小时	平均值	
4				
8				
12				
16				
20				

（4）根据表 6.31.5 数据，以改装电流表读数为横坐标，标准表的平均值为纵坐标（由大到小递减读数值和由小到大调递增读数值的算数平均数），作出改装电流表的校正曲线，并根据改装电流表最大误差的数值确定出改装电流表的准确度等级.

3. 将量程为 200 mV 的表头改装成量程为 0~2 kΩ 的欧姆表

（1）按图 6.19 线路，根据欧姆表的量程，电阻 R_x 的测量范围始终是 0~2 R_s（Ω）.

（2）用分压器的电阻作为标准电阻 R_s，由于要求改装表的量程为 0~2 kΩ，所以选取电阻值 $R_s = 1$ kΩ.

（3）把 $R_w = 0$~4.7 kΩ 的电位器作为待测电阻，接到 R_x 的测量端钮，电源改装表上直接显示出 R_x 的电阻值，例如：×.×××kΩ.

（4）在同一量程范围内，测量 5 个不同的待测电阻，逐一记录到表格 6.31.6 中.

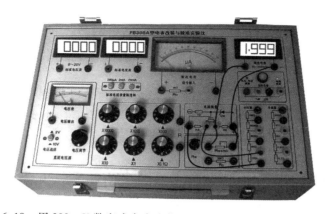

图 6.19   用 200 mV 数字式表头改装量程 0~2 kΩ 欧姆表实验接线图

表 6.31.6   改装数字式欧姆表及校准实验数据记录表

待测电阻/Ω		电阻箱读数 R_0/Ω		误差 ΔR_x/Ω	相对误差/(%)
R_{x1}		R_{01}			
R_{x2}		R_{02}			
R_{x3}		R_{03}			
R_{x4}		R_{04}			
R_{x5}		R_{05}			

（5）把 R_w 换成电阻箱，调节电阻箱，使改装表读数与记录的 R_x 值相同，此时，读取电阻箱的电阻值，逐一记录到表格 6.31.6 中.

（6）根据表 6.31.6 数据，以改装电流表读数为横坐标、电阻箱的读数值为纵坐标作出改装欧姆表的校正曲线，并根据改装欧姆表最大误差的数值确定出改装欧姆表的准确度等级.

五、思考题

1. 学习与掌握电表改装的方法有何意义？

2. 通过对数字式电表的改装过程和你对一般电表的认识，试叙述数字式电表与普通指针式电表的区别.

▌附录

FB308A 型电表改装与校准实验仪说明书

一、概述

本实验仪器采用组合式设计，把指针式电表与数字式电表的改装与校准组合在一起，使学生通过实验，了解与掌握两种不同结构原理的基本仪表的使用. 这不仅有利于激发学生的学习兴趣，还可以提高学生的动手能力. 本实验仪包括工作电源、数字式标准电压、电流表、指针式、数字式改装表、调零电路和电阻箱等电路和元件. 通过学生自己连线，可以将指针式电流表和数字式电压表改装成不同量程的电流表、电压表和欧姆表. 该仪器不仅使用和管理方便，又具有较高的性价比.

二、仪器面板功能分布及说明

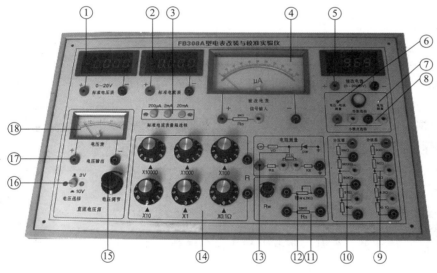

面板功能分布说明

1. 4位半标准数字电压表；
2. 4位半标准数字电流表；
3. 电流表量程变换开关；
4. 指针式改装表头100 μA；
5. 数字式改装表头200 mV；
6. 电压、电流表功能指示灯；
7. 欧姆表功能指示灯；
8. 小数点位置设定；
9. 电流表改装用分流器；
10. 电压表改装用分压器；
11. 10 kΩ固定电阻器；
12. 4.7 kΩ电位器；
13. +1 V直流稳压电源；
14. 六盘十进电阻箱；
15. 直流电源输出电压调节；
16. 直流电源电压量程变换；
17. 直流电源输出端钮；
18. 直流电源输出电压指示。

FB308A 型电表改装与校准实验仪面板功能分布图

三、仪器主要参量

1. 电压源：该仪器电压源设计有 $0 \sim 2$ V、$0 \sim 10$ V 两挡，输出电压连续可调，用按钮开关转换，输出电压值用指针式电压表监测，电压表的满度值与量程开关同步.

2. 被改装电表 1：指针式表头，采用宽表面，量程 100 μA，内阻约 2.0 kΩ，精度 1.5 级；可通过串联固定电阻 $R_G(3$ kΩ) 改变表头内阻.

3. 被改装电表 2：3 位半数字式表头，量程 200 mV，内阻 $R_g \approx 100$ MΩ.

4. 标准电压表：量程 20 V，4 位半数字式电压表，精度 0.1%.

5. 标准电流表：分为三个量程：200 μA，2 mA，20 mA，4 位半位数字式电流表，精度 0.1%，用按钮开关转换量程.

6. 六盘电阻箱 R：$(1\sim10)(10\,000+1\,000+100+10+1+0.1)$ Ω，分辨率 0.1 Ω.

7. 分压电阻器：由 9 MΩ，900 kΩ，90 kΩ，9 kΩ，1 kΩ 五个电阻器组成.

8. 分流电阻器：由 900 Ω，90 Ω，9 Ω，0.9 Ω，0.1 Ω 五个电阻器组成.

9. 直流基准电压：内部输入：+5 V，稳压输出+1.0 V.

四、使用注意事项

1. 仪器内部有限流保护措施，但工作时尽可能避免工作电源短路（或近似短路），以免造成仪器元器件等不必要的损失.

2. 实验时应注意电压源的输出量程选择是否正确，0~10 V 量程一般只用于电压表改装，其余电流表及欧姆表改装选用 0~2 V 量程即可满足要求.

3. 仪器采用开放式设计，在连接插线时要注意：指针式改装表头只允许通过 100 μA 的小电流，数字式改装表头只允许测量 200 mV 低电压，过载时会损坏表头！要仔细检查线路和电路参量无误后才能将改装表头接入使用.

4. 仪器采用高可靠性能的专用连接线，正常的使用寿命很长. 但使用时应注意不要用力过猛，插线时要对准插孔，避免使插头的塑料护套变形.

▍附录

关于数字式电表基本原理的补充说明

常见的物理量都是幅值大小连续变化的所谓模拟量，指针式仪表可以直接对模拟电压和电流进行显示. 而对于数字式仪表，则需要先把模拟电信号（通常是电压信号）转换成数字信号，再进行显示和处理.

数字信号与模拟信号不同，其幅值大小不是连续的，也就是说，数字信号的大小只能是某些分立的数值，所以需要进行量化处理. 若最小量化单位为 ΔU，则数字信号的大小是 ΔU 的整数倍，该整数可以用二进制码表示. 设 $\Delta U = 0.1$ mV，我们把被测电压 U 和 ΔU 比较，看 U 是 ΔU 的多少倍，并把结果四舍五入取为整数 N（二进制）. 一般情况下，$N \geq 1\,000$ 即可满足测量精度要求（量化误差 $\leq 1/1\,000 = 0.1\%$）. 所以，最常见的数字表头的最大示数为 1 999，被称为 3 位半 $\left(3\frac{1}{2}\right)$ 数字表. 如 U 是 $\Delta U(0.1$ mV$)$ 的 1 861 倍，即 $N = 1\,861$，显示结果为 186.1（mV）. 这样的数字表头，再加上电压极性判别显示电路和小数点选择位，就可以测量显示 $-199.9\sim199.9$ mV 的电压，显示精度为 0.1 mV.

1. 双积分模数转换器(ICL7107)的基本工作原理

双积分模数转换电路的原理比较简单,当输入电压为 V_x 时,在一定时间 T_1 内对电荷量为零的电容器 C 进行恒流充电(电流大小与待测电压 V_x 成正比),这样电容器两极板之间的电荷量将随时间线性增加,当充电时间到 T_1 后,电容器上积累的电荷量 Q 与待测电压 V_x 成正比;然后让电容器恒流放电(电流大小与参考电压 V_{ref} 成正比),这样电容器两端之间的电荷量将线性减小,直到 T_2 时刻减小为零,结束时刻停止计数,得到计数值 N_2,则 N_2 与 V_x 成正比.

双积分 A/D 的工作原理就是基于上述电容器充放电过程中计数器 N_2 与输入电压 V_x 成正比构成的,现在我们以实验中所用到的体温表法模数转换器 ICL7107 为例来讲述它的整个工作过程. ICL7107 双积分式 A/D 转换器的基本组成如附图 31.1 所示,它由积分器、过零比较器、逻辑控制电路、闸门电路、计数器、时钟脉冲源、锁存器、译码器及数字显示等电路所组成. 下面主要讲一下它的转换电路,大致分为三个阶段:

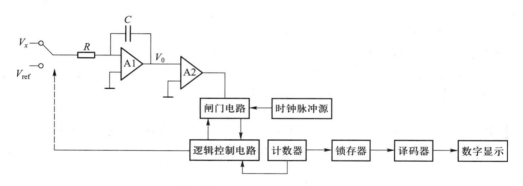

附图 31.1 双积分 A/D 内部结构图

第一阶段:首先电压输入脚与输入电压断开而与地端相连,释放掉电容器 C 上积累的电荷量,然后参考电容 C_{ref} 充电到参考电压值 V_{ref},同时反馈环级自动调零电容 C_{AZ} 以补偿缓冲放大器、积分器和比较器的偏置电压. 这个阶段称为自动校零阶段.

第二阶段为信号积分阶段(采集阶段):在此阶段 V_s 接到 V_x 上使之与积分器相连,这样电容器 C 将被以设定电流 V_x/R 充电,与此同时,计数器开始计数,当计数到某一特定值 N_1(对于 3 位半模数转换器,$N_1 = 1\ 000$)时逻辑控制电路使充电过程结束,这样,采样时间 T_1 是一定的,假设时钟脉冲为 T_{CP},则 $T_1 = N_1 \times T_{CP}$. 在此阶段,积分器输出电压 $V_0 = -Q_0/C$(因为 V_0 与 V_x 极性相反),Q_0 为 T_1 时间内恒流(V_x/R)给电容器 C 充电得到的电荷量,所以存在下式:

$$Q_0 = \int_0^{T_1} \frac{V_x}{R} \cdot \mathrm{d}t = \frac{V_x}{R} \cdot T_1 \tag{1}$$

$$V_{\mathrm{O}} = -\frac{Q_{\mathrm{O}}}{C} = -\frac{V_x}{R \cdot C} \cdot T_1 \tag{2}$$

第三阶段为反积分阶段（测量阶段）：在此阶段，逻辑控制电路把已经充电至 V_{ref} 的参考电容 C_{ref} 按与 V_x 极性相反的方式经缓冲器接到积分电路，这样电容器 C 将以恒定电流 V_{ref}/R 放电，与此同时计数器开始计数，电容器 C 上的电荷量线性减小，当经过时间 T_2 后，电容器电压减小到 0. 由零值比较器输出闸门控制信号再停止计数器计数并显示出计数结果. 此阶段存在如下关系：

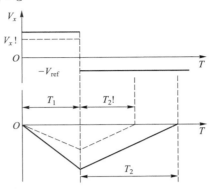

附图 31.2　积分和反积分阶段曲线图

$$V_{\mathrm{O}} + \frac{1}{C}\int_0^{T_2} \frac{V_{\mathrm{ref}}}{R}\mathrm{d}t = 0 \tag{3}$$

把（2）式代入上式，得：

$$T_2 = \frac{T_1}{V_{\mathrm{ref}}} \cdot V_x \tag{4}$$

从（4）式可以看出，由于 T_1 和 V_{ref} 均为常量，所以 T_2 与 V_x 成正比，从附图 31.2 可以看出. 若时钟最小脉冲单元为 T_{CP}，则 $T_1 = N_1 \cdot T_{\mathrm{CP}}$，$T_2 = N_2 \cdot T_{\mathrm{CP}}$，代入 （4）式，则有

$$N_2 = \frac{T_1}{V_{\mathrm{ref}}} \cdot V_x \tag{5}$$

可以得出测量的计数值 N_2 与被测电压 V_x 成正比.

对于 ICL7107，信号积分阶段时间固定为 1 000 个 T_{CP}，即 N_1 的值为 1 000 不变. 而 N_2 的计数随 V_x 的不同范围为 0～1 999，同时自动校零的计数范围为 2 999～1 000，也就是测量周期总保持 4 000 个 T_{CP} 不变，即满量程时 $N_{2\mathrm{max}} = 2\,000 = 2 \times N_1$，所以 $V_{x\mathrm{max}} = 2V_{\mathrm{ref}}$，这样若取参考电压为 100 mV，则最大输入电压为 200 mV；若参考电压为 1 V，则最大输入电压为 2 V. 对于 ICL7107 的工作原理这里我们不再多作叙述，以下我们主要讲讲它的引脚功能和外围元件参量的选择，让同学们了解该芯片.

2. ICL7107 双积分模数转换器引脚功能、外围元件参量的选择. ICL7107 芯片的引脚如附图 31.3 所示，它与外围器件的连接图如附图 31.4 所示.

附图 31.4 中它的数码管相连的脚以及电源脚是固定的，所以不加详述. 芯片和第 32 脚为模拟公共端，称为 COM 端；第 36 脚 V_r+ 和 35 脚 V_r- 为参考电压正负输入端；第 31 脚 $IN+$ 和 30 脚 $IN-$ 为测量电压正负输入端；C_{int} 和 R_{int} 分别为积分电容和积分电阻，C_{AZ} 为自动调零电容，它们与芯片的 27、28、和 29 相连，用示波器接在第 27 脚可以观测到前面所述的电容充放电过程，该脚对应实验仪上示波器接口 V_{int}；电阻 R_1 和 C_1 与芯片内部电路组合提供时钟脉冲振荡器，从 40

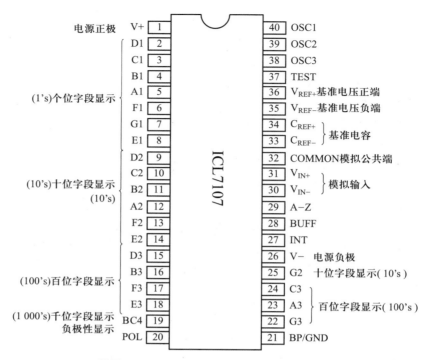

电源正极 V+ [1] ⌐ [40] OSC1
D1 [2] [39] OSC2
C1 [3] [38] OSC3
B1 [4] [37] TEST
(1's)个位字段显示 A1 [5] [36] V$_{REF+}$基准电压正端
F1 [6] [35] V$_{REF-}$基准电压负端
G1 [7] [34] C$_{REF+}$ } 基准电容
E1 [8] [33] C$_{REF-}$
D2 [9] [32] COMMON模拟公共端
(10's)十位字段显示 C2 [10] [31] V$_{IN+}$ } 模拟输入
(10's) B2 [11] [30] V$_{IN-}$
A2 [12] [29] A-Z
F2 [13] [28] BUFF
E2 [14] [27] INT
D3 [15] [26] V- 电源负极
(100's)百位字段显示 B3 [16] [25] G2 十位字段显示(10's)
F3 [17] [24] C3 } 百位字段显示(100's)
E3 [18] [23] A3
(1 000's)千位字段显示 BC4 [19] [22] G3
负极性显示 POL [20] [21] BP/GND

ICL7107

附图 31.3   ICL7107 芯片引脚排列（顶视图）

脚可以用示波器测量出该振荡波形，该脚对应实验仪上示波器接口 CLK，时钟频率的快慢决定了芯片的转换时间（因为测量周期总保持 4 000T_{CP}不变）以及测量的精度. 下面我们来分析一下这些参量的具体作用.

R_{int} 为积分电阻，它是由满量程输入电压和用来对积分电容充电的内部缓冲放大器的输出电流来定义的，对于 ICL7107，充电电流的常规值为 I_{int} = 4 μA，则 R_{int} = 50 kΩ，R_{int} = 满量程/(4 μA). 所以在满量程为 200 mV，即参考电压 V_{ref} = 0.1 V 时，R_{int} = 50 kΩ，实际选择 47 kΩ 电阻；在满量程为 2 V，即参考电压 V_{ref} = 1 V 时，R_{int} = 500 kΩ，实际选择 470 kΩ 电阻；$C_{int} = T_1 · I_{int}/V_{int}$，一般为了减小测量时工频 50 Hz 干扰，$T_1$ 时间通常选为 0.1 s，具体后面再分析，这样又由于积分电压的最大值 V_{int} = 2 V，所以：C_{inf} = 0.2 μF，实验应用中选取 0.22 μF.

对于 ICL7107，38 脚输入的振荡频率为 $f_0 = 1/(2.2 × R_1 × C_1)$，而模数转换的计数脉冲频率是 f_0 的 4 倍，即 $T_{cp} = 1/(4 × f_0)$，所以测量周期 $T = 4 000 × T_{cp}$ = 1 000/f_0，积分时间（采样时间）$T_1 = 1 000 × T_{cp} = 250/f_0$. 所以 f_0 的大小直接影响转换时间的快慢. 频率过快或过慢都会影响测量精度和线性度，同学们可以在实验过程中通过改变 R_1 的值同时观察芯片第 40 脚的波形和数码管上显示的值来分析. 一般情况下，为了提高在测量过程中抗 50 Hz 工频干扰的能力，应使 A/D 转换的积分时间选择为 50 Hz 工频周期的整数倍，即 $T_1 = n × 20$ ms，考虑到线性度和测试效果，我们取 T_1 = 0.1 s(n = 5)，这样 T = 0.4 s，f_0 = 40 kHz，A/D 转换速

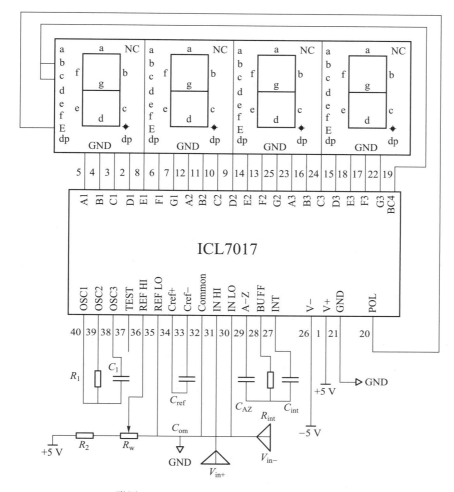

附图 31.4　ICL7107 芯片与外围器件连接图

度为 $2.5/s$. 由 $T_1 = 0.1\ \text{s} = 250/f_0$，若取 $C_1 = 100\ \text{pF}$，则 $R_1 \approx 112.5\ \text{k}\Omega$. 实验中为了让同学们更好的理解时钟频率对 A/D 转换的影响，我们令 R_1 可以调节，该调节电位器就是实验仪中的电位器 RWC.

3. 用 ICL7107 A/D 转换器进行常见物理参量的测量

（1）直流电压测量实验（直流电压表）

① 当参考电压 $V_{\text{ref}} = 100\ \text{mV}$ 时，取 $R_{\text{int}} = 47\ \text{k}\Omega$. 此时采用分压法实现测量 $0 \sim 2\ \text{V}$ 的直流电压，电路图见附图 31.5.

② 当参考电压 $V_{\text{ref}} = 1\ \text{V}$ 时，取 $R_{\text{int}} = 470\ \text{k}\Omega$. 可以直接测量 $0 \sim 2\ \text{V}$ 的直流电压，电路图见附图 31.6.

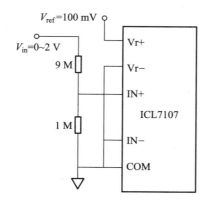

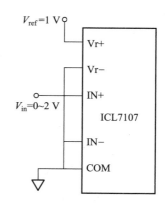

附图 31.5　直流电压表　　　　　　　　附图 31.6　直流电压表

（2）直流电流测量实验（直流电流表）

直流电流的测量通常有两种方法，第一种为欧姆压降法，如附图 31.7 所示，即让被测电流流过一定阻值电阻 R_i，然后用 200 mV 的电压表测量此定值电阻上的压降 $R_i \cdot I_s$（在 $V_{ref} = 100$ mV 时，保证 $R_i \cdot I_s \leqslant 200$ mV），由于将被测电路串联了电阻，因而该测量方法会对原电路有影响，测量电流变成 $I_s' = R_0 \cdot I_s / (R_0 + R_i)$，所以被测电路的内阻越大，误差将越小. 第二种方法是由运算放大器组成的 I-V 变换电路来进行电流的测量，此电路对被测电路无影响，但是由于运放自身参量的限制，因此只能够用于对小电流的测量电路中，所以在这里就不再详述.

（3）电阻值测量实验（欧姆表）

① 当参考电压选择在 100 mV 时，此时选择 $R_{int} = 47$ kΩ，测试的接线图如附图 31.8 所示，图中 D_w 是提供测试基准电压，而 R_t 是正温度系数（PTC）热敏电阻，既可以使参考电压低于 100 mV，同时也可以防止误测高电压时损坏转换芯片，所以必须满足 $R_x = 0$ 时，$V_r \leqslant 100$ mV. 由前面所述的 ICL7107 的工作原理，存在：

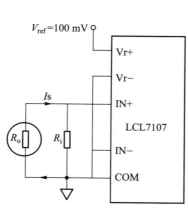

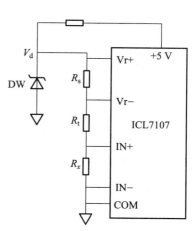

附图 31.7　直流电流表　　　　　　　　附图 31.8　欧姆表

$$V_r = (V_r+) - (V_r-) = V_d \cdot R_s / (R_s + R_x + R_t) \tag{6}$$

$$IN = (IN+) - (IN-) = V_d \cdot R_x / (R_s + R_x + R_t) \tag{7}$$

由前述理论 $N_2 / N_1 = IN / V_r$ 有

$$R_x = (N_2 / N_1) \cdot R_s \tag{8}$$

所以从上式可以得出电阻的测量范围始终是 $0 \sim 2R_s(\Omega)$.

② 当参考电压选择在 1 V 时，此时选择 $R_{int} = 470 \text{ k}\Omega$，测量电路可以用附图 31.9 实现，此电路仅供有兴趣的同学参考，因为它不带保护电路，所以必须保证 $V_r \leqslant 1$ V. 在进行多量程实验时（万用表设计实验），为了设计方便，我们的参考电压都将选择为 100 mV，除了用比例法测量电阻我们使 $R_{int} = 470 \text{ k}\Omega$，在进行二极管正向导通压降测量时也使 $R_{int} = 470 \text{ k}\Omega$ 并且加上 1 V 的参考电压.

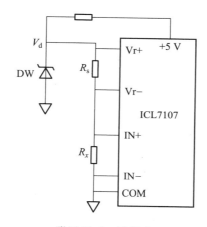

附图 31.9 欧姆表

4. 介绍两种数字式电表常用的分压电路和分流电路

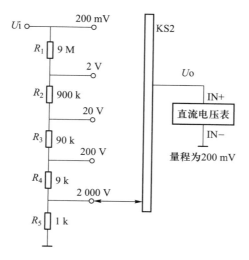

附图 31.10 实用的数字式电压表分压电路

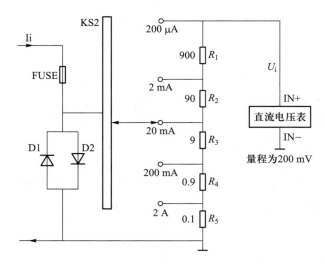

附图 31.11 实用的数字式电流表分压电路

实验 32　望远镜和显微镜的设计与组装

人眼无法分辨极远处或微小物体的细节，但借助于望远镜和显微镜，便可实现对这些物体的观察和测量. 望远镜和显微镜是科学实验和生产生活中常用的基本仪器，有时还是其他一些光学仪器的重要组件，因此，熟悉它们的构造原理、掌握其使用方法、了解其光学性能及测量方法是很必要的.

基本部分　望远镜和显微镜的组装

一、实验目的

1. 了解望远镜和显微镜的成像原理和目视光学仪器视放大率的概念；
2. 学会组装望远镜和显微镜.

二、实验原理

1. 目视光学仪器的视放大率

放大镜、目镜、望远镜和显微镜均为目视光学仪器，凸透镜是最简单的放大镜，如图 6.20(a) 所示，$A'B'$ 为物 AB 通过凸透镜 L 所成的像，此像为凸透镜后的人眼所观察，视角为 ω'，在视网膜上成的像的长度为 l'. 图 6.20(b) 为直接观察位于相同距离的物 AB，物对人眼所张的视角为 ω，在视网膜上成的像的长度为 l. 由此图可见，视角越大，被观察对象在视网膜上成像的长度就越长，反之亦然.

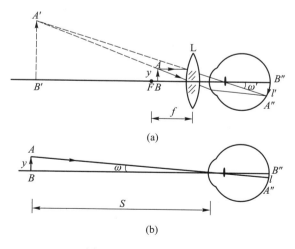

图 6.20　凸透镜光路图

为了对目视光学仪器的性能有一个评价，现引入目视光学仪器的视放大率 M（也常称为视角放大率、放大倍数等），其定义为：目视光学仪器所成的像对人眼

所张的视角 ω' 与物体直接对人眼所张的视角之比，即

$$M = \frac{\omega'}{\omega} \tag{6.32.1}$$

用目视光学仪器观察物体时，一般视角都很小，视角之比可用其正切之比代替，因此目视光学仪器的视放大率 M 可近似地写成

$$M = \frac{\tan \omega'}{\tan \omega} \tag{6.32.2}$$

关于视放大率 M 的正、负，我们作如下简化处理（即约定）：如果用目视光学仪器观察到的像是正立的，那么 M 取正值，若观察到的像为倒立的，则 M 取负值，M 的表达式中不再含正、负号。按照这一约定，在推导视放大率 M 时，不再涉及线段、角度的正负，都使用绝对值。

对于图 6.20 所示的凸透镜，$\tan \omega' \approx \dfrac{y}{f}$，$\tan \omega = \dfrac{y}{s}$，所以放大镜的视放大率为

$$M = \frac{s}{f} \tag{6.32.3}$$

式中 $s = 25$ cm 为人眼的明视距离，f 为凸透镜的焦距。

2. 望远镜

望远镜是用来观察远距离目标的目视光学仪器，通常由两个共轴光学系统组成，其中向着物体的系统称为物镜，接近人眼的系统称为目镜。当用来观看无限远的物体时，如天文望远镜，物镜的像方焦点与目镜的物方焦点重合，即两系统的光学间隔为零。当用来观看有限远的物体时，两系统的光学间隔是一个不为零的小量，这时，需要调节物镜和目镜的相对位置，使中间实像落在目镜物方焦平面上，这就是望远镜的"调焦"。一般望远镜除物镜和目镜可在镜筒中作相对移动外，在目镜物方焦面上还附有叉丝或标尺分划格，如图 6.21 所示。因此在使用望远镜时，首先应调节目镜筒直到能清晰地看到叉丝为止，然后调节目镜和叉丝整体与物镜之间的距离即对被观察物调焦。然而一般来讲，可以认为望远镜是由光学间隔为零的两个共轴光学系统组成的。

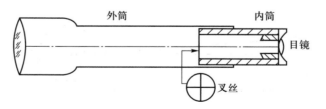

图 6.21　望远镜示意图

若物镜和目镜的像方焦距均为正，就是所谓的开普勒望远镜；若物镜的像方焦距为正，而目镜的像方焦距为负（如凹透镜），就是所谓的伽利略望远镜。图 6.22 是开普勒望远镜的简化光路图。无限远处的物体 AB（图中未画出，B 点

在光轴上）发出的光束经物镜会聚后在物镜的像方焦平面上成一倒立（相对物体 AB 而言）实像 $A'B'$. 像 $A'B'$ 位于目镜的物方焦平面上，经过目镜后，成像 $A''B''$ 于无穷远处. 这表明，望远镜使位于无限远处的物体 AB 仍成像于无限远处，不过，却使原来与望远镜光轴成较小夹角 ω 的光束变成与光轴成较大夹角 ω' 的光束.

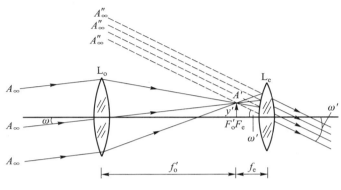

图 6.22　望远镜成像光路

对物镜而言，根据无穷远物体的像高计算公式有

$$\tan \omega = \frac{y'}{f'_o}$$

对目镜而言有

$$\tan \omega' = \frac{y'}{f_e}$$

将以上两式代入（6.32.2）式，可得

$$M = \frac{f'_o}{f_e} \qquad (6.32.4)$$

按照约定，$f_e = f'_e$，所以

$$M = \frac{f'_o}{f'_e} \qquad (6.32.5)$$

此式虽然是在物体处于无穷远的条件下得到的，但对于物体在有限远处时的成像结果是很好的近似. 若要使 M 的值大于 1，应有

$$f'_o > f'_e \qquad (6.32.6)$$

3. 显微镜

显微镜是用来观察近距离微小目标的目视光学仪器，它也是由物镜和目镜两个共轴光学系统组成，其光路如图 6.23（a）所示. 物 y 经物镜 L_o 成倒立实像 y' 于目镜 L_e 物方焦点的内侧附近，再经目镜 L_e 成放大的虚像 y'' 于人眼的明视距离处. 物镜像方焦点与目镜物方焦点之间的距离 Δ 称为光学间隔（现代显微镜均有定值，通常为 17 cm 或 19 cm），物镜的像方焦距为 f'_o，目镜的物方焦距为 f_e. 由图 6.23（a）可得

$$\tan \omega' \approx \frac{y'}{f_e} = \frac{y'}{f'_e}$$

$$\frac{y'}{y} \approx \frac{\Delta}{f'_o}$$

由图 6.23(b)可知，物 y 直接对人眼所张视角的正切为

$$\tan \omega = \frac{y}{s}$$

其中 $s = 25$ cm 为明视距离. 由视放大率 M 的定义式可得

$$M = \frac{y's}{yf'_e} = \frac{\Delta s}{f'_o f'_e} = \beta M_e \tag{6.32.7}$$

式中 β 为显微镜物镜的横向放大率，$\beta = \beta = \frac{y'}{y} = \frac{\Delta}{f'_o}$，$M_e = \frac{s}{f'_e}$，由(6.32.3)式可知，$M_e$ 为目镜(凸透镜)的视放大率. 通常显微镜的物镜和目镜上都有放大率的标注，它们的积就是显微镜的视放大率.

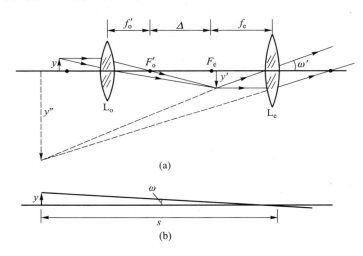

图 6.23　显微镜成像光路

4. 视差

所谓视差是指当两个物体静止不动时，改变观察者的位置，一个物体相对于另一个物体有明显的位移. 在光学仪器中指的是当人的眼睛从一侧移到另一侧时，像相对于叉丝有明显的移动. 只有在像和叉丝不在同一平面上时才有视差存在. 视差是用来对正在调焦的仪器的一种检验方法. 在使用各类光学仪器(望远镜、显微镜、照相机等)时，必须消除视差，才能实现准确测量.

消除视差，就是要使物体通过物镜所成像恰好与叉丝所在平面重合，当像和叉丝在同一平面上，眼睛从一侧移到另一侧时，像和叉丝无相对移动，因而没有视差，仪器聚焦就完成了. 望远镜消除视差就是改变物镜对叉丝的距离，显微镜就是改变物与物镜间的工作距离，即均满足像位于叉丝平面上.

三、实验仪器

光具座、透镜架、物屏、像屏、光源、凸透镜 4 块.

四、实验内容

1. 用两块凸透镜在光具座上组装望远镜

（1）选焦距一长一短的两块凸透镜，用自准直法分别测出两块透镜的焦距，焦距长的作物镜，短的作目镜.

（2）将另一个已知焦距的透镜与物屏和光源，组成一近似平行光当成无穷远发光物体，装上物镜，记下位置，这时远物通过物镜在像方焦平面上成一实像，调节像屏测出成像位置.

（3）取走像屏，装上目镜，调节共轴，再移动目镜直到清晰地看到像，记下目镜位置，并由（2）中所测像位置画出光路图.

（4）根据（1）中实测的目镜和物镜的焦距画出光路图，算出系统放大率，并与（3）中光路比较.

2. 用两块凸透镜组装显微镜

（1）选取两块短焦距的凸透镜，测出焦距、记录数据，并确定一个作物镜，一个作目镜.

（2）组装显微镜.

（3）在物镜的物方一倍和二倍焦距之间放入一透明物（如标尺）作为被观测物，调节两镜的间距，直到观看到清晰放大的像.

（4）记录下光路.

五、数据记录

1. 组装望远镜

（1）自准法测焦距

f_o/cm	
f_e/cm	

（2）实测光路图

2. 组装显微镜

（1）自准法测焦距

f_o/cm	
f_e/cm	

（2）实测光路图

六、思考题

1. 试总结望远镜和显微镜在结构原理和使用中有何异同.

2. 在望远镜中如果把目镜更换成一块凹透镜, 就成为伽利略望远镜, 试说明此望远镜的成像原理, 并画出光路图.

扩展部分　望远镜、显微镜放大率的测量

一、实验目的

1. 学习测量望远镜、显微镜视放大率的方法;

2. 掌握望远镜和显微镜的调节使用方法.

二、实验原理

1. 当望远镜对无穷远调焦时, 望远镜筒的长度(即物镜与目镜之间的距离)就可认为是 $f'_o + f_e$, 这时若将望远镜的物镜卸下, 在物镜的原来位置放一长度为 l_1 的目的物(十字叉丝光阑), 在离目镜 s' 处, 得到该物经目镜所成的实像. 设其像长为 l_2, 则根据透镜成像公式和图 6.24 相似三角形可得

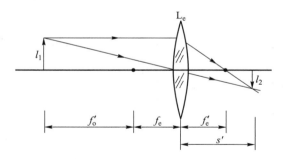

图 6.24　测望远镜放大率光路

$$\frac{1}{f'_o + f_e} + \frac{1}{s'} = \frac{1}{f'_e} \tag{6.32.8}$$

$$\frac{l_1}{l_2} = \frac{f'_o + f_e}{s'} \tag{6.32.9}$$

利用 $f_e = f'_e$, 由上两式消去 s', 得

$$M = \frac{f'_o}{f'_e} = \frac{l_1}{l_2} \tag{6.32.10}$$

因此只要测出光阑的长度 l_1 及其像的长度 l_2, 即可算出望远镜的放大率.

2. 测定显微镜放大率

最简便的方法如图 6.25 所示. 设长为 l_0 的目的物 PQ 直接置于观察者的明视距离处, 其视角为 ω. 用显微镜观看另一相同大小的物体, 看到的虚像亦在明视

距离处, 其长度为 l'_0, 视角为 ω'.

$$\tan \omega = \frac{l_0}{s} \qquad (6.32.11)$$

$$\tan \omega' = \frac{l'_0}{s} \qquad (6.32.12)$$

于是有

$$M = \frac{\tan \omega'}{\tan \omega} = \frac{l'_0}{l_0} \qquad (6.32.13)$$

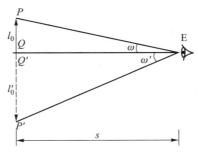

图 6.25　测显微镜放大率示意图

因此, 若用一刻度尺作目的物, 取其一段分度为 l_0, 用右眼观看显微镜中 l_0 的像 l'_0, 用左眼观看位于明视距离处的另一刻度尺, 不断变换两眼观看, 把显微镜中看到的像 l'_0, 通过两眼的同时观看, 投影到左眼观看的刻度尺上, 设像在刻度尺上被投影后的长度是 l'_0, 则由 (6.32.13)式就可求得显微镜的放大率.

三、实验仪器

显微镜、望远镜、米尺及标尺、十字叉丝光阑.

四、实验内容

1. 望远镜放大率的测定

（1）把望远镜调焦到无穷远, 也就是使望远镜能清楚地看到远处的物体.

（2）卸下望远镜物镜, 并在原物镜位置装上十字叉丝光阑.

（3）利用移测显微镜测出由望远镜目镜所成十字叉丝像的长度, 并用游标卡尺直接测出光阑上十字叉丝的长度.

设十字叉丝的长度分别为 l_1 与 l'_1, 它们经望远镜目镜所成像的长度分别是 l_2 与 l'_2, 可得望远镜的放大率:

$$M = \frac{1}{2}\left(\frac{l_1}{l_2} + \frac{l'_1}{l'_2}\right) \quad (6.32.14)$$

将所得结果与其标准值进行比较.

2. 测定移测显微镜的放大率

（1）如图 6.26 所示将显微镜夹持好, 在垂直于显微镜光轴方向距离目镜 25 cm 处放置一毫米分度的米尺 B, 在物镜前放置另一毫米分度的短尺 A, 调节显微镜, 使从显微镜中能看到短尺 A 的像. 用一只眼睛观察显微镜中短尺 A 的像, 另一只眼睛直接看米尺 B. 经过多次观察, 把显微镜中看到的 A 尺的像

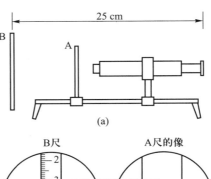

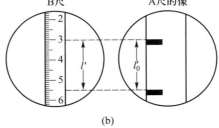

图 6.26　测显微镜的放大率

投影到 B 上，选取像上的某一分度 l_0'，记录下其相当于 B 尺上的长度 l'，则放大率 $M = \dfrac{l'}{l_0'}$［如图 6.26（b）所示的数据，$M = 25$］．重复几次，取其平均值．

（2）显微镜镜筒改变以后，光学间隔随之改变，因而放大率亦随之变化．将显微镜镜筒稍作改变，再测一次放大率．重复几次，取其平均值．

五、数据处理

1. 望远镜放大率的测定

l_1/cm	l_1'/cm	l_2/cm	l_2'/cm	M

2. 测定移测显微镜的放大率

l_0	l'	M

3. 将测量值与标准值进行比较，分析误差产生的主要原因．

六、思考题

试想一下还有其他什么方法可以测出望远镜的视放大率．

实验 33　光栅特性的研究

　　光栅是利用光的衍射现象制成的一种分光元件. 它能将含有各种波长的复色光在空间展开成亮度不大、间隔较宽且按波长均匀排列的光谱. 因此, 可以利用衍射光栅研究复色光的组成(光谱分析), 精确地测定光波的波长或在空间某一特定的位置处获得所需波长的单色光等.

　　衍射光栅不仅可用于可见光, 还能用于红外线和紫外线, 组成相应波段的光谱仪. 按照光栅的结构, 可分成平面光栅、阶梯光栅和凹面光栅, 还可分成透射光栅(入射角为零)、反射光栅和闪耀光栅(入射角为特定角度); 按光栅的制造方式, 又可分成刻划光栅、复制薄膜光栅和全息光栅等.

一、实验目的

1. 进一步熟悉分光计的调整和使用;
2. 测量光栅的特性参量;
3. 在测定钠灯和汞灯光谱的过程中, 观测和深入研究光栅的衍射现象.

二、实验原理

　　1. 按夫琅禾费光栅衍射理论, 当一束平行光垂直射到光栅平面上时, 光波将发生衍射. 衍射光谱中亮条纹的位置由光栅方程 $d\sin\phi = k\lambda$ ($k = 0, \pm1, \pm2, \cdots$) 来决定. 其中, 缝距 $d = a + b$ 称为光栅常量, ϕ 是衍射角, k 是衍射谱的级数, λ 是入射光波长.

　　$\psi = \dfrac{\mathrm{d}\phi}{\mathrm{d}\lambda}$ 称为光栅的角色散率, 由 $d\sin\phi = k\lambda$ ($k = 0, \pm1, \pm2, \cdots$) 可知

$$\psi = \frac{\mathrm{d}\phi}{\mathrm{d}\lambda} = \frac{k}{d\cos\phi}$$

　　根据瑞利判据, 光栅能分辨出相邻两条谱线的能力是受限制的, 波长相差 $\Delta\lambda$ 的两条相邻的谱线, 若其中一条谱线的最亮处恰好落在另一条谱线的最暗处, 则称这两条谱线能被分辨. 设这两条谱线平均波长为 $\overline{\lambda}$, 则它们的波长可分别表示为 $\overline{\lambda} + \dfrac{\Delta\lambda}{2}$ 和 $\overline{\lambda} - \dfrac{\Delta\lambda}{2}$. 可以证明, 对于宽度一定的光栅, 当分辨本领按 $R = \dfrac{\overline{\lambda}}{\Delta\lambda}$ 定义时, 其理论极限值 $R_{\mathrm{m}} = kN = L\dfrac{k}{d}$, 而实测值将小于 kN, 其中 N 为参加衍射的光栅刻痕总数, L 为光栅的宽度. 显然, R 与光谱级数 k 以及入射光束范围内的光栅宽度 L 有关.

　　$\eta = \dfrac{\overline{I_1}}{I_0} \times 100\%$ 称为光栅的衍射效率, 其中, $\overline{I_1}$ 为第一衍射级光谱的强度, I_0

为零级光谱的强度.

2. 若入射光束不是垂直射至光栅平面，则光栅的衍射光谱的分布规律将有所变化. 理论指出：当入射角为 i 时，光栅方程变为

$$d(\sin \phi \pm \sin i) = k\lambda \quad (k = 0, \pm 1, \pm 2, \cdots)$$

式中，"+"号表示衍射光和入射光在法线同侧，"–"号表示衍射光位于法线的异侧.

三、实验仪器

本实验仪器包括分光计、全息光栅、激光器、汞灯、钠灯等.

四、实验内容

1. 测出所给全息衍射光栅的 4 个主要性能参量：光栅常量 d、角色散率 ψ、在特定缝宽下的分辨本领 R 和衍射效率 η.

2. 利用所给光栅所测出钠灯的钠双线、氦氖激光器的激光波长或汞灯的谱线波长，要求测量结果的精确度 $E_\lambda \leqslant 0.1\%$.

3. 确定光栅所能观察到的各光谱线的最高衍射级数，记录不同的衍射级上各光谱线排列的顺序，测量各条谱线的角宽度.

实验 34　马吕斯定律的验证

一、实验目的

1. 熟悉光电检流计的使用;
2. 验证马吕斯定律.

二、实验仪器

光具座、氦氖激光器、扩束镜、起偏器、检偏器、光电检流计等.

三、实验原理

当一束自然光通过一个偏振片后,变成一束线偏振光,但光强变成入射光强的一半.当一束偏振光通过一个偏振片后,出射光线光强和入射光线光强满足马吕斯定律,即 $I = I_0 \cos^2 \theta$,其中 I 为出射光线光强,I_0 为入射光线光强,θ 为入射光的偏振方向和偏振片的偏振化方向之间的夹角.利用光电检流计测出出射光线光强 I 随 θ 的变化,验证马吕斯定律.

四、实验要求

1. 观测起偏器和检偏器的偏振化方向.
2. 记录光线通过检偏器后出射光线光强 I 随 θ 的变化关系.
3. 验证马吕斯定律.

实验 35 电阻丝电阻率的测量

一、实验目的

1. 培养学生选择实验方法的能力；
2. 使学生了解怎样搭配仪器才能使仪器发挥最佳效益.

二、实验要求

1. 设计一种测量均匀电阻丝的电阻率的实验方案，保证测量的相对不确定度≤1%.
2. 列出所需仪器清单.
3. 实验完毕后写出完整的实验报告.

三、实验提示

1. 测量电阻丝的总电阻时，可用伏安法，也可用电桥法.
2. 为保证测量结果的相对不确定度≤1%，应先进行不确定度的运算，合理选择测量仪器及电阻丝的长度.

第 7 章
计算机在大学物理实验中的应用

计算机在现代科学研究和工程技术领域的广泛应用，使得熟练应用计算机制作图表、分析数据以及仿真模拟等成为科技工作者和工程技术人员具备的基本技能。数据的图形化是显示和分析实验数据的理想方式，传统的手工图表绘制和数据处理因为不够精确且效率低下，已不能满足现代科学研究和工程技术发展的需要。同时，利用计算机编程可以对物理实验进行仿真模拟以及开发虚拟物理实验，加深对实验原理的理解和对实验现象的认识。本章结合具体的实验项目，简单介绍在科学研究和工程技术领域广泛使用的 Origin 和 MATLAB 软件在大学物理实验中的初步应用。

§7.1　Origin 处理实验数据

Origin 是 OriginLab 公司开发的 Windows 平台下的图形可视化和数据分析软件，其采用直观、图形化、面向对象的窗口菜单和工具栏操作，自问世以来，很快就成为国际流行的数据分析软件和标准作图工具。软件功能强大但操作简便，既适用于一般用户的作图，也能够满足高级用户复杂的数据分析、函数拟合和图形处理需求，广泛应用于教学、科研、工程技术等领域，是科学研究和工程技术人员必备的软件之一。此外，软件中还嵌入集成了 Excel 功能，可以对数据进行分析、运算，满足对数据的各种处理需要。与其他软件相比，Origin 在科技绘图及数据处理方面能满足大部分科技工作者的需要，并且容易被掌握，兼容性好，因此成为科技工作者的首选科技绘图及数据处理软件。

7.1.1　Origin 工作环境

Origin 的工作界面由主窗口和子窗口组成，如图 7.1 所示。子窗口主要包含 book 数据表窗口(用于导入、组织和变换数据)和 Graph 图形窗口(用于作图和拟合分析)。

7.1.2　菜单栏

Origin 与当前流行的 Windows 软件相似，是一个多文档界面应用程序。不同版本的 Origin 软件菜单栏略有不同，且菜单栏的组成结构取决于当前的子活动窗口。下面简单介绍几个经常用到的菜单。

- File，文件功能操作，包括打开文件、输入输出数据图形等。
- Edit，编辑功能操作，包括数据和图像的编辑，比如复制、粘贴、清除等。

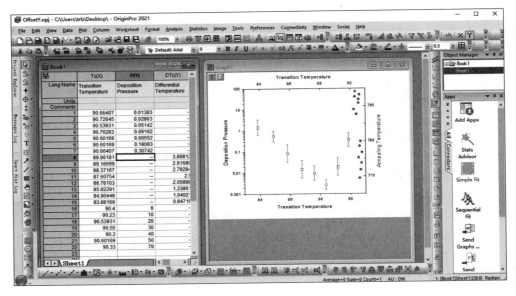

图 7.1　Origin 界面

- View，视图功能操作，控制屏幕显示。
- Plot，绘图功能操作，主要提供包含几种样式的二维绘图、三维绘图、气泡/彩色映射图、统计图、特种绘图(包括面积图、极坐标图和向量等)、绘图模板等。
- Column，列功能操作，比如设置列的属性，增加、删除列等。
- Image，图形功能操作，主要包括增加误差栏、函数图、缩放坐标轴、交换 X 轴、Y 轴等。
- Data，数据功能操作。
- Analysis，分析功能操作。对工作表窗口，主要包含提取工作表数据、行列统计、排序、数字信号处理、统计、方差分析、多元回归、非线性曲线拟合等；对绘图窗口，主要包含数学运算、平滑滤波、图形变换、快速傅里叶变换、线性和非线性曲线拟合等。
- Statistics，矩阵功能操作，包括矩阵属性、维数和数值设置、矩阵转置、矩阵扩展和收缩、矩阵平滑和积分等。
- Tools，工具功能操作。对工作表窗口，包括选项控制、工作表脚本、线性、多项式和 S 曲线拟合；对绘图窗口，包括选项控制、层控制、提取峰值、基线和平滑、线性、多项式和 S 曲线拟合等.
- Format，格式功能操作。对工作表窗口，包括菜单格式控制、工作表显示控制、栅格捕捉等；对绘图窗口，包括菜单格式控制、图形页面、图层和线条样式控制、坐标轴样式控制和调色板等。
- Window，窗口功能操作，控制窗口显示。
- Help，帮助。

7.1.3 实例

下面通过弗兰克-赫兹实验数据，介绍简单二维图形的绘制（光滑曲线）过程；用非平衡电桥实验数据，介绍线性拟合的基本过程。

1. 绘制光滑曲线：弗兰克-赫兹实验 I-U 数据

第一步，打开 Origin 软件，新建项目 Project，在 Book1 中输入实验数据（也可导入数据），如图 7.2 所示。

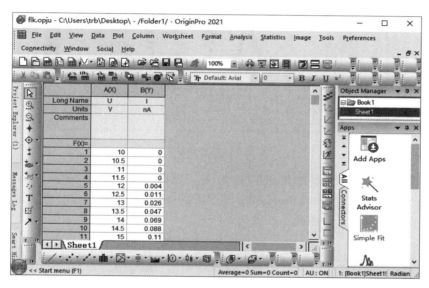

图 7.2　输入数据

第二步，选中 B 列数据，点击 按钮，出现图 7.3 所示的绘图设置对话框。"Long name" 是电压 U 的 A 列数据选为 X 坐标，"Long name" 是电流 I 的 B 列数据选为 Y 坐标，然后点击 OK 按钮确定，生成图 7.4 所示的散点图。

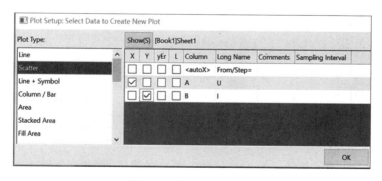

图 7.3　绘图设置对话框

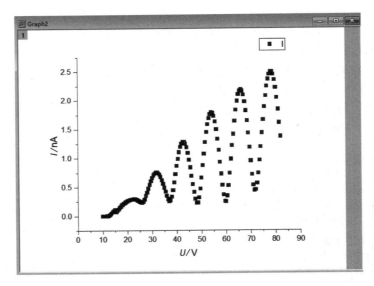

图 7.4　散点图

第三步，用光滑曲线将散点连起来。如图 7.5 所示，点击工具栏中的 Analysis 菜单，选择 Signal Processing 菜单下的 Smooth 命令，点击确定，得到由实验数据点绘制的光滑曲线，如图 7.6 所示。

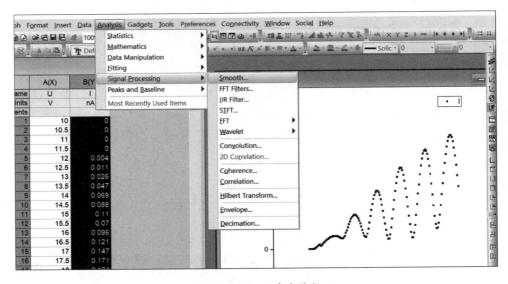

图 7.5　Smooth 命令路径

第四步，调节坐标轴。双击坐标轴，弹出图 7.7 所示的对话框，对坐标轴按照需要进行调整，得到弗兰克-赫兹实验 I-U 数据图 7.8。

然后就可以利用 Origin 进一步进行数据分析，例如查找图形峰值坐标，从而计算氩原子的第一激发电位等。

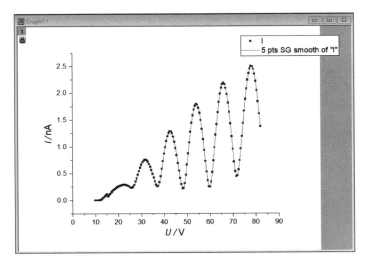

图 7.6 光滑曲线图

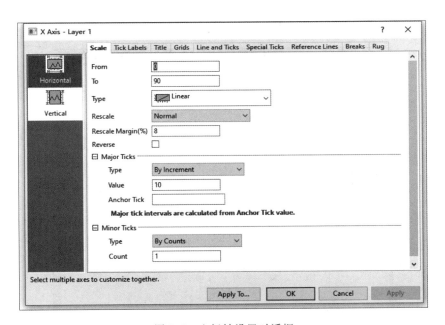

图 7.7 坐标轴设置对话框

2. 线性拟合：非平衡直流电桥实验

非平衡直流电桥实验得到了铜电阻随温度变化的实验数据，下面介绍用 Origin 软件对实验数据进行线性拟合，得到铜电阻随温度的变化率以及 0 ℃ 电阻值的方法。

第一步，打开 Origin 软件，新建项目 Project，在 Book1 中输入电阻–温度实验数据，绘制散点图 7.9。

第二步，点击工具栏中的 Analysis 菜单，选择 Fitting 菜单下的 Linear Fit 命

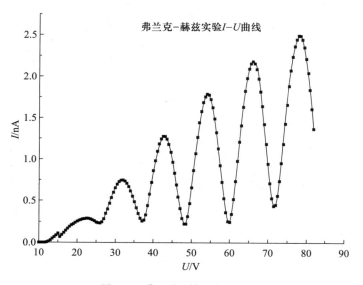

图 7.8　弗兰克−赫兹实验曲线

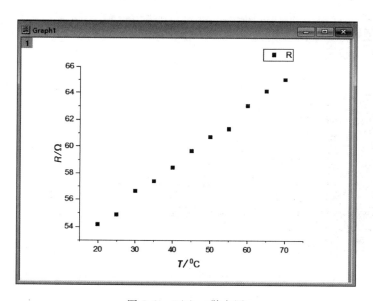

图 7.9　$R(t)-t$ 散点图

令，打开线性拟合对话框，如图 7.10 所示。

　　点击确定，得到线性拟合后的结果，如图 7.11 所示。图中表格列出线性拟合所用的公式为 $y=a+bx$，Slope 为线性拟合得到的直线斜率（即拟合公式中的 b，也即铜电阻随温度的变化率），Intercept 为拟合得到直线的截距（即拟合公式中的 a，也即温度为 0℃ 时的铜电阻）。

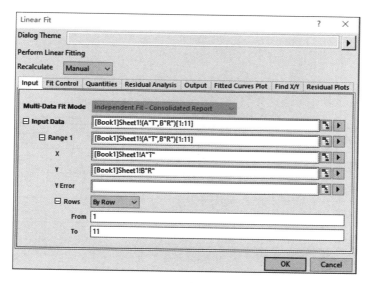

图 7.10 线性拟合对话框

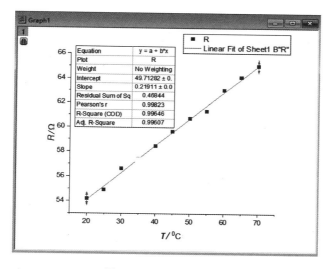

图 7.11 线性拟合结果

§7.2 大学物理实验的 MATLAB 仿真

附表

附表 1　国际单位制(SI)的基本单位

量的名称	单位名称	单位符号
长度	米	m
质量	千克	kg
时间	秒	s
电流	安[培]	A
热力学温度	开[尔文]	K
物质的量	摩[尔]	mol
发光强度	坎[德拉]	cd

附表 2　国际单位制(SI)的导出单位

量的名称	单位名称	单位符号	其他表示示例
[平面]角	弧度	rad	1
立体角	球面度	sr	1
频率	赫[兹]	Hz	s^{-1}
力	牛[顿]	N	$kg \cdot m \cdot s^{-2}$
压力，压强，应力	帕[斯卡]	Pa	$N \cdot m^{-2}$
能[量]，功，热量	焦[耳]	J	$N \cdot m$
功率，辐[射能]通量	瓦[特]	W	$J \cdot s^{-1}$
电荷[量]	库[仑]	C	$A \cdot s$
电压，电动势，电位，（电势）	伏[特]	V	$W \cdot A^{-1}$
电容	法[拉]	F	$C \cdot V^{-1}$
电阻	欧[姆]	Ω	$V \cdot A^{-1}$
电导	西[门子]	S	$A \cdot V^{-1}$
磁通量	韦[伯]	Wb	$V \cdot s$
磁通[量]密度，磁感应强度	特[斯拉]	T	$Wb \cdot m^{-2}$
电感	亨[利]	H	$Wb \cdot A^{-1}$
摄氏温度	摄氏度	℃	
光通量	流[明]	lm	$cd \cdot sr$
[光]照度	勒[克斯]	lx	$lm \cdot m^{-2}$

附表 3 SI 词头

因数	词头名称		符号	因数	词头名称		符号
	英文	中文			英文	中文	
10^1	deca	十	da	10^{-1}	deci	分	d
10^2	hector	百	h	10^{-2}	centi	厘	c
10^3	kilo	千	k	10^{-3}	milli	毫	m
10^6	mega	兆	M	10^{-6}	micro	微	μ
10^9	giga	吉[咖]	G	10^{-9}	nano	纳[诺]	n
10^{12}	tera	太[拉]	T	10^{-12}	pico	皮[可]	p
10^{15}	peta	拍[它]	P	10^{-15}	femto	飞[母托]	f
10^{18}	exa	艾[可萨]	E	10^{-18}	atto	阿[托]	a
10^{21}	zeta	泽[它]	Z	10^{-21}	zepto	仄[普托]	z
10^{24}	yotta	尧[它]	Y	10^{-24}	yocto	幺[科托]	y

附表 4 常用物理常量

物理量	符号	数值	单位	相对标准不确定度
真空中的光速	c	299 792 458	$m \cdot s^{-1}$	精确
普朗克常量	h	$6.626\ 070\ 15 \times 10^{-34}$	$J \cdot s$	精确
约化普朗克常量	$h/2\pi$	$1.054\ 571\ 817\cdots \times 10^{-34}$	$J \cdot s$	精确
元电荷	e	$1.602\ 176\ 634 \times 10^{-19}$	C	精确
阿伏伽德罗常量	N_A	$6.022\ 140\ 76 \times 10^{23}$	mol^{-1}	精确
玻耳兹曼常量	k	$1.380\ 649 \times 10^{-23}$	$J \cdot K^{-1}$	精确
摩尔气体常量	R	$8.314\ 462\ 618\cdots$	$J \cdot mol^{-1} \cdot K^{-1}$	精确
理想气体的摩尔体积（标准状况下）	V_m	$22.413\ 969\ 54\cdots \times 10^{-3}$	$m^3 \cdot mol^{-1}$	精确
斯特藩-玻耳兹曼常量	σ	$5.670\ 374\ 419\cdots \times 10^{-8}$	$W \cdot m^{-2} \cdot K^{-4}$	精确
维恩位移定律常量	b	$2.897\ 771\ 955 \times 10^{-3}$	$m \cdot K$	精确
引力常量	G	$6.674\ 30(15) \times 10^{-11}$	$m^3 \cdot kg^{-1} \cdot s^{-2}$	2.2×10^{-5}
真空磁导率	μ_0	$1.256\ 637\ 062\ 12(19) \times 10^{-6}$	$N \cdot A^{-2}$	1.5×10^{-10}
真空电容率	ε_0	$8.854\ 187\ 812\ 8(13) \times 10^{-12}$	$F \cdot m^{-1}$	1.5×10^{-10}
电子质量	m_e	$9.109\ 383\ 701\ 5(28) \times 10^{-31}$	kg	3.0×10^{-10}

续表

物理量	符号	数值	单位	相对标准 不确定度
电子荷质比	$-e/m_e$	$-1.758\ 820\ 010\ 76(53)\times10^{11}$	$C\cdot kg^{-1}$	3.0×10^{-10}
质子质量	m_p	$1.672\ 621\ 923\ 69(51)\times10^{-27}$	kg	3.1×10^{-10}
中子质量	m_n	$1.674\ 927\ 498\ 04(95)\times10^{-27}$	kg	5.7×10^{-10}
氘核质量	m_d	$3.343\ 583\ 772\ 4(10)\times10^{-27}$	kg	3.0×10^{-10}
氚核质量	m_t	$5.007\ 356\ 744\ 6(15)\times10^{-27}$	kg	3.0×10^{-10}
里德伯常量	R_∞	$1.097\ 373\ 156\ 816\ 0(21)\times10^{7}$	m^{-1}	1.9×10^{-12}
精细结构常数	α	$7.297\ 352\ 569\ 3(11)\times10^{-3}$		1.5×10^{-10}
玻尔磁子	μ_B	$9.274\ 010\ 078\ 3(28)\times10^{-24}$	$J\cdot T^{-1}$	3.0×10^{-10}
核磁子	μ_N	$5.050\ 783\ 746\ 1(15)\times10^{-27}$	$J\cdot T^{-1}$	3.1×10^{-10}
玻尔半径	a_0	$5.291\ 772\ 109\ 03(80)\times10^{-11}$	m	1.5×10^{-10}
康普顿波长	λ_C	$2.426\ 310\ 238\ 67(73)\times10^{-12}$	m	3.0×10^{-10}
原子质量常量	m_u	$1.660\ 539\ 066\ 60(50)\times10^{-27}$	kg	3.0×10^{-10}

注：① 表中数据为国际科学理事会（ISC）国际数据委员会（CODATA）2018 年的国际推荐值.

② 标准状况是指 $T=273.15\ K$，$p=101\ 325\ Pa$.

附表 5　常见物质密度（20 ℃时）

物质	密度 $\rho/(10^3 kg\cdot m^{-3})$	物质	密度 $\rho/(10^3 kg\cdot m^{-3})$
铝	2.699	钨	19.300
锡	7.298	金	19.320
铁	7.874	铂	21.450
钢	7.600~7.900	汽车用汽油	0.710
铜	8.960	乙醇	0.789
银	10.500	甘油	1.260
铅	11.350	蓖麻油	0.955

附表 6　各种物质的折射率

物质	n_D	物质	温度/K	n_D
熔凝石英	1.458 4	水	293	1.333 0
冕牌玻璃 k_6	1.511 1	乙醇	293	1.361 4
冕牌玻璃 k_8	1.515 9	甲醇	293	1.328 8
冕牌玻璃 k_9	1.516 3	丙酮	293	1.359 1
重冕玻璃 Zk_8	1.615 2	二硫化碳	291	1.625 5

续表

物质	n_D	物质	温度/K	n_D
火石玻璃 F_8	1.605 5	加拿大树胶	293	1.530 0
重火石玻璃 ZF_1	1.647 5	苯	293	1.501 1
重火石玻璃 ZF_6	1.755 0	氧	288	1.000 27
方解石（o 光）	1.658 4	氮	288	1.000 30
方解石（e 光）	1.486 4	空气	288	1.000 29

附表 7 不同温度下蓖麻油的黏度

$T/℃$	$\eta/$(Pa·s)	$T/℃$	$\eta/$(Pa·s)	$T/℃$	$\eta/$(Pa·s)	$T/℃$	$\eta/$(Pa·s)	$T/℃$	$\eta/$(Pa·s)
4.5	4.00	13.0	1.87	18.0	1.17	23.0	0.75	30.0	0.45
6.0	3.46	13.5	1.79	18.5	1.13	23.5	0.71	31.0	0.42
7.5	3.03	14.0	1.71	19.0	1.08	24.0	0.69	32.0	0.40
9.5	2.53	14.5	1.63	19.5	1.04	24.5	0.64	33.5	0.35
10.0	2.41	15.0	1.56	20.0	0.99	25.0	0.60	35.5	0.30
10.5	2.32	15.5	1.49	20.5	0.94	25.5	0.58	39.0	0.25
11.0	2.23	16.0	1.40	21.0	0.90	26.0	0.57	42.0	0.20
11.5	2.14	16.5	1.34	21.5	0.86	27.0	0.53	45.0	0.15
12.0	2.05	17.0	1.27	22.0	0.83	28.0	0.49	48.0	0.10
12.5	1.97	17.5	1.23	22.5	0.79	29.0	0.47	50.0	0.06

附表 8 不同温度下水的表面张力系数 σ 单位：10^{-3} N/m

温度/℃	1	2	3	4	5	6	7	8	9	10
0	75.64	75.50	75.36	75.21	75.07	74.93	74.79	74.65	74.50	74.36
10	74.22	74.07	73.93	73.78	73.63	73.49	73.34	73.19	73.04	72.90
20	72.25	72.59	72.44	72.28	72.12	71.97	71.81	71.05	71.49	71.34
30	71.18	71.02	70.86	70.69	70.53	70.37	70.21	70.05	69.88	69.72

附表 9 常见金属的弹性模量（20 ℃）

金属种类	弹性模量 $E/(10^{10}$Pa)	金属种类	弹性模量 $E/(10^{10}$Pa)
铝	6.9~7.0	锌	7.8
钨	40.7	可锻铸铁	18.15
铁	18.6~26.0	黄铜	10.55
铜	10.3~12.7	康铜	16
金	7.7	铸铁	7.8
银	6.9~8.0	不锈钢	20.0

附表 10 固体线膨胀系数

物质	温度范围/℃	线膨胀系数/(10^{-6}℃$^{-1}$)	物质	温度范围/℃	线膨胀系数/(10^{-6}℃$^{-1}$)
铝	0~100	23.8	黄铜	20	18~19
铜	0~100	17.1	不锈钢	20~100	16.0
铁	0~100	12.2	镍铬合金	100	13.0
金	0~100	14.3	石英玻璃	25~100	0.59
银	0~100	19.6	玻璃	0~300	8~10
钢	0~100	12.0	陶瓷		3~6
铅	0~100	29.2	大理石	25~100	5~16
锌	0~100	32.0	花岗岩	20	8.3
铂	0~100	9.1	石蜡	16~38	130.3
橡胶	16.7~25.3	77	锰铜	20~100	18.1

附表 11 常用材料导热系数

物质	温度/K	导热系数/(W·m^{-1}·K^{-1})	物质	温度/K	导热系数/(W·m^{-1}·K^{-1})
空气	300	0.0260	铜	273	400
氢气	300	0.0260	铝	273	238
氮气	300	0.0261	钨	273	170
氧气	300	0.0268	镍	273	90
二氧化碳	300	0.0166	铁	273	82
氦	300	0.1510	黄铜	273	120
氖	300	0.0491	康铜	273	22.0
水	273	0.561	不锈钢	273	14.0
水	293	0.604	硼硅酸玻璃	273	1.0
水	373	0.680	陶瓷	273	30.0
冰	273	2.2	石英	273	1.40
汞	273	8.4	云母	373	0.72
银	273	418	橡胶	298	0.16

附表 12　常见金属或合金电阻率及其温度系数

金属或合金	电阻率/ ($10^{-6}\Omega \cdot m$)	温度系数/ ℃^{-1}	金属或合金	电阻率/ ($10^{-6}\Omega \cdot m$)	温度系数/ ℃^{-1}
铝	0.028	42×10^{-4}	锡	0.12	44×10^{-4}
铜	0.017 2	43×10^{-4}	水银	0.958	10×10^{-4}
银	0.016	40×10^{-4}	伍德合金	0.52	37×10^{-4}
金	0.024	40×10^{-4}	钢	0.10~0.14	6×10^{-3}
铁	0.098	60×10^{-4}	康铜	0.47~0.51	$(-0.4~0.1)\times10^{-4}$
铅	0.205	37×10^{-4}	铜锰镍合金	0.34~1.00	$(-0.3~0.2)\times10^{-4}$
铂	0.105	39×10^{-4}	镍铬合金	0.98~1.10	$(0.3~4)\times10^{-4}$
钨	0.055	48×10^{-4}	Cu50 热电阻		4.28×10^{-3}
锌	0.059	42×10^{-4}			

附表 13　Cu50 热电阻分度表

温度/℃	0	1	2	3	4	5	6	7	8	9
0	50.000	50.214	50.429	50.643	50.858	51.072	51.286	51.501	51.715	51.929
10	52.144	52.358	52.572	52.786	53.000	53.215	53.429	53.643	53.857	54.071
20	54.285	54.500	54.714	54.928	55.142	55.356	55.570	55.784	55.988	56.212
30	56.426	56.640	56.854	57.068	57.282	57.496	57.710	57.924	58.137	58.351
40	58.565	58.779	58.993	59.207	59.421	59.635	59.848	60.062	60.276	60.490
50	60.704	60.918	61.132	61.345	61.559	61.773	61.987	62.201	62.415	62.628
60	62.842	63.056	63.270	63.484	63.698	63.911	64.125	64.339	64.553	64.767
70	64.981	65.194	65.408	65.622	65.836	66.050	66.264	66.478	66.692	66.906
80	67.120	67.333	67.547	67.761	67.975	68.189	68.403	68.617	68.831	69.045
90	69.259	69.473	69.687	69.901	70.115	70.329	70.544	70.762	70.972	70.186

郑重声明

高等教育出版社依法对本书享有专有出版权。任何未经许可的复制、销售行为均违反《中华人民共和国著作权法》，其行为人将承担相应的民事责任和行政责任；构成犯罪的，将被依法追究刑事责任。为了维护市场秩序，保护读者的合法权益，避免读者误用盗版书造成不良后果，我社将配合行政执法部门和司法机关对违法犯罪的单位和个人进行严厉打击。社会各界人士如发现上述侵权行为，希望及时举报，我社将奖励举报有功人员。

反盗版举报电话　　（010）58581999　58582371

反盗版举报邮箱　dd@ hep. com. cn

通信地址　北京市西城区德外大街 4 号　高等教育出版社法律事务部

邮政编码　100120

读者意见反馈

为收集对教材的意见建议，进一步完善教材编写并做好服务工作，读者可将对本教材的意见建议通过如下渠道反馈至我社。

咨询电话　400 – 810 – 0598

反馈邮箱　hepsci@ pub. hep. cn

通信地址　北京市朝阳区惠新东街 4 号富盛大厦 1 座

　　　　　高等教育出版社理科事业部

邮政编码　100029

防伪查询说明

用户购书后刮开封底防伪涂层，使用手机微信等软件扫描二维码，会跳转至防伪查询网页，获得所购图书详细信息。

防伪客服电话　　（010）58582300